机电类专业系列丛书

互联网+创新型“十四五”精品教材

电机与电气控制技术

（微课版）

主　编　陈长发　于佳丽　温治国
副主编　陈　莹　李　骞　乐桂兰　万　里
　　　　唐　娟　程秀芳　张　丽

哈爾濱工程大學出版社
Harbin Engineering University Press

内 容 简 介

本书结合电气控制技术的实际应用和发展情况，以技能培养和工程应用能力培养为出发点，以电工国家职业技能标准为指导，提高学生专业技能，充分体现了高等职业教育特色。本书共7章，主要包括异步电动机、变压器、直流电动机、常用控制电机应用、常用低压电气控制电路分析与设计、桥式起重电气控制系统分析、电气控制系统设计。

本书既可作为应用型本科、职业院校电气自动化技术、机电一体化技术专业的教材，也可供相关技术人员参考。

图书在版编目（CIP）数据

电机与电气控制技术 ：微课版 / 陈长发，于佳丽，温治国主编. —哈尔滨 ：哈尔滨工程大学出版社，2024.5

ISBN 978-7-5661-4389-1

I. ①电… II. ①陈… ②于… ③温… III. ①电机学 ②电气控制 IV. ①TM3②TM921.5

中国国家版本馆 CIP 数据核字（2024）第 101980 号

电机与电气控制技术（微课版）

DIANJI YU DIANQI KONGZHI JISHU（WEIKE BAN）

策划编辑 张林峰
责任编辑 章银武

出版发行 哈尔滨工程大学出版社
社　　址 哈尔滨市南岗区南通大街 145 号
邮政编码 150001
发行电话 0451-82519328
传　　真 0451-82519699
经　　销 新华书店
印　　刷 三河市中晟雅豪印务有限公司
开　　本 787 mm×1 092 mm　1/16
印　　张 12.5
字　　数 320 千字
版　　次 2024 年 5 月第 1 版
印　　次 2024 年 5 月第 1 次印刷
书　　号 ISBN 978-7-5661-4389-1
定　　价 49.80 元
http://www.hrbeupress.com
E-mail:heupress@hrbeu.edu.cn

前　言

党的二十大报告指出，“坚持尊重劳动、尊重知识、尊重人才、尊重创造，实施更加积极、更加开放、更加有效的人才政策”“着力形成人才国际竞争的比较优势”“深化人才发展体制机制改革……把各方面优秀人才集聚到党和人民事业中来”。

高等职业教育以就业为导向，以培养一线新型实用型人才为目标，以培养学生的职业素质为任务。在教学中应根据专业要求将理论与实践、知识与能力有机地结合起来。因此，在专业教学中应合理调整理论与实践在整个教学计划中的比重，将理论与实践紧密结合起来。本书正是基于该原则，着重技术应用，“讲、练”结合，以能力为本位，以应用为特色进行编写。本书具有以下特点。

（1）融职业素养、安全用电和规范操作等思政元素于任务实施过程中，潜移默化地培养学生工匠素养。

（2）融理论知识与实践训练于一体，知识点融于项目任务中，轻松实现“做中学，学中做”，更易于理解知识要领，并提高其动手能力。本书突出生产实际应用，着力于培养学生分析问题、解决生产实际问题的能力。

（3）融电工基本操作技能于典型控制电路安装调试过程中，体现了职业教育特色，渗透职业规范、职业标准和创新意识，为实际岗位任务和现场操作奠定基础。

本书由陈长发（无棣县职业中等专业学校）、于佳丽（齐齐哈尔高等师范专科学校）、温治国（无棣县职业中等专业学校）担任主编，由陈莹（莱芜技师学院）、李骞（泰安技师学院）、乐桂兰（重庆市铜梁职业教育中心）、万里（阜阳技师学院）、唐娟（长沙航天学校）、程秀芳（聊城市技师学院）、张丽（湖北十堰职业技术（集团）学校）担任副主编。本书相关资料可扫封底二维码或登录 www.bjzzwh.com 下载获得。

编者在编写本书的过程中参考了大量资料，在此向相关人员表示感谢。由于编者水平有限，书中难免存在不足之处，恳请广大读者批评指正并提出宝贵意见。

编　者

目　录

CONTENTS

第1章　异步电动机 …… 1

本章概述 …… 1

学习目标 …… 1

1.1　三相异步电动机 …… 2

1.2　三相异步电动机的使用与检修 …… 19

1.3　单相异步电动机 …… 24

本章小结 …… 32

技能实训 …… 32

思考练习 …… 33

第2章　变压器 …… 34

本章概述 …… 34

学习目标 …… 34

2.1　变压器的基本知识 …… 35

2.2　单相变压器的拆卸与安装 …… 44

2.3　三相变压器的维护 …… 54

2.4　特种变压器的应用 …… 59

2.5　变压器的维护与故障分析处理 …… 64

本章小结 …… 67

技能实训 …… 68

思考练习 …… 69

第3章　直流电动机 …… 70

本章概述 …… 70

学习目标 …… 70

3.1　直流电动机的基本原理与结构 …… 71

3.2　他励直流电动机的起动和反转 …… 79

3.3　他励直流电动机的制动 …… 82

3.4　他励直流电动机的调速 …… 88
本章小结 …… 92
技能实训 …… 92
思考练习 …… 93

第4章　常用控制电动机应用 …… 94
本章概述 …… 94
学习目标 …… 94
4.1　伺服电动机的应用 …… 95
4.2　步进电动机的应用 …… 103
4.3　同步电动机的应用 …… 112
本章小结 …… 119
技能实训 …… 120
思考练习 …… 121

第5章　常用低压电气控制电路分析与设计 …… 122
本章概述 …… 122
学习目标 …… 122
5.1　常用低压电器基本知识 …… 123
5.2　常用低压电器 …… 131
5.3　三相异步电动机的起动 …… 142
5.4　三相异步电动机的调速 …… 145
5.5　三相异步电动机的制动 …… 150
5.6　电气控制电路设计 …… 154
本章小结 …… 166
技能实训 …… 167
思考练习 …… 168

第6章　桥式起重机电气控制系统分析 …… 169
本章概述 …… 169
学习目标 …… 169
6.1　凸轮控制器识别与控制原理分析 …… 170
6.2　桥式起重机电气控制电路分析 …… 173
本章小结 …… 180
技能实训 …… 180
思考练习 …… 181

第7章 电气控制系统设计 …… 182
本章概述 …… 182
学习目标 …… 182
7.1 电气控制系统设计的基本知识 …… 183
7.2 电器的常见故障及维修 …… 188
本章小结 …… 190
技能实训 …… 190
思考练习 …… 191

参考文献 …… 192

第 1 章　异步电动机

本章概述

电动机（Motor）是把电能转换成机械能进而拖动生产机械的驱动设备。电动机按使用电源不同分为直流电动机和交流电动机，电力系统中的电动机大部分是交流电动机。交流电动机又有同步电动机和异步电动机之分。异步电动机按相数不同，可分为三相异步电动机和单相异步电动机；按转子结构不同，可分为笼型异步电动机和绕线转子异步电动机。其中，笼型异步电动机因结构简单、制造方便、价格便宜及运行可靠，在各种电动机中应用较为广泛。

学习目标

◎知识目标

1. 了解三相异步电动机的结构、工作原理、铭牌及分类。

2. 掌握三相异步电动机的使用、维护和检修。

3. 掌握单相异步电动机的结构与工作原理，了解单相异步电动机的分类，掌握单相异步电动机的常见故障及处理。

◎能力目标

1. 能识读电动机铭牌。

2. 能对三相异步电动机的常见故障进行处理。

◎素质目标

1. 树立工具、设备使用的安全意识。

2. 培养学生精益求精、关注细节的良好习惯。

◎思政目标

引导学生树立正确的职业观和道德观。

1.1 三相异步电动机

1.1.1 三相异步电动机的结构

三相异步电动机

三相异步电动机的结构主要由两大部分组成：一是固定不动的部分，简称为定子；二是可以自由旋转的部分，简称为转子。在定子与转子之间有一个很小的气隙。此外，还有轴承和风扇等部件。图 1-1 所示为封闭式笼型异步电动机结构图。

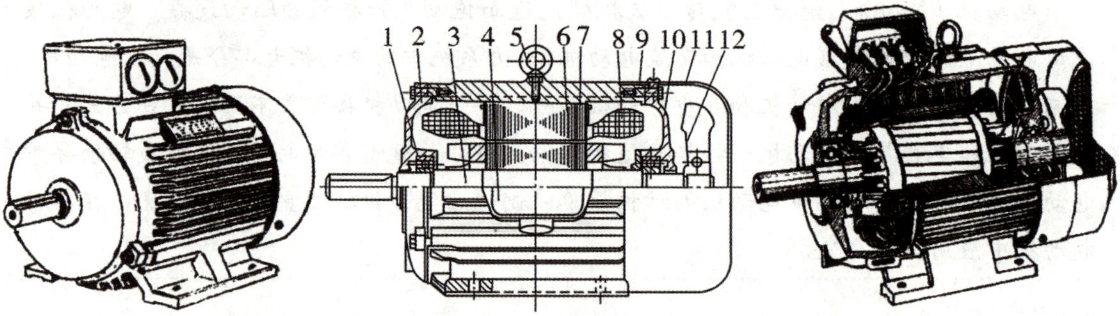

1- 轴承；2- 前端盖；3- 转轴；4- 接线盒；5- 吊环；6- 定子铁心；7- 转子；8- 定子绕组 9- 机座；10- 后端盖；11- 风罩；12- 风扇。

图 1-1 封闭式笼型异步电动机结构图

1. 定子

三相异步电动机的定子主要由定子铁心、定子绕组和机壳等构成。

（1）定子铁心。定子铁心是电动机主磁路的一部分，用来放置定子绕组。为了减小交变磁场在铁心中的磁滞和涡流损耗，定子铁心通常采用导磁性能良好、厚度为 0.35 ～ 0.5 mm、两面均有绝缘层的硅钢片叠压而成。为了放置定子绕组，硅钢片的内圆冲有均匀分布的槽，如图 1-2 所示。常见的定子铁心如图 1-3 所示。

（2）定子绕组。定子绕组是电动机定子的电路部分，其作用是通入三相对称交流电后产生旋转磁场。定子绕组是用绝缘铜线绕制而成的，三相绕组对称地嵌放在定子铁心槽内。三相异步电动机定子绕组的三个首端 U1、V1、W1 和三个末端 U2、V2、W2，都从机座上的接线盒中引出，根据电动机的容量和需要，定子绕组可以接成星形（Y）或三角形（△）。对于较大容量的三相异步电动机，定子绕组通常采用三角形联结，对于较小容量的三相异步电动机，定子绕组可按不同需要接成星形或三角形，具体接线方式如图 1-4 所示。定子绕组模型和散嵌线圈如图 1-5 所示。

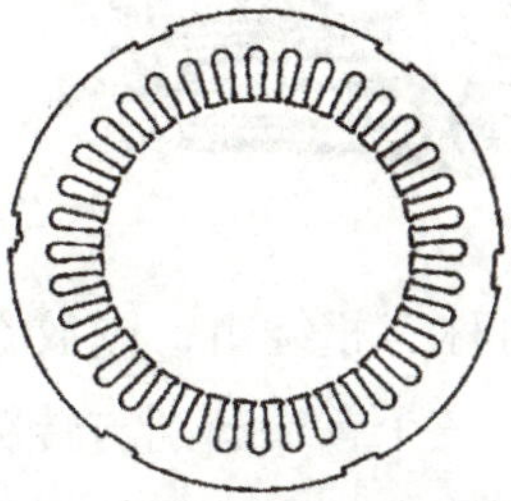

图 1-2　硅钢片的内圆冲

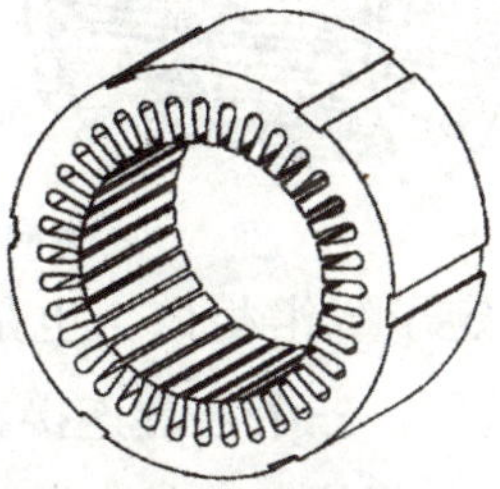

图 1-3　常见的定子铁心

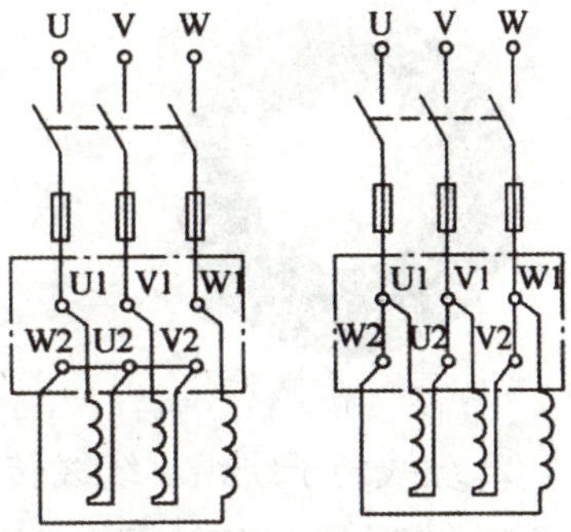

（a）星形联结　（b）三角形联结

图 1-4　定子绕组接线图

（a）

（b）

图 1-5　定子绕组模型和散嵌线圈

（3）机壳。机壳是电动机的外壳和支架，它的作用是固定和保护定子铁心、定子绕组并支撑转子，所以要求机壳应具有足够的机械强度。中、小型电动机机座一般采用铸铁铸造，大型电动机的机座采用钢板焊接而成。

2. 转子

转子是异步电动机的转动部分，它是在定子绕组旋转磁场的作用下获得一定的转矩而旋转起来的。转子由转子铁心、转子绕组和转轴等组成。

（1）转子铁心。转子铁心也是电动机主磁路的一部分，通常由厚度为 0.35 ～ 0.5 mm 的硅钢片叠压而成。转子铁心冲片，如图 1-6 所示。为了放置转子绕组，硅钢片的外圆冲有均匀分布的槽。小型异步电动机的转子铁心一般都直接固定在转轴上，而中、大型异步电动机的转子铁心则套在转子支架上，然后把支架固定在转轴上。

（2）转子绕组。转子绕组是闭合的，它是转子的电路部分，在旋转磁场的作用下，产生感应电动势和感应电流，由此获得一定的电磁转矩。按照转子绕组结构形式的不同，可将其分为笼型转子绕组和绕线转子绕组两种。

① 笼型转子绕组。笼型转子绕组是由安放在转子铁心槽内的裸导线和两端的短路环连接而成，转子绕组就像一个“鼠笼”的形状，故称为笼型转子绕组，其结构如图 1-7 所示。

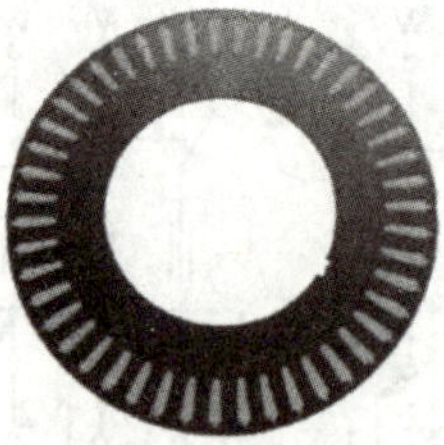

图 1-6　转子铁心冲片

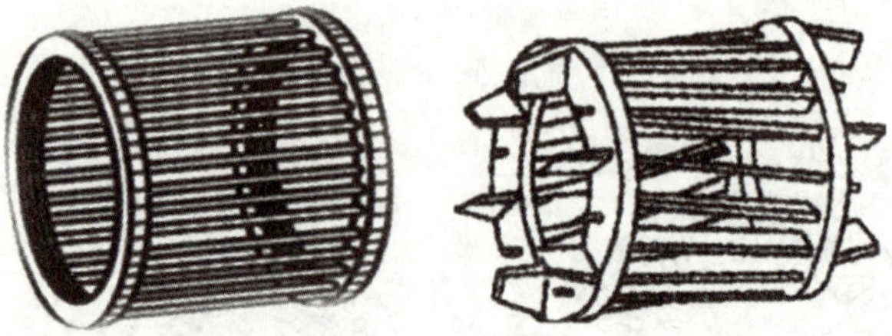

图 1-7　笼型转子绕组的结构

② 绕线转子绕组。绕线转子绕组与定子绕组相似，也是一个对称三相绕组，嵌放在转子铁心槽内。三相转子绕组通常接成星形，三个末端连接在一起，三个首端分别与转轴上的三个集电环相连，通过集电环和电刷接到外电路的变阻器上，以便改善电动机的起动和调速性能。绕线转子绕组与外电路电阻的接线，如图 1-8 所示。

（3）转轴。转轴是支撑转子铁心和输出转矩的部件，它必须具有足够的刚度和强度。转轴一般用中碳钢车削和磨削而成，轴伸端铣有键槽，用来固定带轮或联轴器。

3. 气隙

三相异步电动机的定子与转子之间的空气间隙称为气隙，一般仅为 0.2 ～ 1.5 mm，如图 1-9 所示。气隙的大小对电动机的性能影响极大，气隙过大，则磁阻增大，电网提供的励磁电流增大，导致电动机运行时的功率因数降低；气隙过小，则会导致装配困难、运行不可靠及高次谐波磁场增强，从而使附加损耗增加，甚至会使电动机的起动性能变差。电动机的功率越大，气隙就越大。

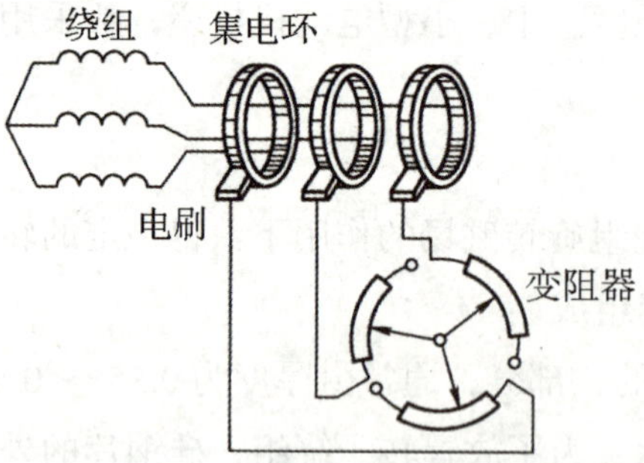

图 1-8　绕线转子绕组与外电路电阻的接线

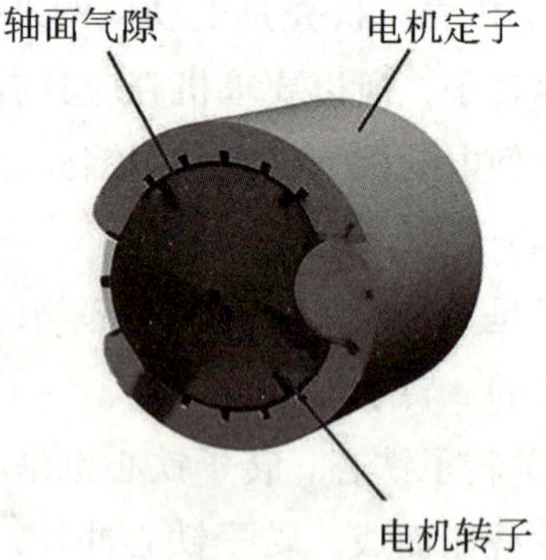

图 1-9　三相异步电动机的定子与转子间的空气间隙

1.1.2　三相异步电动机的工作原理

三相异步电动机是利用定子三相对称绕组中通入三相对称交流电所产生的旋转磁场与转子绕组内的感应电流相互作用而旋转的。

1. 旋转磁场

（1）旋转磁场的产生

如图 1-10 所示是最简单的两极三相异步电动机定子绕组空间分布，三相绕组 U1U2、V1V2、W1W2 在空间按互差 120° 的规律对称排列，将其尾端 U2、V2、W2 接成星形，首端 U1、V1、W1 与三相电源 L1、L2、L3 相连。随着三相电源的接通，三相定子绕组中将会有三相对称电流流过。下面分析三相对称交流电流在铁心内部空间产生的合成磁场，如图 1-11 所示。

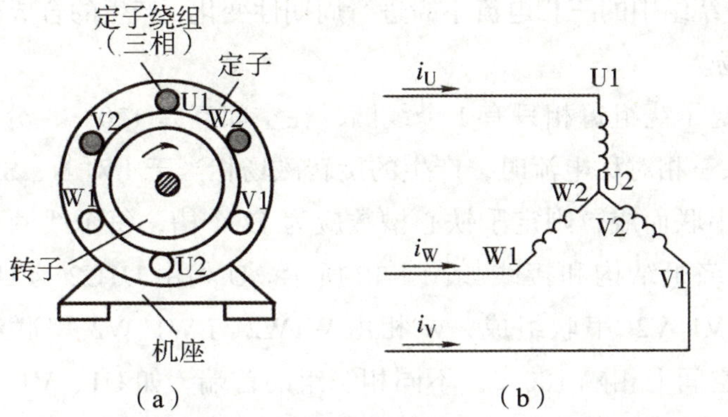

图 1-10　最简单的两极三相异步电动机定子绕组空间分布

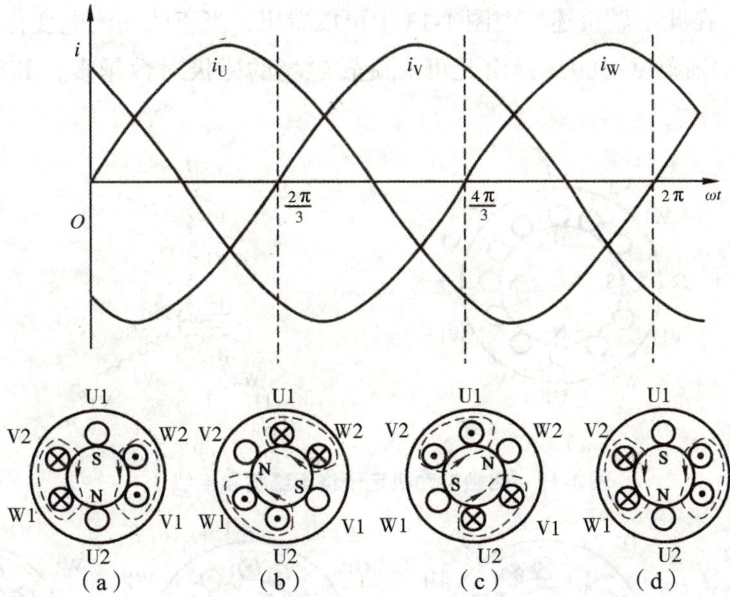

图 1-11　三相对称交流电流在铁心内部空间产生的合成磁场

当 $\omega t=0$ 时，$i_U=0$，U1U2 绕组中无电流；i_V 为负，V1 V2 绕组中的电流从 V2 流入 V1 后流出；i_W 为正，W1W2 绕组中的电流从 W1 流入 W2 后流出；由右手螺旋定则可得合成磁场的方向如图 1-11（a）所示。

当 $\omega t=\frac{2\pi}{3}$时，$i_V=0$，V1 V2 绕组中无电流；i_U 为正，U1U2 绕组中的电流从 U1 流入

U2 后流出；i_W 为负，W1W2 绕组中的电流从 W2 流入 W1 后流出；由右手螺旋定则可得合成磁场的方向如图 1-11（b）所示。

当 $\omega t=\frac{4\pi}{3}$时，$i_W=0$，W1W2 绕组中无电流；i_U 为负，U1U2 绕组中的电流从 U2 流入 U1 后流出；i_V 为正，V1 V2 绕组中的电流从 V1 流入 V2 后流出；由右手螺旋定则可得合成磁场的方向如图 1-11（c）所示。

当 $\omega t=2\pi$ 时，电流的流向和 $\omega t=0$ 时完全一致，合成磁场的方向如图 1-11（d）所示。

可见，当定子绕组中的电流变化 1 个周期时，合成磁场也按电流的相序方向在空间旋转 1 周。随着定子绕组中的三相电流不断进行周期性变化，产生的合成磁场也不断地旋转，因此称为旋转磁场。

上述电动机定子绕组每相只有 1 个线圈，在空间互差 120°，分别置于定子铁心的 6 个槽中。当通入三相对称电流时，产生的旋转磁场相当于 1 对 N、S 极在旋转。若每相绕组由两个线圈串联而成，则定子铁心槽数应为 12 个槽，每个线圈在空间相隔 60°，四极电动机定子绕组结构和接线如图 1-12 所示。U 相由 U1U2 与 U1′U2′ 串联组成，V 相由 V1 V2 与 V1′V2′ 串联组成，W 相由 W1W2 与 W1′W2′串联组成。同一相中的两个绕组首端在空间上相隔 180°，不同相绕组的首端（如 U1、V1、W1 端）在空间相隔 60°，当通入三相对称交流电时，可产生具有两对磁极的旋转磁场，如图 1-13 所示。其分析过程同上，在此不做赘述。由图 1-13 中可以看出，当正弦交流电变化 1 个周期时，合成磁场在空间只旋转了 180°，由此可见旋转磁场的磁极对数越多，其旋转磁场转速越低。

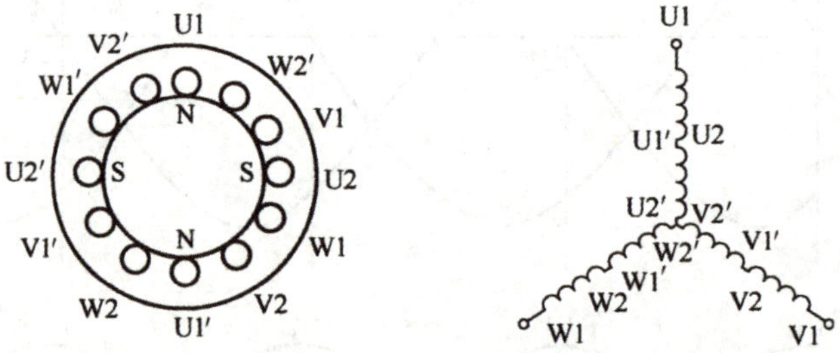

（a）（b）

图 1-12　四极电动机定子绕组结构和接线

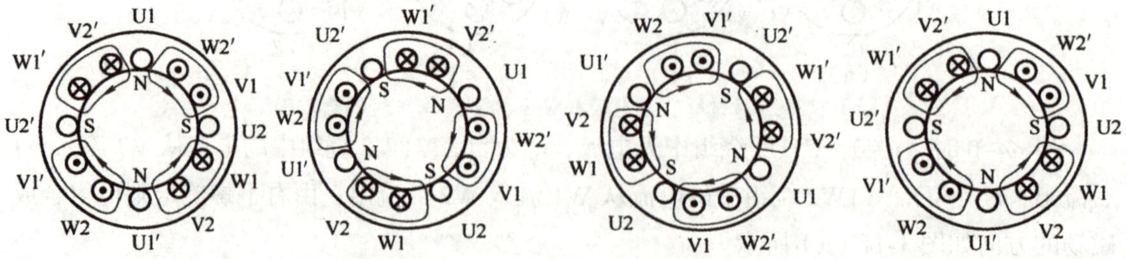
（a）$\omega t=0$　（b）$\omega t=\frac{2\pi}{3}$　（c）$\omega t=\frac{4\pi}{3}$　（d）$\omega t=2\pi$

图 1-13　四极电动机旋转磁场

（2）磁极对数 p 与旋转磁场转速 n_0

① 磁极对数 p

旋转磁场的磁极对数和三相绕组的安排有关，1 对磁极包含 N、S 两极。

当每相绕组只有 1 个线圈，绕组的首端之间相差 120° 空间角时，产生的旋转磁场具有 1 对磁极，即 p=1。

当每相绕组为 2 个线圈串联，绕组的首端之间相差 60° 空间角时，产生的旋转磁场具有 2 对磁极，即 p=2。

同理，要产生 3 对磁极，即 p=3 的旋转磁场，则每相绕组必须有均匀安排在空间的串联的 3 个线圈，绕组的首端之间相差 40° 空间角。磁极对数 p 与绕组的首端之间的空间角 θ 的关系为 $\theta=\dfrac{120°}{p}$。

② 旋转磁场转速 n_0

三相异步电动机旋转磁场的转速与磁极对数 p 有关。通常转速是以每分钟的转数来表示的，所以旋转磁场转速的计算公式为

$$n_0=\frac{60f_1}{p} \tag{1-1}$$

式中，n_0 为旋转磁场的转速，又称为同步转速（r/min）；f_1 为定子绕组中的电流频率（Hz）；p 为磁极对数。对某一异步电动机而言，f_1 和 p 通常是一定的，所以同步转速 n_0 是一个常数。

在我国，工频 f_1=50 Hz，对应于不同磁极对数 p 的同步转速 n_0 见表 1-1。

表 1-1 不同磁极对数 p 的同步转速 n_0

磁极对数 p	1	2	3	4	5	6
同步转速 n_0/（$r\cdot min^{-1}$）	3 000	1 500	1 000	750	600	500

（3）旋转磁场的方向

旋转磁场的方向是由三相绕组中电流相序决定的，若想改变旋转磁场的方向，只要改变通入定子绕组的电流相序，即将 3 根电源线中的任意 2 根对调即可。当电流的相序为 U—V—W 时，旋转磁场的转向为顺时针；如果将三相电源中的任意两相对调，如调换 U 相与 W 相，则电流的相序变为 W—V—U，此时旋转磁场的转向就为逆时针。

2. 转子的转动

（1）转子的转动原理

当定子绕组通入对称的三相交流电时，就能在气隙和转子所在的空间产生旋转磁场。假设旋转磁场以 n_0 的速度顺时针旋转，则静止的转子绕组与旋转磁场之间就有了相对运动，这相当于磁场静止而转子绕组逆时针切割磁场运动，从而在转子绕组中产生了感应电动势，其方向可以用右手定则来确定。

由于转子导体是闭合回路，所以在感应电动势的作用下产生了转子电流，带有转子电流的转子导体处于磁场之中，又与磁场相互作用，必将受到电磁力的作用，从而形成电磁转矩。转子导体所受电磁力的方向可以由左手定则来确定。电磁转矩的方向与旋转磁场的方向一致，这样转子就以一定的速度沿旋转磁场的方向转动起来。

（2）转子的转速 n 与转差率 s

由以上分析可知，电动机转子转动方向与磁场旋转的方向相同，但转子的转速 n 不可能达到与旋转磁场的转速 n_0 相等，否则转子与旋转磁场之间就没有相对运动，磁力线不切割转子导体，转子电动势、转子电流以及转矩也就都不存在。也就是说，旋转磁场与转子之间存在转速差，即 $n < n_0$，通常把这种电动机称为异步电动机，又因为这种电动机的转动原理是建立在电磁感应基础上的，故又称为感应电动机。

通常用转差率 s 来表示转子转速 n 与同步转速 n_0 的相差程度，即

$$s=\frac{n_0-n}{n_0}=\frac{\Delta n}{n_0} \tag{1-2}$$

转差率是异步电动机的一个重要物理量。当旋转磁场以同步转速 n_0 开始旋转时，转子则因机械惯性尚未转动，转子的瞬间转速为 0，这时转差率 s=1。转子转动起来之后，$n > 0$，（n_0–n）差值减小，电动机的转差率 $s < 1$。如果转轴上的阻转矩加大，则转子转速 n 降低，即异步程度加大，才能产生足够大的感应电动势和电流，产生足够大的电磁转矩，这时的转差率 s 增大。反之，s 减小。异步电动机运行时，转速与同步转速一般很接近，转差率很小。在起动瞬间和堵转状态下，n=0，s=1，转差率最大；空载时 n 接近 n_0，转差率 s 很小，一般在 0.01 以下；普通异步电动机在额定工作状态下其额定转差率为 0.01～0.05。

根据式（1-2），可以得到异步电动机的转速常用公式为

$$n=(1-s)\,n_0=\frac{60f_1(1-s)}{p} \tag{1-3}$$

【例 1.1】有一台三相异步电动机，其额定转速 n=975 r/min，电源频率 f_1=50 Hz，求电动机的磁极对数 p 和额定负载时的转差率 s。

解：由于电动机的额定转速接近而略小于同步转速，而同步转速对应于不同的磁极对数有一系列固定的数值。显然，与 975 r/min 最相近的同步转速 n_0=1 000 r/min，与此相应的磁极对数 p=3。因此，额定负载时的转差率为

$$s=\frac{(n_0-n)}{n_0}=\frac{(1\,000-975)\ \text{r}\cdot\text{min}^{-1}}{1\,000\text{r}\cdot\text{min}^{-1}}=0.025$$

1.1.3 三相异步电动机的铭牌

铭牌是三相异步电动机的重要标识，也是安装和维修电动机的重要依据。在电动机的铭牌上标有其主要技术数据，使用时应多加注意。以图 1-14 所示三相异步型电动机铭牌为例说明上面各个数据的意义。

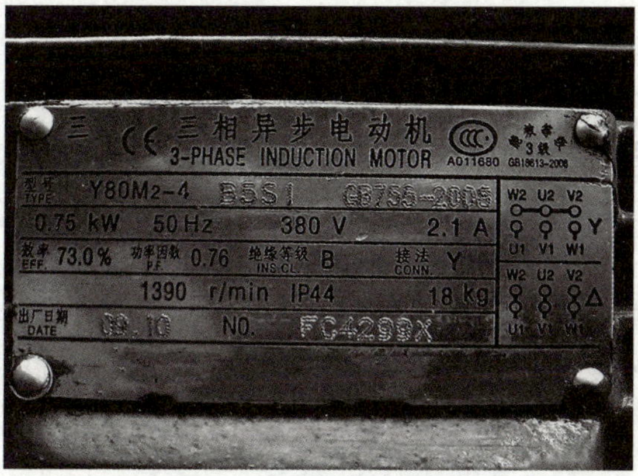

图 1-14　三相异步电动机铭牌

1. 型号

电动机的型号由《旋转电机产品型号编制方法》GB/T 4831—2016 规定，如图 1-15 所示。

YX3－160L－4

异步电动机

高效率节能型

设计序号（3代表第3次设计）

机座中心高（160 mm）

机座长度代号 S：短机座；M：中机座；L：长机座

极数（4极）

图 1-15　电动机的型号

2. 功率

电动机在额定运行时，轴上输出的机械功率一般用千瓦（kW）、瓦（W）做单位。

注意：额定功率 P_N 是机械功率，而不是电动机输入的电功率。

3. 额定电压（U_N）

额定电压是保证电动机正常工作时所需要的电压，一般指加在定子绕组上的线电压，单位为 V 或 kV。电动机所用实际电源电压一般应为额定值的 95% ～ 105%。

注意：额定电压是指加在定子绕组上的线电压。

4. 额定电流（I_N）

电动机在额定电压和额定频率下，输出额定功率时定子绕组中的线电流，单位为 A 或 kA。

5. 额定频率（f_N）

额定频率是保证定子同步转速为额定值的电源频率，单位为 Hz。对普通交流电动机，我国使用的频率是 50 Hz。使用 50 Hz 的还有东南亚、大洋洲、欧洲和非洲的一些国家，而北美洲使用 60 Hz。

6. 额定转速（n_N）

额定转速是电动机在额定电压、额定频率和额定功率情况下的转速，单位为 r/min。

1.1.4 三相异步电动机的系列和分类

我国生产的三相异步电动机种类很多，根据不同的场合和用途可以进行针对性选择。部分常用的 Y 系列三相异步电动机及性能特点如下。

1. Y 系列全封闭自扇冷式笼型转子三相异步电动机

Y 系列全封闭自扇冷式笼型转子三相异步电动机具有高效、节能、起动转矩大、性能好、噪声低、振动小、可靠性高、使用维护方便等特点；采用 B 级绝缘，外壳防护等级为 IP44；应用于一般无特殊要求的机械设备，如农业机械、食品机械、风机、水泵、机床、搅拌机、空气压缩机等。

2. Y2 系列三相异步电动机

在 Y 系列电动机基础上更新设计的新型基本系列电动机，目前也是国内最为完整的低压笼型转子三相异步电动机，Y2 系列满足了一般用途的需要。Y2 系列三相异步电动机外形美观、高效、节能、噪声低且振动小，运行可靠，使用寿命长，绝缘等级提高为 F 级，防护等级提高为 IP54（防尘、防溅水），综合性能指标优于 Y 系列。Y2 系列电动机与国外同类产品先进水平相当。

3. Y3 系列三相异步电动机

Y3 系列三相异步电动机具有结构新颖、造型美观、效率高、噪声低、可靠性高等特点，采用冷轧硅钢片为导磁材料，效率符合欧洲 EFF2 标准，性能指标达到目前西门子公司同类产品的水平，已居国际同类产品的先进水平，是 Y2 系列电动机的更新换代产品，外壳防护等级为 IP55。

4. YVF 系列变频调速三相异步电动机

YVF 系列变频调速三相异步电动机具有过载能力大、机械强度高、调速范围宽、运行稳定的特点，电动机噪声低、振动小，有助于节能和实现自动控制。

5. YD 系列变极调速三相异步电动机

YD 系列变极调速三相异步电动机具有性能优良、外形美观、与国外同类产品有较好的互换性等优点；防护等级为 IP44，绝缘等级为 B；适用于机械、矿山、冶金、纺织、印染、化工、农机等需要分级变速的设备上，也可简化或代替机械传动中的齿轮减速箱。

6. YCT 电磁调速三相异步电动机

YCT 电磁调速三相异步电动机是通过改变励磁电流的大小来调节输出力矩和转速的一种调速电动机，主要应用于恒转矩负载的调速和张力控制的场合，尤其适合鼓风机和泵类负载的场合。对于起动力矩高、惯性大的负载有缓冲的作用，同时有防止过载等保护作用。这种调速电动机结构简单、工作可靠、调速均匀平滑、无失控区、使用维护方便。

7. YEJ 系列电磁制动三相异步电动机

YEJ 系列电磁制动三相异步电动机外形、安装尺寸、绝缘等级、使用条件等与 Y 系列电动机相同，具有附加圆盘形直流电磁制动器，适用于要求快速停止、准确定位、往复运转的机械。

8. YB、YB2 系列防爆型三相异步电动机

YB、YB2 系列防爆型三相异步电动机适用于有爆炸性气体混合物存在的场所。

9. YZR 冶金及起重用三相异步电动机

YZR 冶金及起重用三相异步电动机主要用于驱动各种起重机械和冶金设备中的辅助机械，具有过载能力强、机械强度高、起重力矩大等特点，特别适用于短时或断续周期运行、频繁起动和制动、有过载及有显著振动或冲击的设备。

10. Y-H 系列船用三相异步电动机

Y-H 系列船用三相异步电动机适用于在船舶上作为动力驱动各种机械，如泵类、通风机、分离器、液压机械及其他辅助设备。

11. YH 系列高转差率三相异步电动机

YH 系列高转差率三相异步电动机具有起动转矩高、起动电流小、转差率高、机械特性软等特点，适用于驱动飞轮矩较大、有冲击性负荷、起动及反转次数较多的机械设备，如剪床、冲床、锻冶机械及小型起重运输机械等。转子采用小槽、深槽结构及使用电阻系数高的铝合金材料。

12. YEP 系列旁磁制动三相异步电动机

YEP 系列旁磁制动三相异步电动机具有制动快、结构紧凑、工艺简单的特点，可使用在起重运输机械、升降工作机械及其他要求迅速和准确停车的场合。

13. YTD 系列电梯用三相异步电动机

YTD 系列电梯用三相异步电动机是 6/24、4/16 极双绕组双速电动机，具有结构简单、运行可靠、维护方便等特点，并具有起动转矩高、起动电流小和电机噪声低等优点；适用于为交流客梯、货梯等各种类型电梯提供牵引动力。

14. YLB 立式深井泵用三相异步电动机

YLB 立式深井泵用三相异步电动机是驱动立式深井泵的专用电动机，安装时将水泵轴与电动机的空心轴通过联轴器相连，采用钩头键连接传动，适用于广大农村及工矿吸取地下水之用。

15. YR 绕线转子三相异步电动机

YR 绕线转子三相异步电动机能在较小的起动电流下提供较大的起动转矩，并能在转子回路中串接电阻改变其转速，适用于要求起动转矩高及需要小范围调速的装置。

1.1.5　三相异步电动机的旋转磁场

三相异步电机是利用定子三相对称绕组中通入三相对称交流电所产生的旋转磁场与转子绕组内感应的电流相互作用而旋转的。

1. 旋转磁场的产生

当电动机定子绕组通入三相交流电时，各相绕组中的电流都将产生自己的磁场。由于电流随时间变化，它们产生的磁场也将随时间变化，而三相电流产生的总磁场（合成磁场）是在空间旋转的，故称旋转磁场。

为了简便起见，假设每相绕组只有一个线圈，分别嵌在定子内圆周的六个凹槽之中，如图 1-16 所示中 U1、V1、W1 和 U2、V2、W2 分别代表各相绕组的首端和末端。

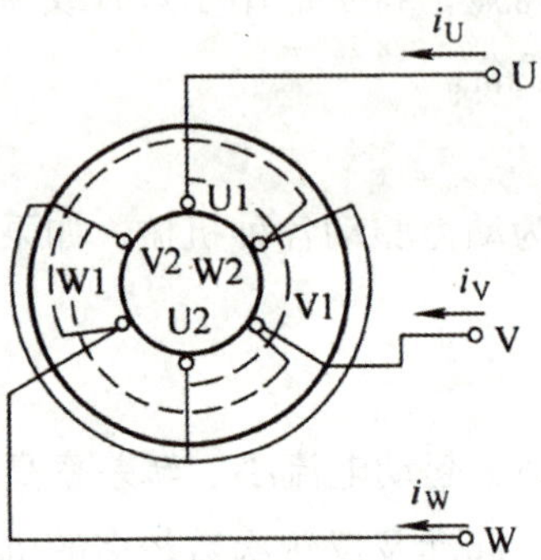

（a）嵌放情况

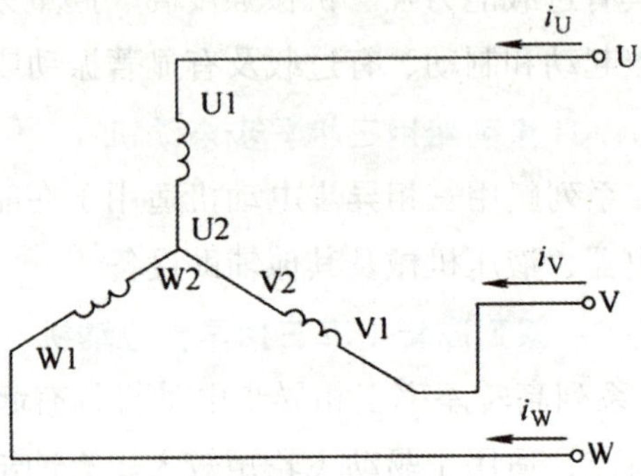

（b）星形接法接线图

图 1-16　定子三相绕组

把定子绕组中电流的正方向规定为自各相绕组的首端到它的末端，并取流过 U 相绕组的电流 i_U 作为参考正弦量，即 i_U 的初相位为零，则各相电流的瞬时值可表示为（相序为 U—V—W）

$$i_U=I_m\sin\omega t \tag{1-4}$$

$$i_V=I_m\sin(\omega t-120°) \tag{1-5}$$

$$i_W=I_m\sin(\omega t-240°) \tag{1-6}$$

三相电流的波形如图 1-17 所示。下面分析不同时刻的合成磁场。

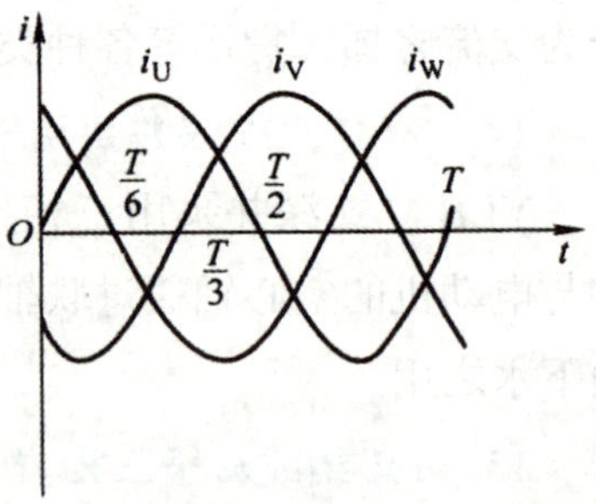

图 1-17　三相电流的波形图

（1）当 t=0 时，i_U=0；i_V 为负，电流实际方向与正方向相反，即电流从 V2 端流到 V1 端；i_w 为正，电流实际方向与正方向一致，即电流从 W1 端流到 W2 端。按右手螺旋法则确定三相电流产生的合成磁场，如图 1-18（a）箭头所示。

（2）当 $t=\frac{T}{6}$时，ωt=60°，i_W=0，i_U 为正（电流从 U1 端流到 U2 端），i_v 为负（电流从 V2 端流到 V1 端）。此时的合成磁场，如图 1-18（b）所示，合成磁场已从 t=0 瞬间所在位置顺时针方向旋转了$\frac{\pi}{3}$角度。

（3）当 $t=\frac{T}{3}$时，ωt=120°，i_U 为正，i_V=0，i_W 为负。此时的合成磁场，如图 1-18（c）所示，合成磁场已从 t=0 瞬间所在位置沿顺时针方向旋转了 120°。

（4）当 $t=\frac{T}{2}$ 时，$\omega t=180°$ ，$i_U=0$，i_V 为正，i_W 为负。此时的合成磁场，如图 3-18（d）所示。合成磁场从 $t=0$ 瞬间所在位置沿顺时针方向旋转了 180° 。

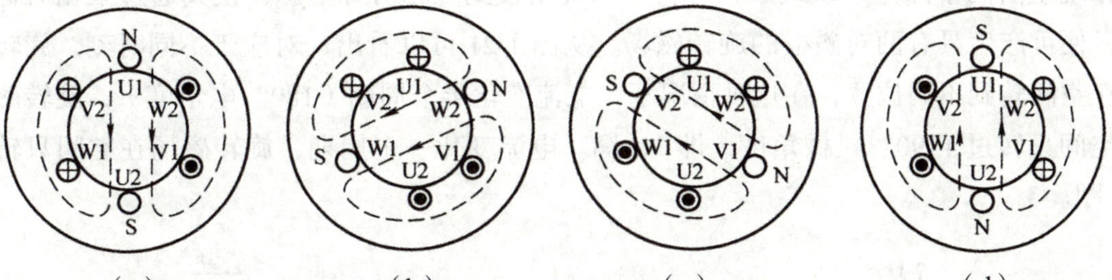

图 1-18　三相电流产生的合成磁场

由以上分析可以证明：当三相电流随时间不断变化时，合成磁场在空间也不断旋转，这样就产生了旋转磁场。

2. 旋转磁场的转向

由图 1-16 和图 1-17 可知，U 相绕组内的电流，超前于 V 相绕组内的电流 120° ，而 V 相绕组内的电流又超前于 W 相绕组内的电流 120° ，同时图 1-18 所示旋转磁场的转向也是 U—V—W，即沿顺时针方向旋转。所以，旋转磁场的转向与三相电流的相序一致。

如果将定子绕组接至电源的三根导线中的任意两根线对调，例如，将 V、W 两根线对调，如图 1-19 所示，使 V 相与 W 相绕组中电流的相位对调，此时 U 相绕组内的电流超前于 W 相绕组内的电流 120° ，因此，旋转磁场的转向也将变为 U—W—V，沿逆时针方向旋转，即与对调前的转向相反。

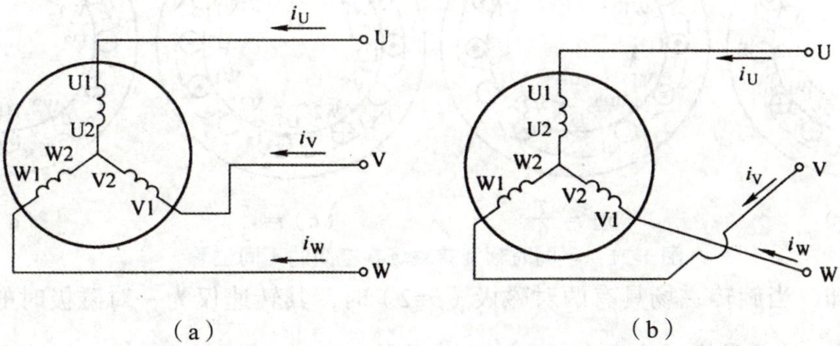

图 1-19　V、W 两根电源线对调改变绕组中电流的相位对调

由此可见，要改变旋转磁场的转向（改变电动机的旋转方向），只需把定子绕组接到电源的三根导线中的任意两根对调即可。

3. 旋转磁场的极数与转速

从上述分析可以看出，电流变化一个周期（360° 电角度），旋转磁场在空间也旋转了一圈（360° 机械角度），若电源的频率为 f_1，旋转磁场每分钟将旋转 60 f_1 圈，以 n_1 表示，即

$$n_1=60f_1 \tag{1-7}$$

如果把定子铁心的槽数增加一倍(变为12个槽),制成如图1-20所示的三相绕组,其中,每相绕组由两个部分串联组成，再将三相绕组接到三相对称电源，使其通过三相对称电流，便可产生具有两对磁极的旋转磁场。从图1-21可以看出，对应于不同时刻，旋转磁场在空间转到不同位置，在这种情况下，电流变化半个周期（180° 电角度），旋转磁场在空间只转过了90° 机械角度，即1/4圈。电流变化一个周期，旋转磁场在空间只转了1/2圈。

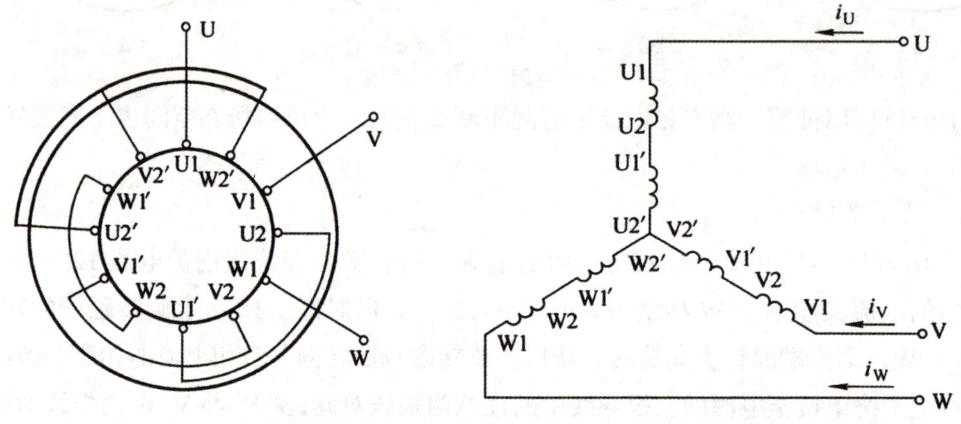

（a）嵌放情况　（b）接线图

图1-20　定子铁心的槽数增加一倍制成的三相绕组

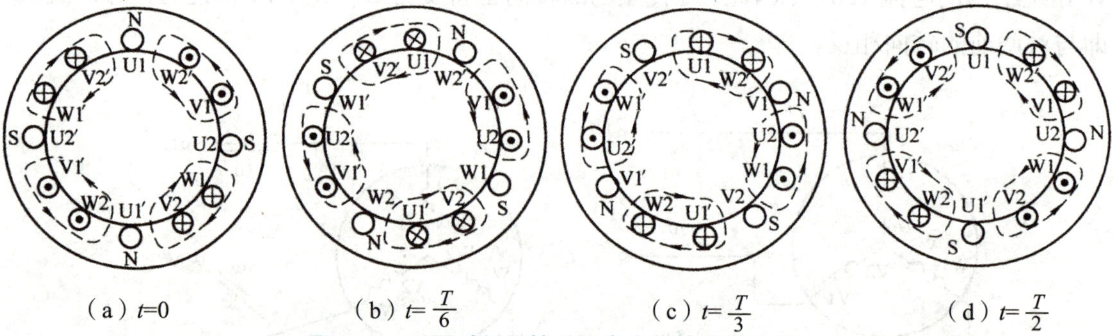

（a）t=0　（b）$t=\frac{T}{6}$　（c）$t=\frac{T}{3}$　（d）$t=\frac{T}{2}$

图1-21　不同时刻旋转磁场在空间的不同位置

由此可知，当旋转磁场具有两对磁极（p=2）时，其转速仅为一对磁极时的一半，即每分钟$\frac{60f_1}{2}$转。依此类推，当有p对磁极时，其转速为

$$n_1=\frac{60f_1}{p} \tag{1-8}$$

因此，旋转磁场的转速（同步转速）n_1与电源的频率成正比，而与磁极对数成反比。由于我国标准的工业频率（电源频率）为50 Hz，因此，对应于p=1、2、3和4时，同步转速分别为3 000 r/min、1 500 r/min、1 000 r/min和750 r/min。

综上所述，三相异步电动机中的磁场具有以下特性：三相对称交流电通入三相对称绕组产生旋转磁场；转向取决于电流的相序，任意调换两根电源线即可改变转向；同步转速 $n_1=\frac{60f_1}{p}$。

实际上，旋转磁场不仅可以由三相交流电获得，任何两相以上的多相对称交流电，流过相应的多相对称绕组，都能产生旋转磁场。

【例 1.2】一台三相四极异步电动机，额定频率为 50 Hz，额定转速 n_N=1 440 r/min，计算额定转差率 s_N。

解：$n_1=\frac{60f_1}{p}=\frac{60\times 50}{2}=1\,500\ \text{r/min}$

$s_N=\frac{n_1-n_N}{n_1}=\frac{1\,500-1\,440}{1\,500}=0.04$

1.1.6　三相异步电动机的定子绕组

定子绕组是三相异步电动机进行能量转换的关键部件，也是电动机结构中的核心。三相异步电动机在长期的运行过程中，绝缘的老化、受潮、化学气体的腐蚀、长期过载、低压运行、单相运行，以及机械力和电磁力的冲击等，易引起绕组故障。实际上电动机修理工作中遇到的问题，大多是绕组故障，所以电动机修理的大部分工作是对绕组的修理。因此，了解三相定子绕组的种类、结构和排列规律是很有必要的。

1. 三相交流绕组概述

（1）绕组展开图。三相异步电动机修理时，主要的技术工作在于绕组端部的连接。绕组展开图最能反映某种绕组的连接规律，所以对于交流电动机的绕组展开图要有一个清晰的认识，能够读懂和绘制绕组展开图。

（2）三相对称绕组的特点。三相绕组在空间位置上分别相差 120° 电角度；每相绕组的线圈数、支路数相等，导线规格一样；每相绕组在空间的分布规律一样。

（3）电角度与机械角度。由于导体经过一对磁极，电动势变化一个周期，所以将一对磁极所占的空间位置定义为 360° 电角度；而一个圆周对应的机械角度为 360° ，这是不变的。因此，电角度等于机械角度与磁极对数的乘积，即

$$\text{电角度}=p\times\text{机械角度} \tag{1-9}$$

式中，p——磁极对数。

（4）极距 τ 与节距 y。定子铁心表面每个磁极所占的范围称为极距 τ，一般用槽数表示。若定子槽数用 Z_1 表示，磁极对数用 p 表示，则

$$\tau=\frac{Z_1}{2p} \tag{1-10}$$

一个线圈两个有效边在定子铁心表面跨过的槽数称节距 y。为了使一个线圈产生的电动势和电磁转矩最大，应使节距 y 等于或接近于极距 τ。为了节省材料，一般采用 $y<\tau$ 的短距绕组。实践证明，当 $y\approx 0.87\tau$ 时，电动机的性能最佳。

（5）槽距角 α。相邻两槽之间的电角度称为槽距角 α，它表示相邻两槽导体中电动势的相位差，α 可表示为

$$\alpha=\frac{p\times 360^\circ}{Z_1} \tag{1-11}$$

（6）每极每相槽数 q。若用 m_1 表示定子的相数，则每相绕组在每个磁极下所占有的槽数为

$$q=\frac{Z_1}{2pm_1} \tag{1-12}$$

（7）相带。每一个磁极下每相绕组所占的范围称为相带，用电角度表示，一般三相异步电动机都采用 60° 相带。

2. 三相单层绕组

三相单层绕组的线圈数只有槽数的一半，制造方便，故常用于 10 kW 以下的小型三相异步电动机中。单层绕组可分为同心式、链式和交叉链式三种。

（1）同心式绕组

以三相二极 24 槽异步电动机为例，说明同心式绕组的排列规律。

槽距角

$$\alpha=\frac{p\times 360^\circ}{Z_1}=\frac{1\times 360^\circ}{24}=15^\circ \tag{1-13}$$

每极每相槽数

$$q=\frac{Z_1}{2pm_1}=\frac{24}{2\times 1\times 3}=4 \tag{1-14}$$

将定子 24 个槽编号，按照三相对称的原则划分为 6 个相带，见表 1-2。

表 1-2　同心式绕组各相带所属的槽号表

相带	U1	W2	V1	U2	W1	V2
槽号	1 2 3 4	5 6 7 8	9 10 11 12	13 14 15 16	17 18 19 20	21 22 23 24

根据线圈端部连线较短，嵌线方便的原则，将 3 槽和 14 槽中的导体组成一个大线圈，将 4 槽和 13 槽中的导体组成一个小线圈，然后将这两个线圈依电动势方向串联成一个线圈组。再按照上述方法，将 1~16 和 2~15 串联成另一个线圈组。最后将这两个线圈组串联起来构成 U 相绕组，如图 1-22 所示。V 相和 W 相的绕组结构与 U 相一样，位置分别右移 4 槽和 8 槽即可。

由于这种绕组大、小线圈的中心线重合，因此称为同心式绕组。其优点是线圈端部不重叠，嵌线方便；其缺点是线圈大小不等，绕线加工不便。同心式绕组一般用于 q=4 的小型二极异步电动机中。

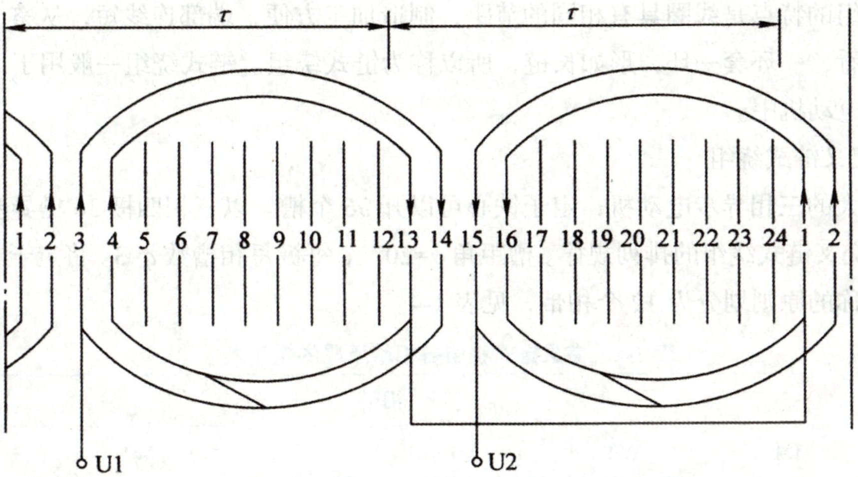

图 1-22 三相单层同心式绕组 U 相展开图

（2）链式绕组

以三相四极 24 槽异步电动机为例，说明链式绕组的排列规律。槽距角 α=30°，每极每相槽数 q=2。将定子 24 个槽，按照三相对称的原则划分为 12 个相带，见表 1-3。

表 1-3 链式绕组各相带所属的槽号表

极对	相带					
	U1	W2	V1	U2	W1	V2
第一对极	1 2	3 4	5 6	7 8	9 10	11 12
第二对极	13 14	15 16	17 18	19 20	21 22	23 24

根据线圈端部连线较短的原则，将 20 ～ 1 槽、2 ～ 7 槽、8 ～ 13 槽、14 ～ 19 槽导体分别连接成线圈，然后将这些线圈按“首首相连，尾尾相接”的方法串联成 U 相绕组，如图 1-23 所示。同理，可确定 V 相和 W 相的绕组结构和位置。

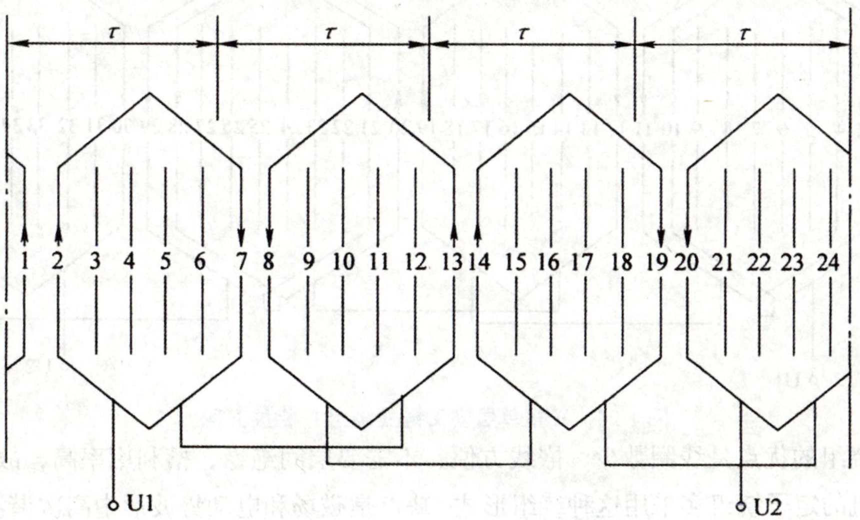

图 1-23 三相单层链式绕组 U 相展开图

链式绕组的特点是线圈具有相同的节距，制造加工方便，端部连线短，从整个三相绕组的展开图看，一环套一环，形如长链，所以称为链式绕组。链式绕组一般用于 q=2 的小型三相异步电动机中。

（3）交叉链式绕组

容量略大的三相异步电动机，定子铁心可以开 36 个槽。以三相四极 36 槽异步电动机为例，说明交叉链式绕组的排列规律。槽距角 α=20°，每极每相槽数 q=3。将定子 36 个槽，按照三相对称的原则划分为 12 个相带，见表 1-4。

表 1-4　交叉链式绕组各相带所属的槽号表

极对	相带					
	U1	W2	V1	U2	W1	V2
第一对极	1 2 3	4 5 6	7 8 9	10 11 12	13 14 15	16 17 18
第二对极	19 20 21	22 23 24	25 26 27	28 29 30	31 32 33	34 35 36

同链式绕组一样，交叉链式绕组 U 相的每一线圈也应从 U1 和 U2 相带各选一根导体来构成，但构成方法有别于链式绕组，采用了“两大一小、两大一小”的交叉布置。即将 30 ～ 1 槽、12 ～ 19 槽连接为两小线圈，其线圈节距为 7；将 2 ～ 10 槽、3 ～ 11 槽、20 ～ 28 槽、21 ～ 29 槽连接为四个大线圈，其线圈节距为 8。它们的节距均比极距（τ=9）短，因此，可以节约端部用铜。其 U 相展开图如图 1-24 所示。

交叉链式绕组的特点是线圈节距不等，优点是线圈端部较短，缺点是制造加工较烦琐。一般用于 q=3 的小型异步电动机中。

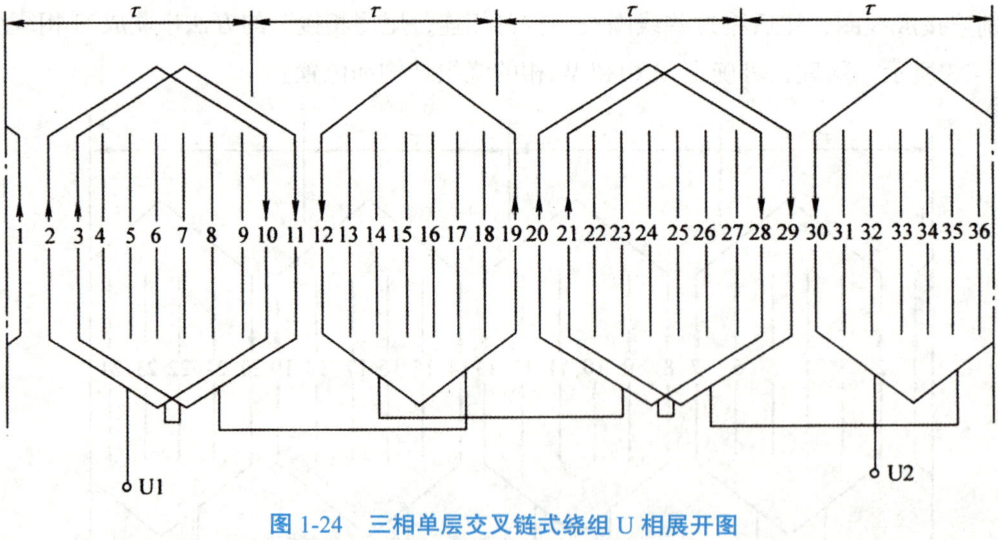

图 1-24　三相单层交叉链式绕组 U 相展开图

单层绕组的优点是线圈数少、嵌线方便、不需要层间绝缘、槽利用率高，故小型三相异步电动机的定子绕组多采用这种绕组形式。缺点是磁场和电动势波形中高次谐波影响大，电动机性能较差。因此，大中型三相异步电动机的定子绕组多采用双层绕组。

3. 三相双层绕组

三相双层绕组可分为叠绕组和波绕组两大类。一般 10 kW 以上三相异步电动机的定子绕组采用双层叠绕组，绕线式三相异步电动机的转子绕组采用波绕组。双层绕组的优点是线圈节距、形状相同、便于制造；可以灵活地选择短距线圈来改善电动势和磁动势波形，节约端部用铜，电动机性能好；还可以根据需要组成较多的并联支路数。其缺点是线圈多，需层间绝缘，嵌线较困难，线圈组间连线较多，耗铜量较大。

为了改善电动势和磁动势波形及节省端接线材料，一般线圈节距为 0.8τ 左右，可以选取节距 $y=5$。图 1-25 是三相四极 24 槽双层绕组 U 相展开图，每相绕组的并联支路数 $a=2$。

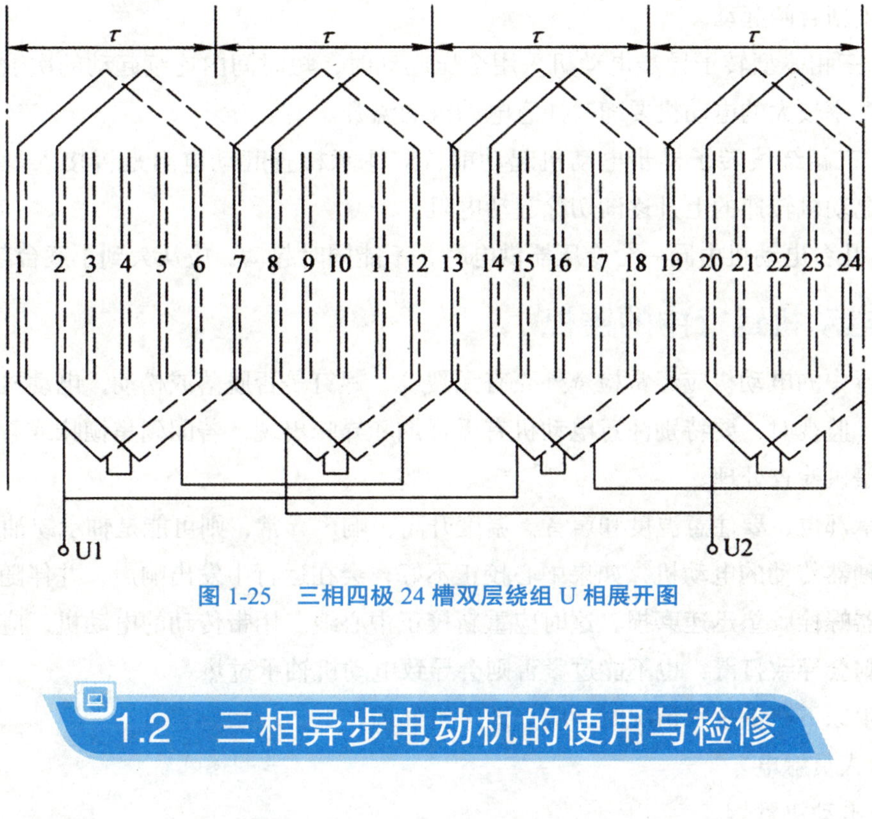

图 1-25　三相四极 24 槽双层绕组 U 相展开图

1.2　三相异步电动机的使用与检修

1.2.1　三相异步电动机起动前的准备

对新安装或久未运行的电动机，在通电使用之前必须先做下列检查，以验证电动机能否通电运行。

（1）安装检查。要求电动机装配灵活、螺栓拧紧、轴承运行无阻碍、联轴器中心无偏移等。

（2）绝缘电阻检查。要求用兆欧表检查电动机的绝缘电阻，包括三相相间绝缘电阻和三相绕组对地绝缘电阻，测得的冷态绝缘电阻一般不小于 10 Ω。

（3）电源检查。一般当电源电压波动超出额定值的 –5% 或 10% 时，应改善电源条件后投入运行。

（4）起动、保护措施检查。要求起动设备接线正确（全压起动的中小型三相异步电动机除外），电动机所配熔丝的规格合适，外壳接地良好。在以上各项检查无误后，方可合闸起动。

1.2.2 起动时的注意事项

（1）合闸后，若电动机不运转，应迅速、果断地拉闸，以免烧坏电动机。

（2）电动机起动后，应注意观察，若有异常情况，应立即停机。待查明故障并排除后，才能重新合闸起动。

（3）三相笼型转子异步电动机采用全压起动时，短时间内连续起动的次数不宜过于频繁。对功率较大的电动机要随时注意电动机的温升。

（4）三相绕线转子异步电动机起动前，应注意检查起动电阻是否接入。接通电源后，随着电动机转速的上升逐渐切除起动电阻。

（5）几台电动机由同一台变压器供电时，不能同时起动，应从大到小逐台起动。

1.2.3 电动机运行中的监视

对运行中的电动机应经常检查外壳有无裂纹，螺钉是否脱落或松动，电动机有无异响或振动等。监视时，要特别注意电动机有无冒烟和异味出现，若闻到焦糊味或看到冒烟，必须立即停机检查处理。

对轴承部位，要注意温度和声音。温度升高，响声异常，则可能是轴承缺油或磨损。

用联轴器传动的电动机，如果中心校正不好，会在运行中发出响声，并伴随电动机振动和联轴器螺栓胶垫迅速磨损。这时应重新校正中心线。用带传动的电动机，应注意带不应过松否则会导致打滑，也不能过紧否则会导致电动机轴承过热。

在发生以下严重故障情况时，应立即停机处理。

（1）人员触电。

（2）电动机冒烟。

（3）电动机剧烈振动。

（4）电动机轴承发热严重。

（5）电动机转速迅速下降，温度迅速升高。

1.2.4 三相异步电动机的定期维修

三相异步电动机定期维修是消除故障隐患，防止故障发生的重要措施。电动机维修分月维修和年维修，俗称小修和大修。小修不拆开电动机，大修需把电动机全部拆开。

1. 定期小修

定期小修是对电动机的一般清理和检查，应经常进行。小修内容包括以下方面。

（1）清擦电动机外壳，除掉运行中积累的污垢。

（2）测量电动机绝缘电阻，测量后注意重新接好线，拧紧接线螺钉。

（3）检查电动机端盖、地脚螺钉是否紧固。

（4）检查电动机接地线是否可靠。

（5）检查电动机与负载机械间的传动装置是否良好。

（6）拆下轴承盖，检查润滑介质是否变脏、用尽，及时加油或换油。处理完毕后注意上好端盖及紧固螺钉。

（7）检查电动机的附属起动和保护设备是否完好。

2. 定期大修

三相异步电动机的定期大修应结合负载机械的大修进行。大修时，拆开电动机进行以下项目的检查修理。

（1）检查电动机各部件有无机械损伤，若有则应做相应修复。

（2）对拆开的电动机和起动设备进行清理，清除所有油泥、污垢。清理中注意观察绕组绝缘状况。若绝缘为暗褐色，说明绝缘已经老化，对这种绝缘状态要特别注意，不要使它脱落。若发现有脱落现象就要进行局部绝缘修复和刷漆。

（3）拆下轴承，浸在汽油或柴油中彻底清洗。把轴承架与钢珠间残留的油脂及污垢洗掉后，用干净的汽（柴）油清洗一遍。清洗后的轴承应转动灵活，不松动。若轴承表面粗糙，说明润滑油不合格；若轴承表面变色（发蓝），则说明已经退火。根据检查结果，对润滑油或轴承进行更换，并消除故障隐患（如清除润滑油中的砂、铁屑等杂物，正确安装电动机等）。

轴承重新安装时，润滑油应从一侧加入，直至润滑油占轴承内容积的$\frac{1}{3}$～$\frac{2}{3}$即可，润滑油加得太满会发热流出。润滑油可采用钙基润滑脂或钠基润滑脂。

（4）检查定子绕组是否存在故障。使用兆欧表测绕组绝缘电阻可判断绕组绝缘是否受潮或短路，若有故障则应进行相应处理。

（5）检查定子、转子铁心有无磨损或变形，若观察到有磨损处或发亮点，说明可能存在定子、转子铁心相擦，应使用锉刀或刮刀把亮点刮低，若有变形应做相应修复。

（6）在进行以上各项修理、检查后，对电动机进行重新装配、安装。

（7）安装完毕的电动机，应进行起动前检查，符合要求方可带负载运行。

1.2.5　三相异步电动机的常见故障及处理方法

电动机的故障有机械故障和电气故障两个方面。三相笼型转子异步电动机是所有电动机中工作最可靠、最耐用的电动机。它的转子电路发生故障的概率较低，定子电路发生故障的概率较高，但不外乎断路和短路两种情况。下面主要介绍三相异步电动机常见的故障及检查和处理方法。

1. 不能起动

（1）分析原因

① 电源线路有断开处。

② 定子绕组中有断路处。

③ 绕线式转子及其外部电路有断路处。

（2）检查和处理方法

① 检查电源是否有电、熔丝是否烧断、电源开关接触是否良好、电动机接线板上的接线头是否松脱。

② 在断开电源的情况下，用万用表检查定子绕组有无断路处。

③ 用万用表检查转子绕组及其外部电路，并检查各连接点的接触是否紧密。

2. 电源接通后，电动机尚未起动，熔丝即烧断

（1）分析原因

① 定子电路中有一相对地短路。

② 熔丝过细。

③ 应该星形连接的电动机错接成三角形。

④ 绕线式电动机的起动变阻器手柄放在运行位置。

（2）检查和处理方法

① 接通开关熔丝立即烧断，大多是接地或短路故障，可用兆欧表检查。

② 改用较大额定电流的熔丝。

③ 改正接法。

④ 把起动变阻器的手柄旋转至起动位置。

3. 空载运行正常，加上负载后转速即降低或停转

（1）分析原因

① 应该三角形接法的电动机错接成星形。

② 电动机的电压过低。

③ 转子铜条有断裂处。

④ 负载太大。

（2）检查和处理方法

① 改正接法。

② 恢复电动机的电压到额定值。

③ 取出转子修理。

④ 适当减轻负载。

4. 电动机运行时有较大的“嗡嗡”声，且电流超过额定值较多

（1）分析原因

① 定子绕组有一相断路。

② 定子绕组有短路处。

（2）检查和处理方法

① 检查电动机的熔丝是否有一相断开。

② 断开电源，用兆欧表检查。

5. 电动机有不正常的振动和响声

（1）分析原因

① 电动机的地基不平。

② 电动机的联轴器松动。

③ 轴承磨损松动，造成定转子相擦。

（2）检查和处理方法

① 改善电动机的安装情况。

② 停车检查，拧紧螺钉。

③ 更换轴承。

6. 电动机的温度过高

（1）分析原因

① 电动机过载。

② 电动机通风不好。

③ 电源电压过高或过低。

④ 定子绕组中有短路。

⑤ 电动机单相运行。

⑥ 定子、转子铁心相擦。

（2）检查和处理方法

① 适当减小负载。

② 电动机的风扇是否脱落，通风孔道有否堵塞，电动机附近是否堆放有杂物，影响空气对流通畅。

③ 改善电动机的电压。

④⑤⑥ 可参看上面的处理方法。

7. 轴承温度过高

（1）分析原因

① 带过紧。

② 滚动轴承的轴承室中严重缺少润滑油。

③ 油质太差。

（2）检查和处理方法

① 适当调整带的松紧程度。

② 拆下轴承盖，加润滑油到$\frac{2}{3}$油室。

③ 调换好的润滑油脂。

8. 电动机外壳带电

（1）分析原因

① 接地不良或接地电阻太大。

② 绕组受潮。

③ 绝缘损坏，引线碰壳。

（2）检查和处理方法

① 按规定接好地线，排除接地不良故障。

② 进行烘干处理。

③ 浸漆修补绝缘，重接引线。

1.3 单相异步电动机

1.3.1 单相异步电动机的结构与工作原理

单相异步电动机使用单相交流电作为供电电源，其结构与三相异步电动机的结构相似，也包括定子和转子两大部分，除串励式外，其转子采用笼型结构，定子有凸极式和隐极式两种，实际上隐极式居多。定子铁心由硅钢片叠压而成，上嵌有定子绕组。

单相异步电动机的定子只有一个单相绕组，定子绕组通入单相交流电后产生的是一个脉动磁场，其大小及方向随时间沿定子绕组轴线方向变化。定子电流产生的脉动磁场在转子绕组内引起感应电动势及电流（电磁力及转子电流），图 1-26 为脉动磁场增加时转子绕组内感应电流情况。

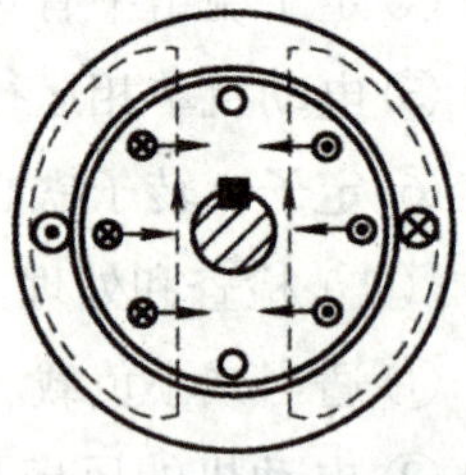

图 1-26 脉动磁场增加时转子绕组内感应电流情况

由于磁场与转子电流相互作用在转子上产生的电磁转矩相互抵消，所以单相异步电动机起动时转子上作用的电磁转矩为零，单相异步电动机没有起动转矩，不能自动起动。

为了起动单相异步电动机，可以在起动时用外力推动转子或让电动机内部产生一个旋转磁场，这时单相异步电动机才能够继续沿着被推动的方向旋转，并可以带动机械负载工作。

1.3.2 单相异步电动机的起动

单相异步电动机由于起动转矩为零，所以不能自行起动。为了解决单相异步电动机的起动问题，可在电动机的定子中加装一个起动绕组。如果工作绕组与起动绕组对称，即匝数相等，空间互差 90° 电角度，通入相位差 90° 的两相交流电，则可在气隙中产生旋转磁场，转子就能自行起动，如图 1-27 所示。转动后的单相异步电动机，断开起动绕组后仍可继续工作。

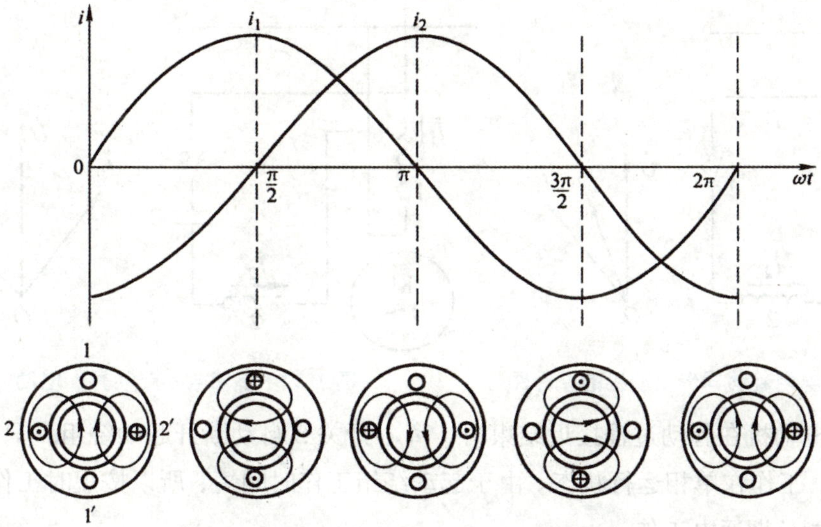

图 1-27 两相绕组产生的旋转磁场

上述起动方法称为单相异步电动机的分相起动，即把单相交流电裂变为两相交流电，从而在单相异步电动机内部建立一个旋转磁场。

1.3.3 单相异步电动机的分类

单相异步电动机的起动绕组和工作绕组由同一单相交流电源供电，如何把这两个绕组中电流的相位分开是很重要的。单相异步电动机根据分相的方法不同，可分为单相电阻起动异步电动机、单相电容起动异步电动机、单相电容运行异步电动机、单相电容起动与运行异步电动机、单相罩极式异步电动机等。

1. 单相电阻起动异步电动机

图 1-28 是单相电阻起动异步电动机的原理图。单相电阻起动异步电动机的起动绕组匝数少、导线细；工作绕组匝数多、导线粗。两个绕组并联在同一交流电源时，会流过不同相位的电流，起动绕组电流 $\dot{I}_2$ 超前于工作绕组电流 $\dot{I}_1$ 一个电角度，从而产生旋转磁场，获得起动转矩。当转速上升后，自动断开起动绕组，实行单相运行。单相电阻起动异步电动机常用于电冰箱的压缩机中。为了增大起动绕组电流 $\dot{I}_2$ 与工作绕组电流 $\dot{I}_1$ 的相位差，起动绕组在绕制时，往往会反绕若干匝数，以便减少有效匝数，达到减小电抗、增大电阻的目的。修理电动机时要特别注意这种情况，否则无法起动。

2. 单相电容起动异步电动机

如果在起动绕组中串入一个电容器，就构成了单相电容起动异步电动机，如图 1-29 所示。由于电容器的作用，起动绕组中的电流$\dot{I}_2$超前于工作绕组电流$\dot{I}_2$一定的相位差。当电容量合适时，可使相位差接近 90°，这样可使电动机在起动时获得最佳的旋转磁场。所以这种单相异步电动机的起动转矩较大，起动电流较小，起动性能最好，适用于各种满载起动的机械，如小型空气压缩机、木工机械等，在部分电冰箱压缩机中也有采用。

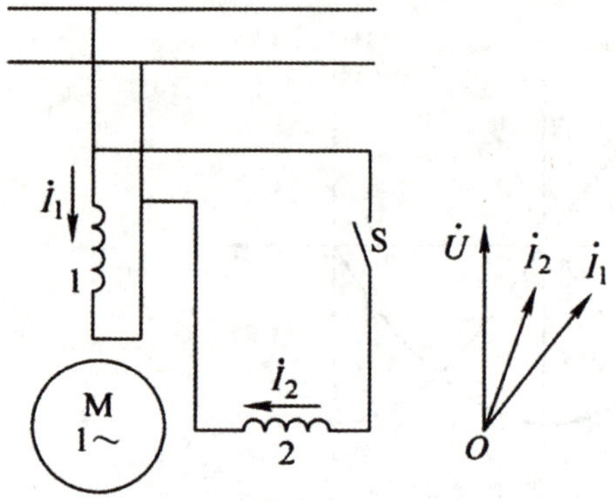

图 1-28　单相电阻起动异步电动机的原理图

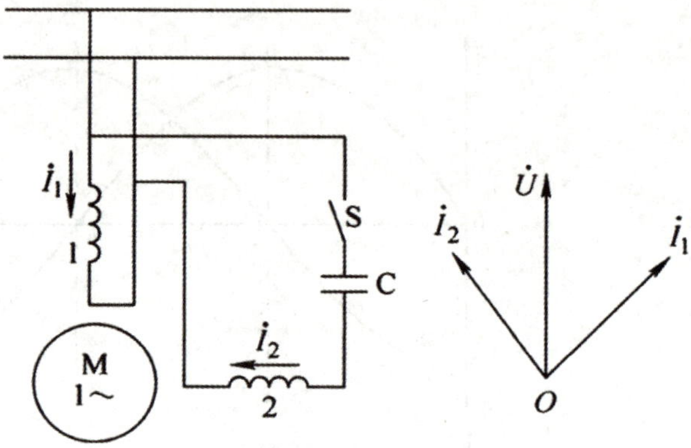

图 1-29　单相电容起动异步电动机

上述两种电动机在起动过程接近结束时，离心开关 S 自动断开起动绕组，只留下工作绕组继续通电，工作在单相运行状态。由于起动绕组工作时间短，所以按短时工作制设计，线径较细，不能长期通电工作。

3. 单相电容运行异步电动机

将单相电容起动异步电动机中的起动开关去掉，并将起动绕组的导线加粗，由短时工作方式变成长期运行方式，就组成了单相电容运行异步电动机，如图 1-30 所示。这时的起动绕组和电容器不仅在起动时起作用，运行时也起作用，这样可以提高电动机的功率因数和效率，所以工作性能最好。

单相电容运行异步电动机的电容器容量是根据运行性能确定的，一般容量较小，起动性能不如单相电容起动异步电动机好。但是由于单相电容运行异步电动机不要起动开关、结构简单、价格低、工作可靠、运行性能好，被广泛应用于电风扇、洗衣机等单相用电设备中。

4. 单相电容起动与运行异步电动机

为了使单相异步电动机获得好的起动性能，应该在起动绕组中串入一个大容量的电容器，但要获得好的运行性能却只需要串入一个小容量的电容器。为了两者兼顾，可在起动绕组的回路中串入两个并联电容器，其中容量较大的电容器串联一个起动开关。图 1-31 所示是单相电容起动与运行异步电动机的接线原理图，起动时，两个电容器同时作用，电容量较大，电动机有较好的起动性能。当转速上升到一定程度时，开关 S 自动断开，只保留一个小电容器参与运行，确保运行时有较好的性能。由此可见，单相电容起动与运行异步电动机，虽然结构复杂、成本较高，但各种性能是最好的，所以适用于空调、小型空气压缩机等功率较大的设备中。

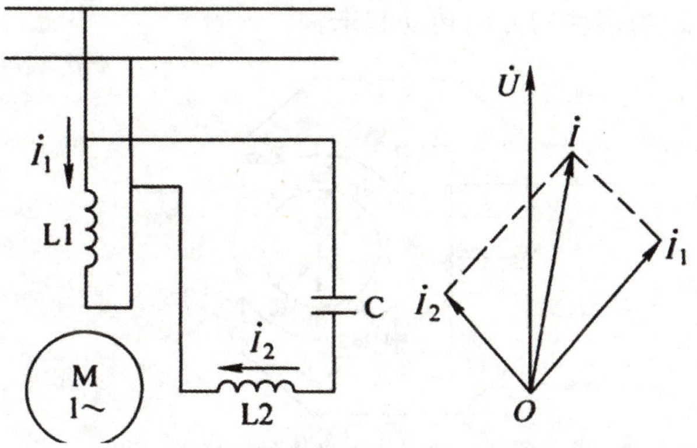

图 1-30　单相电容运行异步电动机

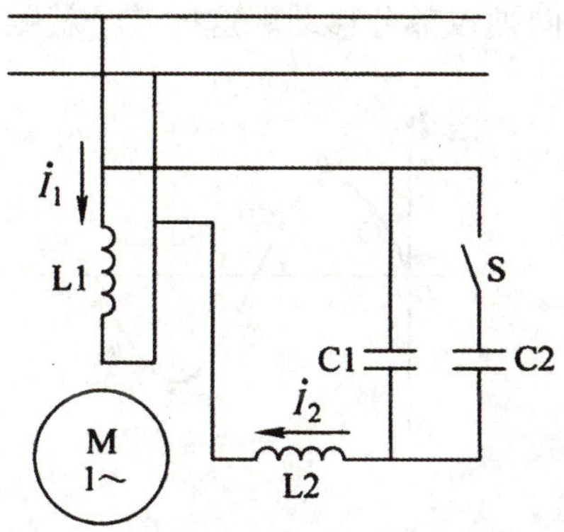

图 1-31　单相电容起动与运行异步电动机的接线原理图

5. 单相罩极式异步电动机

单相罩极式异步电动机是结构最简单的一种单相异步电动机，按磁极形式不同可分为凸极式和隐极式两种。凸极式按绕组形式又可分为集中绕组和分布绕组两种，转子都采用笼型结构，如图 1-32 所示。

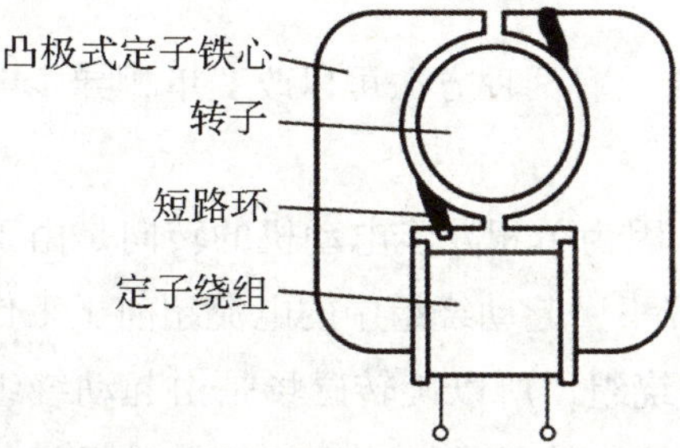

（a）凸极式集中绕组单相罩极式异步电动机

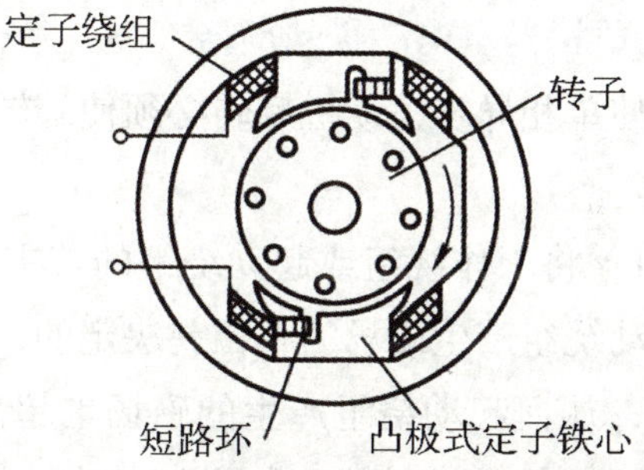

（b）凸极式分布绕组单相罩极式异步电动机

图 1-32　单相罩极式异步电动机的结构

单相罩极式异步电动机在每个磁极的$\frac{1}{4}$～$\frac{1}{3}$处开有小槽，将磁极分成两部分。在极面较小的那部分磁极上套装铜制短路环，就好像把这部分磁极罩起来一样，所以称为罩极式异步电动机。

当罩极式异步电动机的定子绕组通入单相交流电后，在气隙中会形成一个连续移动的磁场，使笼型转子受力而旋转。在交流电上升过程中，磁通量增加，根据楞次定律，短路环中产生感应电动势和电流，阻止磁通进入短路环，这时的磁通主要集中在磁极的未罩部分，如图 1-33 中的电流时刻① 和磁通方向① 所示。交流电达最大值时，电流和磁通量基本不变，短路环中的电动势和电流很小，基本上不起作用，磁通在整个磁极中均匀分布，如图 1-33 中的电流时刻② 和磁通方向② 所示。交流电下降过程中，磁通量减少，根据楞次定律，短路环中的电动势和电流阻止磁通量减少，使每个磁极中的磁通集中在被罩部分，如图 1-33 中的电流时刻③ 和磁通方向③ 所示。交流电改变方向后，磁通同样由磁极的未罩部分向被罩部分移动。这样转子就跟着磁场移动的方向转动起来。

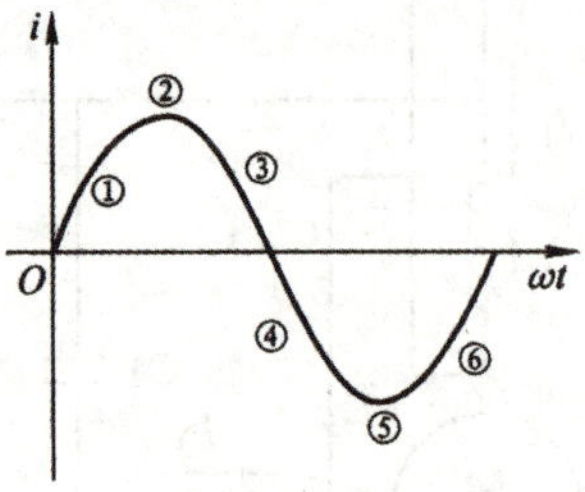

（a）单相交流电流

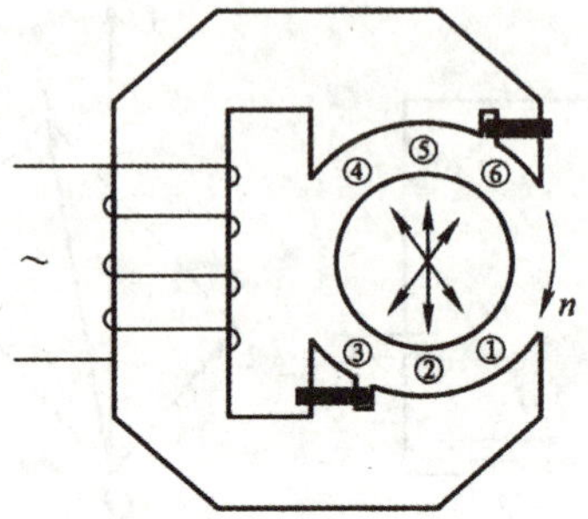

（b）罩极式异步电动机的磁场

图 1-33　单相罩极式异步电动机的工作原理

罩极式异步电动机的主要优点是结构简单、制造方便、成本低、便于自动化流水线生产。主要缺点是起动性能和运行性能都较差，转向只能由未罩部分向被罩部分旋转。其主要用于小功率空载起动的场合，如微型电风扇、仪器仪表的散热风扇和电吹风等。

1.3.4　单相异步电动机的反转与调速

1. 单相异步电动机的反转

要使单相异步电动机反转必须使旋转磁场反转，有两种方法可以改变单相异步电动机的转向。

（1）将工作绕组或起动绕组的首末端对调。因为单相异步电动机的转向是由工作绕组与起动绕组产生磁场的相位差决定的，一般情况下，起动绕组中的电流超前于工作绕组的电流，从而起动绕组产生的磁场也超前于工作绕组，所以旋转磁场是由起动绕组的轴线转向工作绕组的轴线。如果把其中一个绕组反接，等于是把这个绕组的磁场相位改变 180°，若原来起动绕组的磁场超前工作绕组 90°，则改接后变成滞后 90°，所以旋转磁场的方向也随之改变，转子跟着反转。这种方法一般用于不需要频繁反转的场合。

（2）将电容器从一个绕组改接到另一个绕组。在单相电容运行异步电动机中，若两相绕组做成完全对称，即匝数相等，空间相位相差 90° 电角度，则串联电容器绕组中的电流超前于电压，而不串联电容器的那相绕组中的电流落后于电压。旋转磁场的转向由串联电容器的绕组转向不串联电容器的绕组。电容器的位置改接后，旋转磁场和转子的转向自然跟着改变。用这种方法改变转向，由于电路比较简单，所以多用于需要频繁正反转的场合。洗衣机中常用的正反转控制电路如图 1-34 所示。

单相罩极式异步电动机和带有离心开关的电动机，一般不能改变转向。

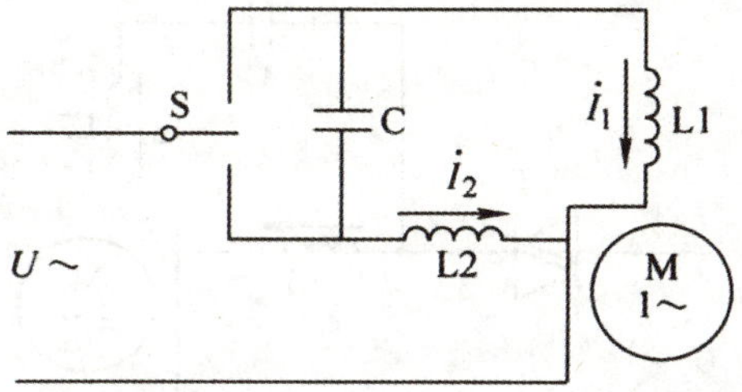

图 1-34　洗衣机中常用的正反转控制电路

2. 单相异步电动机的调速

单相异步电动机与三相异步电动机一样，转速的调节也比较困难。如果采用变频调速则设备复杂、成本高。因此，一般只采用简单的降压调速。

（1）串电抗器调速。将电抗器与电动机定子绕组串联，利用电流在电抗器上产生的压降，使加到电动机定子绕组上的电压低于电源电压，从而达到降低电动机转速的目的。因此，用串电抗器调速时，电动机的转速只能由额定转速往低调。图 1-35 为吊扇串电抗器调速电路图，改变电抗器的抽头连接可得到不同的转速。

（2）定子绕组抽头调速。为了节约材料、降低成本，可把调速电抗器与定子绕组做成一体。由单相电容运行异步电动机组成的台扇和落地扇，普遍采用定子绕组抽头调速的方法。这种电动机的定子铁心槽中嵌放有工作绕组 L1、起动绕组 L2 和调速绕组 L3，通过调速开关改变调速绕组与起动绕组及工作绕组的接线方法，从而改变电动机内部旋转磁场的强弱，实现调速的目的。图 1-36 是台扇抽头调速原理图。

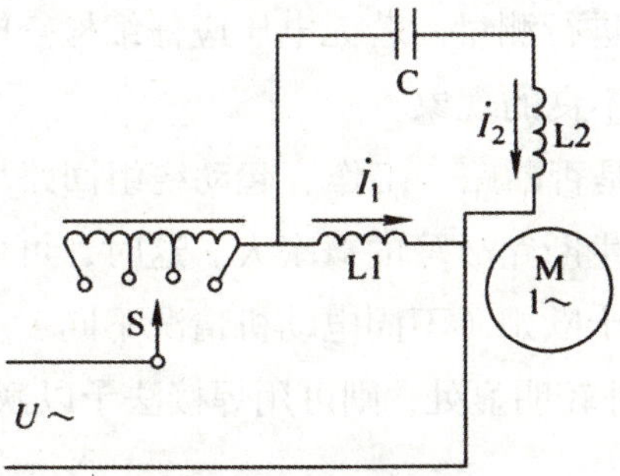

图 1-35　吊扇串电抗器调速电路图

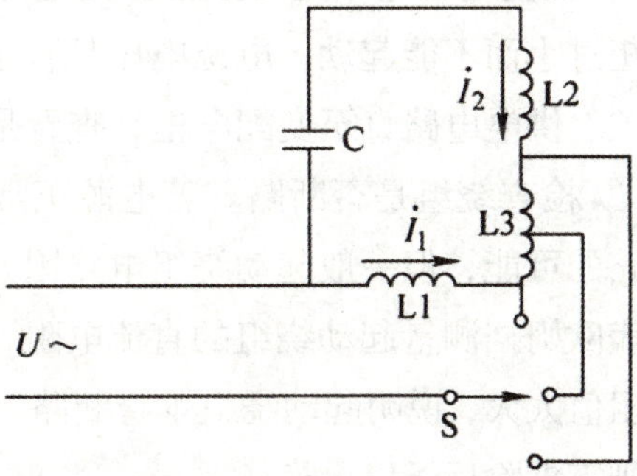

图 1-36　台扇抽头调速原理图

定子绕组抽头调速方法的优点是不需要电抗器、节省材料、耗电少；缺点是绕组嵌线和接线比较复杂，电动机与调速开关之间的连线较多，所以不适合于吊扇。

（3）双向晶闸管调速。如果去掉电抗器，又不想增加定子绕组的复杂程度，单相异步电动机还可采用双向晶闸管调速。调速时，旋转控制线路中的带开关电位器就能改变双向晶闸管的控制角，使电动机得到不同的电压，达到调速的目的，如图 1-37 所示。这种调速方法可以实现无级调速，控制简单，效率较高；缺点是电压波形差，存在电磁干扰。目前这种调速方法常用于吊扇上。

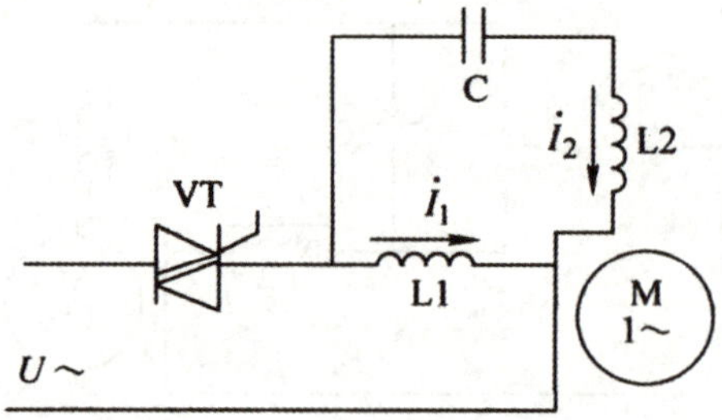

图 1-37　双向晶闸管调速

1.3.5　单相异步电动机的常见故障及处理

单相异步电动机的检修与三相异步电动机类似，可通过听、看、闻、摸等手段随时检查电动机的运行状态，要经常注意电动机转速是否正常、能否正常起动、温升是否过高、声音是否正常、振动是否过大、有无焦味等。根据故障现象推断故障可能部位，并通过一定的检查方法，找出损坏的地方，进行故障排除。

1. 分相式单相异步电动机常见故障及处理

同一种故障现象，既可由电气故障引起，也可由机械原因引起，维修之前必须先分析可能出现的故障原因，然后根据先机外、后机内的原则，逐一排查和维修。

（1）电动机不能起动。出现这类故障有两方面原因：一是电动机电气方面的故障；二是电动机机械方面的故障。

① 电气故障

• 检查电源电压是否正常。当电源电压时有时无或电压过低时，将会导致电动机起动转矩过小而不能起动。电源电压是否正常可用万用表进行测量。若无电压应仔细检查电源开关、供电电路直至变配电柜，查看是否有接头接触不良的现象。

• 检查绕组是否断路。若电源正常，则检查绕组是否断路。工作、起动绕组回路均有断路的可能，但一般起动绕组电路因元器件较多，发生断路故障的概率大。这时，可用万用表欧姆挡测量起动绕组的直流电阻，一般应小于几十欧姆（不同电动机情况不同）。如电阻值太大，说明起动绕组本身断路。如断路点在槽外较明显处，则可用焊接法予以恢复，否则需拆除后予以更换。

• 检查离心开关故障。

• 检查起动或运行电容器故障。

② 机械故障

• 轴承被卡住。其原因可能是轴承磨损、转轴弯曲、定子铁心松动、端盖装配不好等。

• 定子与转子相碰。其原因可能是轴承磨损、转轴弯曲、定子铁心松动、端盖装配不好等原因导致。

（2）电动机转速达不到额定值。这类故障主要表现为电动机起动转矩小，空载时或在外力帮助下才能起动，但起动迟缓，电动机稳定运行时的转速低于正常转速等。

① 电路故障

电源电压太低；电动机起动绕组断路；离心开关在起动时触点未闭合；起动电容器损坏或电容量变小；转子绕组电阻过大或局部断路；定子绕组中有个别线圈接线错误等。此外，还可能由于起动绕组在起动后未切除，这时电动机电流增大、发热并发出噪声。

② 机械故障

轴承润滑脂干涸或有灰尘等进入；轴承磨损、转轴变形或铁心松动造成定子与转子之间有轻度摩擦；电动机拖动的负载过大或负载不平衡等。

（3）电动机接通电源后熔丝很快熔断。电气方面的原因有定子绕组内部接线错误，起动绕组与工作绕组之间的绝缘损坏，或本身有匝间短路、对地短路等故障。另外，如电源电压过高或过低、熔丝太细也可能导致上述故障出现。

机械方面的原因有卡死现象或电动机拖动的负载过大造成电动机不转或起动电流过大等。

（4）电动机在运行中温度过高或冒烟。电动机定子绕组出现温度过高或冒烟的原因是电流长期超过额定电流。其原因主要为：定子绕组中有局部的匝间短路或对地短路；电容起动单相异步电动机在起动完毕后离心开关没有断开，使起动绕组参与运行；起动绕组与工作绕组接错，即电容器串在工作绕组内，使起动绕组长期运行；电源电压过高或过低；电动机正、反转过于频繁等。另外，也可能是电动机拖动的负载较重或轴承不良，定子、转子之间有轻度摩擦等原因造成的。

（5）电动机在运行中振动较大。这主要是机械方面的原因所致：电动机装配不良或转子轴的变形造成定子与转子偏心，使定子、转子之间的气隙不均匀甚至有轻度的摩擦；轴承安装不好或轴承磨损；不小心在电动机内部遗留有杂物等。另外，这也可能是由于电动机与所拖动的负载之间连接不良，负载阻力太大或负载本身不平衡。

（6）电动机绝缘不良造成绝缘电阻太低或外壳带电。这主要是电气方面的原因所致，如定子绕组与铁心槽之间的绝缘损坏；定子绕组与端盖相碰；电动机接线或出线绝缘不良；电动机过热后造成定子绕组绝缘老化；电动机受潮或内部灰尘、异物太多等。

2. 罩极式单相异步电动机常见故障及处理

罩极式电动机的电气结构比较简单，其检修比分相式单相异步电动机容易。

（1）不起动，无电磁振动声。最常见故障原因是工作绕组断线。此时用万用表检查电动机两引线间的电阻值，读数无穷大。罩极式电动机没用专用的防护外壳，工作绕组的漆包线匝数多、线径细，容易因受外力损伤而折断；因工作绕组自身短路或接地，也会烧断线圈。若工作绕组烧坏，必须更换绕组。

（2）不起动，发出“嗡嗡”声，用手拨动转子后可慢慢起动，转动方向同拨动方向。这种情况说明工作绕组正常，故障是罩极绕组（短路环）断路。只要找到断裂的罩极绕组，将它重新焊好，电动机就能正常起动。

（3）转速低于额定值。在排除了电源电压低、轴承缺油、轴承损坏的原因后，可能原因是工作绕组有轻度短路及转子导条断开。对于更换过工作绕组的电动机，如果出现转速低的故障，应首先检查更换过的工作绕组，是否线径太细、匝数太多、接线是否正确等。

（4）带负载时转速低或难以起动。这种情况的一般原因是工作绕组存在匝间短路或接地故障，严重时还会熔断熔丝，也可能是罩极绕组绝缘损坏。若是新修电动机，可能是罩极绕组的位置、线径或匝数有误。

（5）运转正常，但总有很大的“嗡嗡”声。这种情况的主要原因是罩极环松动，与定子铁心贴合不紧。可以在罩极环上滴一些环氧树脂等的黏合剂，将它粘牢。如果定子铁心松动，也会发出“嗡嗡”声，可以拆开电动机，将铁心铆紧，在110 ℃左右温度下烘烤3 h后再浸渍绝缘漆，最后烘干。装配前要清除定子铁心内圆中的残留绝缘漆。

本章小结

相关统计表明，在整个电能消耗中，电动机的耗能占总用电量的60%～70%。交流电动机分为异步电动机和同步电动机两大类，其中异步电动机优点突出、应用广泛，但其缺点是功率因数较低，调速性能不如直流电动机。一般的机床、起重机、传送带、鼓风机、水泵及各种农副产品的加工设备等普遍使用三相异步电动机，各种家用电器、医疗器械和许多小型机械则使用单相异步电动机，而在一些有特殊要求的场合使用特种异步电动机。

技能实训

摇测三相异步电动机绝缘性能

三相异步电动机定子绕组的绝缘包括相对地绝缘和相间绝缘两种，使用绝缘电阻表摇测三相异步电动机定子绕组绝缘电阻，保证绕组的各导电部分与铁心间的可靠绝缘，以及绕组之间的可靠绝缘。以使用手摇发电式绝缘电阻表为例，摇测三相异步电动机绝缘可以按照以下步骤进行。

1. 选表

首先要正确选择绝缘电阻表。摇测运行异常的电动机，选用500 V的绝缘电阻表，合格标准为绝缘电阻值不小于0.5 MΩ；对于新投入运行的电动机，选用1 000 V的绝缘电阻表，合格标准为绝缘电阻值不小于1 MΩ。

2. 查表

检查绝缘电阻表的外观、接线，确认完好无破损。

3. 验表

绝缘电阻表在使用前要进行一次开路和短路试验，检查绝缘电阻表是否良好。绝缘电阻表有“L”“E”“G”3 个接线端，在进行一般测量时，只要把被测电阻接在“L”和“E”之间即可。短路试验是把 E、L 线短接，缓慢摇动手柄，指针应迅速指向“0”位。开路试验是把 E、L 线分开，摇动手柄逐渐加速至指针指向无穷大。

4. 断电

测试前要先切断电源，以确保人身和设备安全，被测设备表面要处理干净。在电源断开处用验电笔验明三相无电压，悬挂“禁止合闸，有人工作”的安全指示牌。

5. 摇测绕组对外壳绝缘

测量前先进行绕组对地放电，拆除电源线，不拆短路片，摇测三相绕组对外壳绝缘。L 端待接绕组，E 端接电动机外壳，先摇至 120 r/min，再搭 L 线，表针稳定后读数，先撤 L 线再停摇表，测量完毕后对地放电。

6. 摇测绕组相间绝缘

首先拆除短路片，L、E 分接不同相绕组，先摇至 120 r/min，再搭接 L 线，表针稳定后读数，先撤 L 线再停摇表，测量完毕后对地放电。L、E 换接到其余相，重复以上过程。

安全操作提示如下。

① 正确选表，充分检查。

② 摇测前必须切断电源。

③ 大容量电动机拆除电源线之前、摇测后均应对地放电。

思考练习

1. 三相交流异步电动机是由哪几个部分组成的？各部分的作用是什么？

2. 简述三相异步电动机的工作原理。

3. 三相异步电动机铭牌上标注的额定功率 P_N 是输入功率还是输出功率？是电功率还是机械功率？

4. 简述常用的 Y 系列三相异步电动机及性能特点。

5. 简述罩极式单相异步电动机常见故障及处理方法。

第2章 变 压 器

本章概述

在现代工业生产及日常生活中，变压器贯穿在电能的生产、传输、分配和使用的各个环节，具有极其广泛的应用。变压器是利用电磁感应原理工作的，这一点与旋转电动机相似，变压器可以看作是一台静止的交流电动机。与旋转电动机的能量转换不同，变压器只能起到能量传递的功能。

学习目标

◎知识目标

1. 了解变压器的用途和分类，熟悉变压器的结构及工作原理。
2. 了解变压器铭牌中型号和额定值的含义，掌握额定值的简单计算。
3. 掌握三相变压器的维护方法。
4. 了解特殊变压器的应用。

◎能力目标

1. 认识变压器的主要部件，说明主要部件的作用。
2. 能认识铭牌上额定值的意义。
3. 能根据不同场合要求正确选择、使用变压器。

◎素质目标

1. 培养学生严谨认真的工作态度，学习过程中态度积极，主动求知。

2. 培养学生具备团结协作意识。

◎思政目标

培养学生的职业素养，让他们了解并遵守行业规范，为将来的职业生涯奠定坚实基础。

2.1　变压器的基本知识

2.1.1　变压器的用途

变压器

变压器的基本作用是在交流电路中变电压、变电流、变阻抗、变相位和电气隔离。工作中，需要用到各种不同的电源电压。例如，发电厂发出的电压一般为 6 ～ 10 kV，在电能输送过程中，为了减少线路损耗，通常要将电压升高到 110 ～ 500 kV。图 2-1 为发电厂的升压变压器。而日常使用的单相交流电压为 220 V，三相交流电压为 380 V，这又需要通过变压器将电网的高压交流电降低到 220/380 V。图 2-2 为各用电单位的降压变压器。

图 2-1　发电厂的升压变压器

图 2-2　各用电单位的降压变压器

因此，变压器是电力系统中的关键设备，其容量远大于发电机的容量。图 2-3 所示是电力系统的输配电流程示意图，其中，G 为发电机，T_1 为升压变压器，T_2 ～ T_4 为降压变压器。

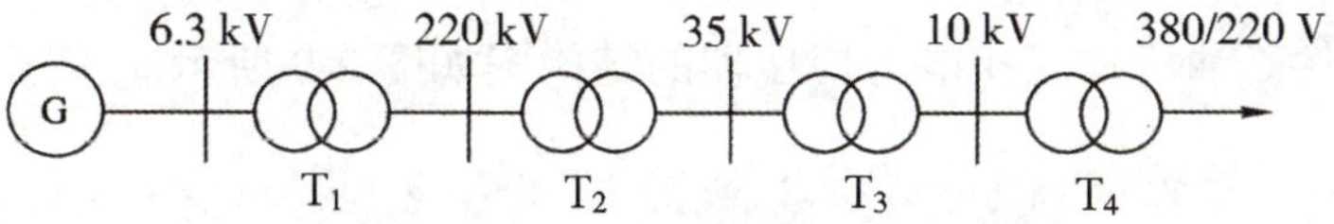

图 2-3　电力系统的输配电流程示意图

除了电力系统的变压器外，电气技术人员做试验时，要用调压变压器，图 2-4。电解、电镀行业需要变压器来产生低压大电流，图 2-5 为整流变压器。焊接金属器件常用交流电焊机，图 2-6 为电焊变压器。在广播扩音电路中，为了使音箱扬声器得到最大功率，可用变压器实现阻抗匹配。

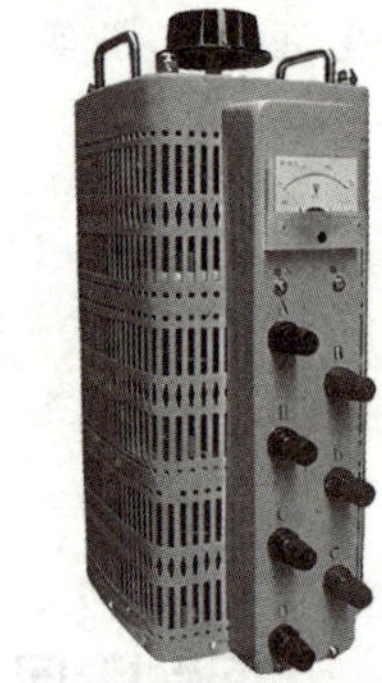
图 2-4　调压变压器

图 2-5　整流变压器

图 2-6　电焊变压器

为了测量高电压和大电流要用到电压互感器和电流互感器，如图 2-7 所示。有的电器为了使用安全要用变压器进行电气隔离。人们平时常用的小型稳压电源和充电器中也包含着变压器，图 2-8 为电源适配器。

图 2-7　测量高电压和大电流用到的互感器

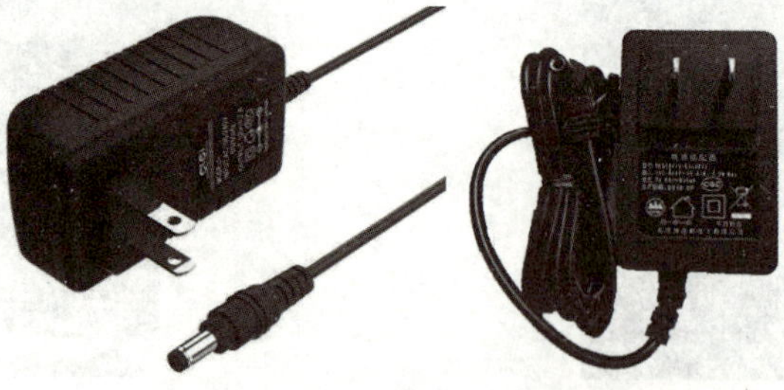
图 2-8　电源适配器

2.1.2　变压器的结构及分类

1. 变压器的组成

变压器由磁路部分（铁心）和电路部分（一、二次绕组）组成。在大型电力变压器中，还有其他辅助部件。油浸式三相电力变压器的结构图如图 2-9 所示。

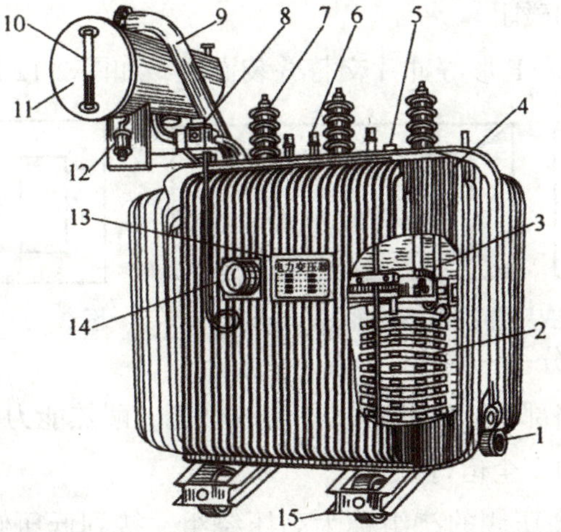

1- 放油阀；2- 绕组；3- 铁心；4- 油箱；5- 分接开关；
6- 低压套管；7- 高压套管；8- 气体继电器；9- 防爆筒；
10- 油位计；11- 储油柜；12- 吸湿器 13- 铭牌；14- 温度计；15- 小车。

图 2-9　油浸式三相电力变压器的结构图

（1）磁路部分——铁心

① 铁心材料

变压器的铁心一般都采用高磁导率的电工材料硅钢片叠压而成。选用高磁导率材料，是为了提高磁效率；采用硅钢片叠装，则是为了减小铁心损耗（简称铁耗）。

硅钢片分为热轧硅钢片与冷轧硅钢片两类，冷轧硅钢片的导磁性能较好、铁耗较小，是目前制作变压器铁心的主要材料。

② 铁心结构

按照绕组套入铁心的形式，铁心可分为心式结构和壳式结构两种，如图 2-10 所示。

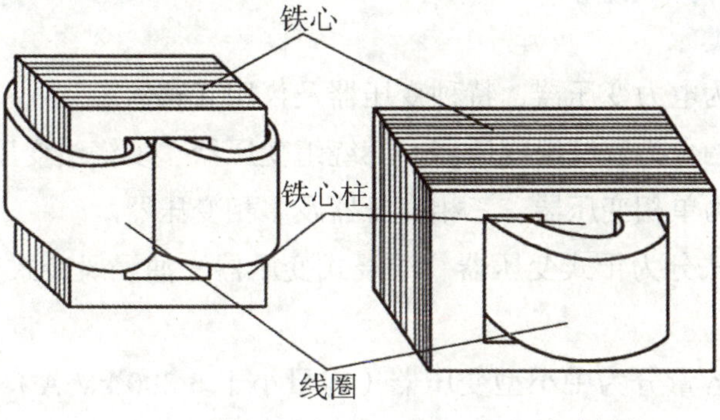

（a）心式结构　　（b）壳式结构

图 2-10　变压器的铁心结构

心式结构就是变压器的铁心被线圈包围；而壳式结构则是变压器铁心的最外层包围着线圈。心式铁心的结构简单、省料，因此被大多电力变压器所采用。

③ 铁心的叠片形式

大中型变压器一般采用硅钢片交错叠装的方式，如图 2-11 所示，各层硅钢片接缝互相错开，从而减小气隙和磁阻。

小型变压器多采用 E、F 形等冲片交替叠装而成，如图 2-12 所示。

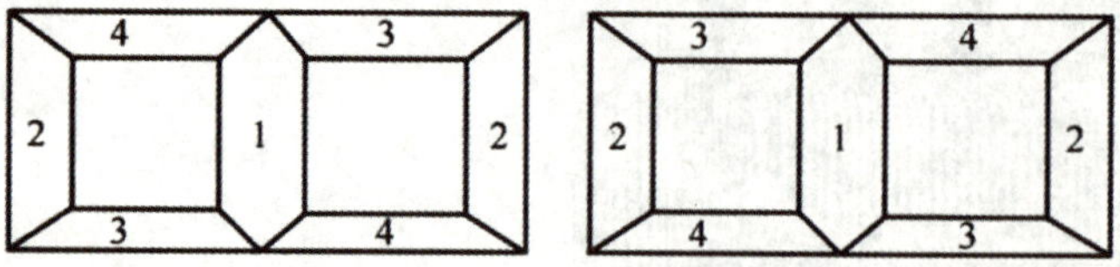

图 2-11　大中型变压器铁心叠片形式

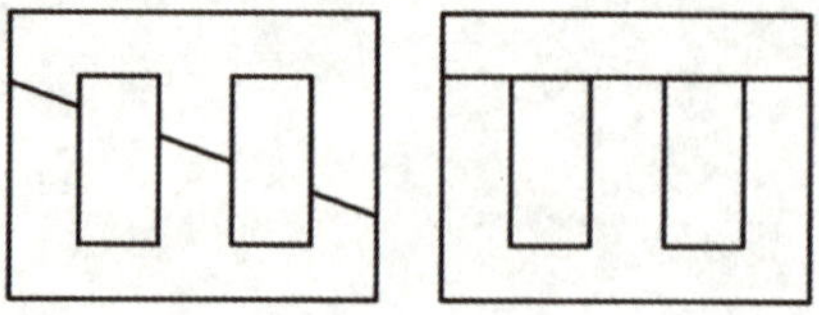

图 2-12　小型变压器铁心叠片形式

（2）变压器电路部分——绕组

绕组是变压器的电路部分，因此对它的电气性能、耐热能力及机械性能等均有严格的要求，从而保证变压器的安全运行。

在变压器中，接到高压侧的绕组称为高压绕组，接到低压侧的绕组称为低压绕组。高、低压绕组按其安放形式的不同，可分为同心式绕组和交叠式绕组，如图 2-13、图 2-14 所示。

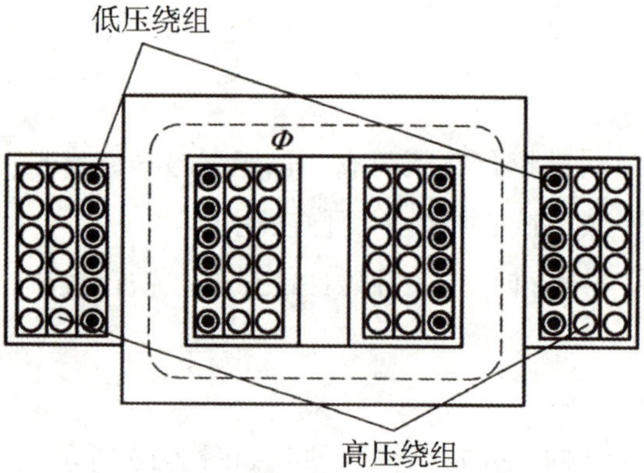

图 2-13　同心式绕组

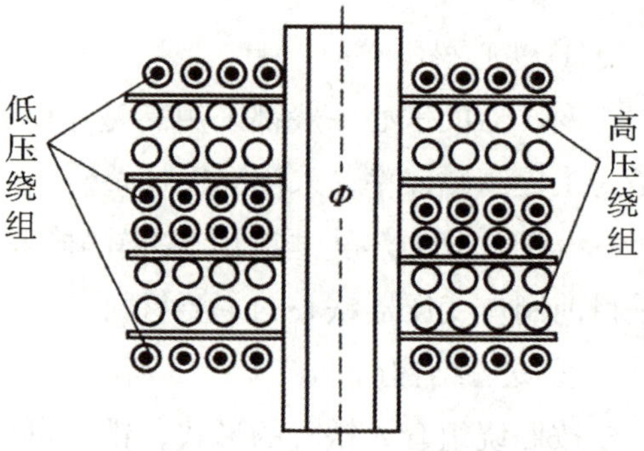

图 2-14　交叠式绕组

2. 变压器的分类

（1）按用途分为电力变压器、特种变压器及仪用互感器等。

（2）按绕组结构分为双绕组变压器、三绕组变压器、多绕组变压器及自耦变压器。

（3）按相数分为单相变压器、三相变压器及多相变压器。

（4）按冷却方式分为干式变压器、油浸式变压器、油浸风冷式变压器及强迫循环导向冷却式变压器。

（5）按变压器容量分为中小型变压器（容量小于 6 300 kV·A）、大型变压器（容量为 8 000 ～ 63 000 kV·A）及特大型变压器（容量大于 63 000 kV·A）。

2.1.3　变压器的工作原理

1. 变压器的基本工作原理

变压器的工作原理，如图 2-15 所示。当给变压器的一次绕组通入交流电时，绕组中就有电流 i_1 通过，从而在铁心中产生了与外加电压 u_1 频率相同的且与一、二次绕组同时

交链的交变磁通 Φ。根据电磁感应定律，交变磁通 Φ 分别在一、二次绕组中产生同频率的感应电动势 e_1 和 e_2，即

$$e_1=-N_1\frac{\mathrm{d}\Phi}{\mathrm{d}t}\quad e_2=-N_2\frac{\mathrm{d}\Phi}{\mathrm{d}t}\tag{2-1}$$

式中，N_1 为一次绕组匝数；N_2 为二次绕组匝数。

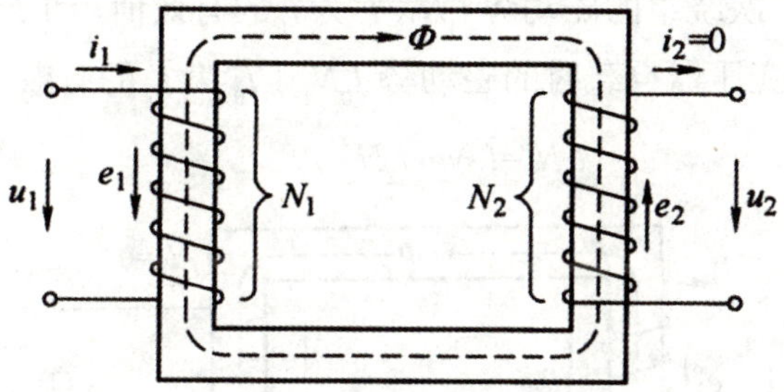

图 2-15　变压器的工作原理

当把负载接于二次绕组上时，在电动势 e_2 的作用下，变压器就能向负载输出电能，即电流 i_2 流过负载从而实现了电能的传递。

由式（2-1）可知，一、二次绕组中感应电动势的大小正比于各自绕组的匝数，而绕组中的感应电动势近似等于各自的电压。所以，只要改变绕组的匝数比，就能达到改变输出电压的目的，这就是变压器的工作原理。

2. 变压器的电压变换原理

在实际应用中，变压器的工作情况是很复杂的，为了分析简单起见，可以忽略一、二次绕组的电阻和漏磁通及铁心的损耗。

根据电磁感应定律，一次绕组中的感应电动势为

$$E_1=4.44N_1f\Phi_{\mathrm{m}}\tag{2-2}$$

同理可得

$$E_2=4.44N_2f\Phi_{\mathrm{m}}\tag{2-3}$$

由此可得一、二次电动势之比为

$$\frac{E_1}{E_2}=\frac{N_1}{N_2}=K\tag{2-4}$$

式中，K 为变压器的电压比，即变压器一、二次绕组的匝数比。忽略了漏阻抗后，有

$$E_1\approx U_1$$

$$E_2\approx U_2$$

式（2-4）可表示为

$$\frac{U_1}{U_2}\approx\frac{E_1}{E_2}=\frac{N_1}{N_2}=K\tag{2-5}$$

式（2-5）表明，变压器一、二次电压之比约等于变压器一、二次绕组的匝数比。当

$K>1$ 时，$U_1>U_2$，变压器为降压变压器；当 $K<1$ 时，$U_1<U_2$，变压器为升压变压器。变压器通过改变一、二次绕组的匝数比，就可以很方便地改变输出电压值的大小。

3. 变压器的电流变换原理

当变压器的一次绕组接上电源，二次绕组接上负载后，二次绕组中便有电流 i_2 流过，如图 2-16 所示。变压器工作时，若电源电压不变，铁心中的主磁通 Φ 也基本不变。因此，当变压器带上负载后，一次绕组的磁动势 I_1N_1（I_1 为 i_1 的有效值）和二次绕组的磁动势 I_2N_2（I_2 为 i_2 的有效值）之和与变压器空载时的磁动势 I_0N_1（I_0 为 i_0 的有效值）基本相等，即

$$I_0N_1=I_1N_1+I_2N_2 \tag{2-6}$$

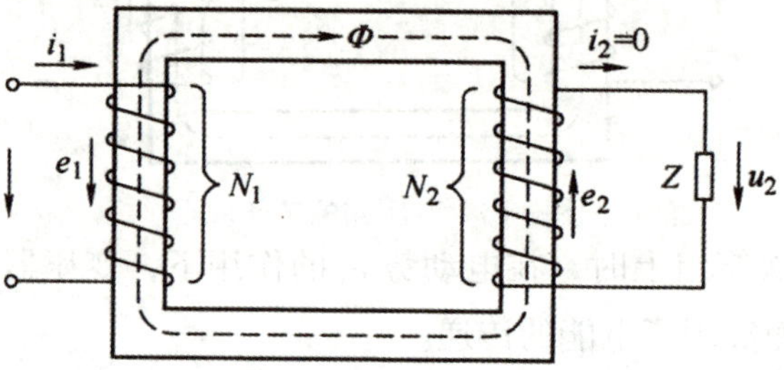

图 2-16　变压器的电流变换原理

因为空载电流 i_0 很小，当变压器在满载（额定负载）或接近于满载的情况下运行时，空载励磁磁动势 I_0N_1 比一次绕组的磁动势 I_1N_1 或二次绕组的磁动势 I_2N_2 小得多，故可以忽略不计。所以式（2-6）可简化为

$$I_1N_1+I_2N_2=0 \tag{2-7}$$

$$I_1N_1=-I_2N_2 \tag{2-8}$$

式（2-8）中的负号表示变压器带负载运行时，二次绕组的磁动势与一次绕组的磁动势相位相反，二次绕组的磁动势对一次绕组的磁动势起退磁作用，一次绕组中的电流和二次绕组中的电流在相位上几乎相差 180°　。

当二次绕组中的电流增大时，二次绕组的磁动势 I_2N_2 增大，这时，一次绕组的电流 i_1 和一次绕组的磁动势 I_1N_1 也随之增大，以抵消 I_2N_2 的退磁作用，保证 I_0N_1 基本不变，即铁心中的主磁通不变。这就表明，变压器带上负载后，一次绕组中的电流是由二次绕组中的电流决定的。

若不考虑式（2-8）中的负号，则有

$$I_1N_1=I_2N_2$$

$$\frac{I_1}{I_2}=\frac{N_1}{N_2}=\frac{1}{K} \tag{2-9}$$

这就说明变压器是一种把电能转换为“高压小电流”或“低压大电流”的电气设备，起着传递能量的作用。

4. 变压器变阻抗的原理

若变压器的二次绕组接一负载 Z，如图 2-17 所示，那么，从一次绕组两端来看，等效阻抗 Z' 满足

$$|Z'|=\frac{U_1}{I_1}=\frac{N_1U_2/N_2}{N_2I_2/N_1}=\left(\frac{N_1}{N_2}\right)^2\frac{U_2}{I_2}=K^2|Z| \tag{2-10}$$

式（2-10）中，$|Z'|$ 为折算阻抗的模，表明折算阻抗的模是原阻抗的模的 K^2 倍，说明变压器起到了阻抗变换的作用。

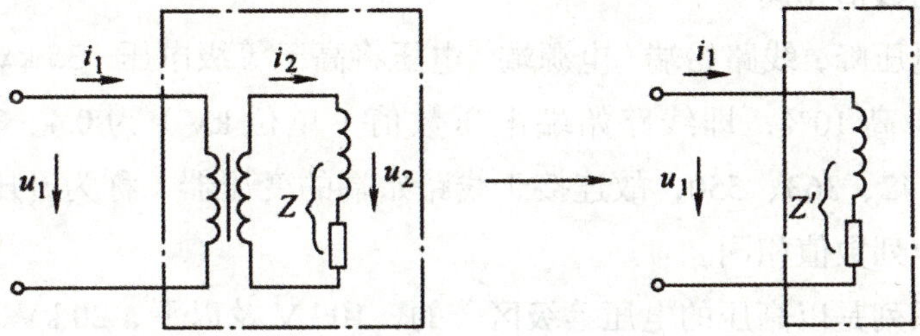

图 2-17 变压器的二次绕组接一负载 Z

2.1.4 变压器铭牌与额定值

变压器铭牌是装在变压器外壳上的金属标牌，上面标有名称、型号、功能、规格、出厂日期、制造厂等字样，是用户安全、经济、合理使用变压器的依据，如图 2-18 所示。

三相电力变压器

型　　号 S9—500/10
产品代号 IFATO、710、022
标准代号 GB 1094.1—5—1996
额定容量 500 kV·A
3 相 50 Hz
额定效率 98.6%

开关位置		电压 (V)		电流 (A)	
		高压	低压	高压	低压
Ⅰ	+5%	10 500	400	28.27	721.7
Ⅱ	额定	10 000			
Ⅲ	−5%	9 500			

使用条件 户外式　　连接组别 Yyn0　　短路电压 4.4%
冷却方式 ONAN　　额定温升 80 ℃　　器 身 重 1115 kg
油　　重 311 kg　　总 重 量 1 779 kg　　出厂序号 200201061
××变压器厂　　2024 年 1 月

图 2-18 变压器铭牌

1. 型号

型号表示变压器的结构特点、额定容量和高压侧的电压等级。如 S-100/10，S 表示三相油浸自冷铜绕组变压器，100 表示额定容量为 100 kV·A，10 表示高压侧电压等级为 10 kV。

2. 额定参数

（1）额定频率（f_N）

变压器的额定频率即所设计的运行频率，我国的电力变压器为 50 Hz。

（2）额定电压（U_N）

额定电压是指变压器的线电压（有效值），它应与所连接的输变电线路电压相符合。我国输变电线路的电压等级（即线路终端电压）数值（单位 kV）为 0.38、3、6、10、35、63、110、220、330、500，故连接于线路终端的变压器（称为降压变压器），其一次侧额定电压与上列数值相同。

考虑线路的电压降，线路始端（电源端）电压将高于等级电压，35 kV 以下的要高 5%，35 kV 及以上的要高 10%，即线路始端电压数值（单位 kV）为 0.4、3.15、6.3、10.5、38.5、69、121、242、363、550，故连接于线路始端的变压器（称为升压变压器），其二次侧额定电压与上列数值相同。

变压器产品系列是以高压的电压等级区分的，10 kV 及以下、20 kV、35 kV、66 kV、110 kV 系列和 220 kV 系列等。

（3）额定容量（S_N）

额定容量是指在变压器铭牌所规定的额定状态下，变压器二次侧的输出能力（kV·A）。对于三相变压器，额定容量是三相容量之和。

变压器额定容量与绕组额定容量有所区别：双绕组变压器的额定容量即为绕组的额定容量；多绕组变压器应对每个绕组的额定容量加以规定，其额定容量为最大的绕组额定容量；当变压器容量由冷却方式而变更时，则额定容量是指最大的容量。

变压器额定容量的大小与电压等级是密切相关的。电压低、容量大时，电流大，损耗增大；电压高、容量小时，绝缘比例过大，变压器尺寸相对增大。因此，电压低的容量必小，电压高的容量必大。

（4）额定电流（I_N）

变压器的额定电流为通过绕组线端的电流，即为线电流（有效值）。

单相变压器额定电流为

$$I_N = \frac{S_N}{U_N} \tag{2-11}$$

式中，I_N 为一次侧、二次侧额定电流；S_N 为变压器额定容量；U_N 为一次侧、二次侧额定电压。

三相变压器额定电流为

$$I_N = \frac{S_N}{\sqrt{3}U_N} \tag{2-12}$$

三相变压器绕组为Y联结时，$I_1=I\text{p}$；△联结时，$I_1=\sqrt{3}I_\text{p}$。其中，I_1 为绕组的线电流；$I\text{p}$ 为绕组的相电流。

（5）绕组联结组标号

变压器同侧绕组是按一定形式联结的。三相变压器或组成三相变压器组的单相变压器，可以连接成星形、三角形等。星形联结是各相线圈的一端接成一个公共点（中性点），其接线端子接到相应的线端上；三角形联结是三个相线圈互相串联形成闭合回路，由串联处接至相应的线端。

星形、三角形和曲折形联结，对于高压绕组分别用符号Y、D、Z表示；对于中压和低压绕组分别用符号y、d、z表示；有中性点引出时则分别用符号YN、ZN和yn、zn表示。

变压器按高压、中压和低压绕组联结的顺序组合起来就是绕组的联结组。例如，变压器按高压为D、低压为yn联结，则绕组联结组为Dyn（例如，Dyn11，其中“11”所表示的内容见相关标准）。

（6）调压范围

变压器接在电网上运行时，变压器的二次电压将由于种种原因发生变化，影响用电设备的正常运行，因此变压器应具备一定的调压能力。根据变压器的工作原理，当高、低压绕组的匝数比变化时，变压器二次电压也随之变动，采用改变变压器匝数比即可达到调压的目的。变压器调压方式通常分为无励磁调压和有载调压两种方式。二次侧不带负载、一次侧又与电网断开时的调压为无励磁调压，在二次侧带负载下的调压为有载调压。

（7）空载电流

当变压器二次绕组开路、一次绕组施加额定频率的额定电压时，一次绕组中所流过的电流称为空载电流，变压器空载合闸时有较大的冲击电流。

（8）阻抗电压和负载损耗

当变压器二次侧短路，一次侧施加电压使其电流达到额定值，此时所施加的电压称为阻抗电压 U_Z，变压器从电源吸取的功率即为负载损耗，以阻抗电压与额定电压 U_N 之比的百分数表示，即

$$p_k=\frac{U_Z}{U_N}\times 100\% \tag{2-13}$$

【例2.1】一台三相电力变压器的型号为 SJL_{10}−1 000/10，Yy0联结，二次电压为400 V。求变压器的一次侧、二次侧额定电流。

解：该变压器的一次侧额定电流为

$$I_{1N}=\frac{S_N}{\sqrt{3}U_{1N}}=\frac{1\ 000\ 000}{\sqrt{3}\times 10\ 000}\text{ A}=57.74\text{ A}$$

二次侧额定电流为

$$I_{2N}=\frac{S_N}{\sqrt{3}U_{2N}}=\frac{1\ 000\ 000}{\sqrt{3}\times 400}\text{A}=1\ 443.42\ \text{A}$$

2.2 单相变压器的拆卸与安装

2.2.1 变压器的基本工作原理

1. 变压器工作时的物理情况

从变压器的结构可知，变压器的主体是由铁心及套在铁心上的绕组所构成。接交流电源的绕组称为一次绕组，其匝数用 N_1 表示；接负载的绕组称为二次绕组，其匝数用 N_2 表示。变压器的工作原理如图 2-19 所示。

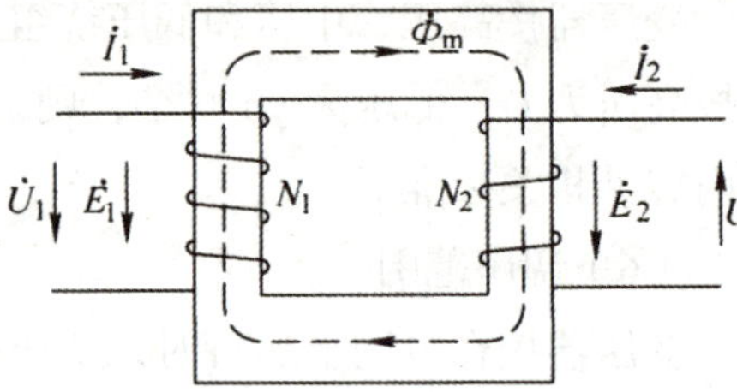

图 2-19　变压器的工作原理

在变压器的输入端加上交流电压 $\dot{U}_1$ 后，一次绕组中便有交变电流 $\dot{I}_1$ 流过，这个交变电流 $\dot{I}_1$ 在铁心中产生交变主磁通 $\dot{\Phi}_m$，以及少量的漏磁通，其频率与电源电压的频率一样。由于一次绕组和二次绕组套在同一铁心柱上，交变主磁通 $\dot{\Phi}_m$ 同时穿过两个绕组，根据电磁感应定律，在一次绕组中产生自感电动势 $\dot{E}_1$，二次绕组中产生互感电动势 $\dot{E}_2$。其大小分别正比于一次绕组和二次绕组的匝数。二次绕组中有了电动势 $\dot{E}_2$ 后，便在输出端产生电压 $\dot{U}_2$，接上负载后，就会在负载中流过电流 $\dot{I}_2$，向负载供电，实现了电能的传递。

可见，变压器从电网吸收电能后，依靠电磁感应的作用，以磁场为媒介，将电能传递给负载；整个过程是：电能→磁场能→电能。上述能量传递的过程说明，变压器只能传递交流电能，不能传递直流电能，也不能产生电能；变压器只能改变交流电电压或电流的大小，而不能改变频率的高低；变压器在传递能量的过程中损耗很小，效率极高，输出电压、电流的乘积几乎等于输入电压、电流的乘积。

变压器工作时，内部存在电压、电流、磁通以及感应电动势等多个物理量。对变压器的工作情况进行分析计算时，首先要规定它们的参考正方向。依照电工习惯，同一支路中应选择电压、电动势和电流的参考方向一致，磁通的方向与产生它的电流方向符合右手螺旋定则，感应电动势的方向与产生它的磁通方向符合右手螺旋定则。

2. 变压器变电压的工作原理

实际变压器的工作情况是比较复杂的，为了简化分析，忽略一次绕组和二次绕组中的电阻、漏磁通和铁心中的功率损耗。

按照图 2-19 所示参考方向，设主磁通 $\Phi=\Phi_m \sin \omega t$，根据电磁感应定律，可推导得到主磁通在一次绕组中的感应电动势为

$$e_1=E_{1m}\sin(\omega t-90°) \tag{2-14}$$

式中，$E_{1m}=2\pi f N_1 \Phi_m$，是电动势的最大值，其有效值为

$$E_1=\frac{E_{1m}}{\sqrt{2}}\approx 4.44 f N_1 \Phi_m \tag{2-15}$$

同理，主磁通在二次绕组中的感应电动势为

$$E_2=4.44 f N_2 \Phi_m \tag{2-16}$$

写成相量的形式为

$$\dot{E}_1=-j4.44 f N_1 \Phi_m \tag{2-17}$$

$$\dot{E}_2=-j4.44 f N_2 \Phi_m \tag{2-18}$$

变压器一次绕组电动势 E_1 与二次绕组电动势 E_2 之比，称为变压器的变比，用 K 表示，即

$$K=\frac{E_1}{E_2}=\frac{N_1}{N_2} \tag{2-19}$$

变比 K 是变压器中最重要的参数，反映一台变压器改变电压、电流、阻抗的能力。在定性分析过程中，往往忽略一次绕组和二次绕组中的电阻及漏磁通产生的电抗，这样电压与电动势在数值上大致相等，特别是在空载的时候，数值更接近，即

$$U_1\approx E_1=4.44 f N_1 \Phi_m \tag{2-20}$$

$$U_2=E_2=4.44 f N_2 \Phi_m \tag{2-21}$$

所以，式（2-19）近似地反映了变压器输入、输出的电压关系，即

$$\frac{U_1}{U_2}\approx\frac{E_1}{E_2}=\frac{N_1}{N_2}=K \tag{2-22}$$

式 (2-22) 表明，变压器一次绕组与二次绕组的电压之比约等于匝数之比。当 $K>1$ 时，$U_1>U_2$，变压器起降压作用；当 $K<1$ 时，$U_1<U_2$，变压器起升压作用。变压器通过改变一次绕组和二次绕组的匝数之比，就可以很便利地改变输出电压的大小。

从式（2-20）中可以看出，变压器主磁通 Φ_m 的大小主要取决于电源电压的大小、电源频率的高低以及绕组匝数的多少。因此，在使用变压器时必须注意：电源电压 U_1 过高，电源频率 f 过低，绕组匝数 N_1 过少，都会引起主磁通 Φ_m 过大，磁路饱和，使变压器中用来产生磁通的励磁电流（即空载电流 I_0）大大增加而烧坏变压器。

例如，交流电动机、电磁铁、继电器、电抗器等，都必须注意其额定电压与电源电压要相符合，千万不要过电压运行。若 60 Hz 的电器接入 50 Hz 等电压的电网，磁路中的磁通量变大，空载电流增大，只能减小容量运行，不能满负荷工作。修理电机、变压器等的

绕组时，必须保证线圈的匝数，偷工减料会影响其质量和使用寿命，甚至使其在短时间内烧坏。

3. 变压器变电流的工作原理

变压器的一次绕组接到交流电源上，二次绕组接上负载后，在电动势$\dot{E}_2$的作用下，二次绕组中就会有负载电流$\dot{I}_2$流过。变压器负载运行时的电磁关系如图 2-20 所示。变压器空载运行时，主磁通是由一次绕组中的空载励磁电流$\dot{I}_0$产生的。负载运行时，二次绕组中的电流$\dot{I}_2$也会产生磁动势$\dot{I}_2N_2$，此时主磁通$\dot{\Phi}_m$将由一次电流$\dot{I}_1$和二次电流$\dot{I}_2$共同产生。

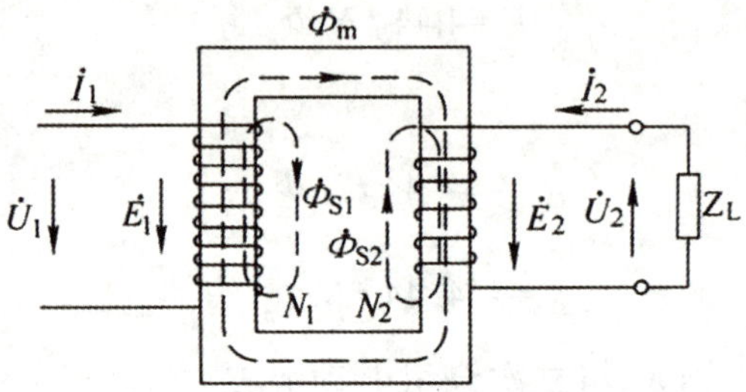

图 2-20　变压器负载运行时的电磁关系

由式（2-20）可知，在电源电压基本不变时，一次绕组中的电动势$\dot{E}_1$和铁心中的主磁通也基本不变。根据磁动势平衡关系，负载运行时的合成磁动势应该等于空载时的磁动势，由图 2-20 中的参考方向可列出变压器负载运行时的磁动势平衡方程式为

$$\dot{I}_1N_1+\dot{I}_2N_2=\dot{I}_0N_0 \tag{2-23}$$

因为变压器的磁路全部由铁磁材料组成，磁阻很小，所以用于产生主磁通的空载励磁电流$\dot{I}_0$很小，只占额定电流$\dot{I}_1$的 2% ～ 5%，在工程计算和分析时经常可以忽略不计，这时上式可以简化为

$$\dot{I}_1=\frac{N_2}{N_1}\dot{I}_2 \tag{2-24}$$

从式（2-24）中可以看出，变压器一次绕组电流$\dot{I}_1$与二次绕组电流$\dot{I}_2$在相位上约差 180°，在数值上与匝数成反比，即

$$\frac{I_1}{I_2}\approx\frac{N_2}{N_1}=\frac{1}{K}\approx\frac{U_2}{U_1} \tag{2-25}$$

式（2-25）表明，变压器在改变电压的同时，电流也随之成反比例变化，且一次电流与二次电流之比等于匝数的反比。

4. 变压器变阻抗的工作原理

变压器不仅能够改变电压和电流，还可以改变阻抗值的大小。其原理电路如图 2-21 所示，其中 Z_L 为负载阻抗，其端电压为 U_2，流过的电流为 I_2，变压器的变比为 K，则

$$Z_L=\frac{U_2}{U_1} \tag{2-26}$$

变压器一次绕组中的电压和电流分别为

$$U_1=KU_2$$

$$I_1=I_2/K\ \frac{I_2}{K} \tag{2-27}$$

从变压器输入端看，等效的输入阻抗 Z 为

$$Z=\frac{U_1}{I_1}=K^2\frac{U_2}{I_2}=K^2Z_L \tag{2-28}$$

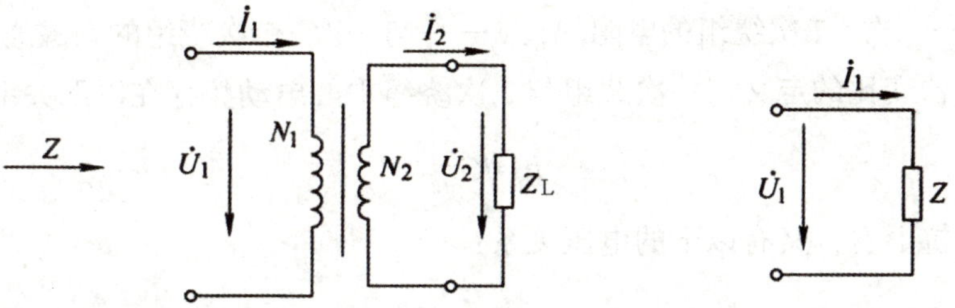

（a）变压器电路　　（b）等效电路

图 2-21　变压器变阻抗的原理电路

式（2-28）表明负载阻抗 Z_L 反映到电源侧的输入等效阻抗 Z，其值扩大了 K^2 倍。因此，只需改变变压器的变比 K，就可把负载阻抗变换为所需数值。

变压器改变阻抗的作用在电子技术中经常用到。在扩音机设备中，如果把喇叭直接接到扩音机上，由于喇叭的阻抗很小，扩音机电源发出的功率大部分消耗在本身的内阻抗上，喇叭获得的功率很小而声音微弱。理论推导和实验测试都可以证明：负载阻抗等于扩音机电源内阻抗时，可在负载上得到最大的输出功率。所以喇叭的阻抗经变压器变换后，使之等于扩音机的内阻抗，就可在喇叭上获得最大的输出功率。因此，在大多数的扩音机设备与喇叭之间都接有一个变阻抗的变压器，通常称为线间变压器。

若负载阻抗 Z_L 及所要求的阻抗 Z 已知，则可根据上式求得变压器的变比，即

$$K=\sqrt{\frac{Z}{Z_L}} \tag{2-29}$$

【例 2.2】某扩音机的输出变压器，一次绕组匝数 N_1=200 匝，二次绕组匝数 N_2=80 匝，原来配接阻抗 Z_1=8 Ω 的喇叭，现要改用同样功率而阻抗为 Z_L'=16 Ω 的喇叭，则新的二次绕组匝数 N_2' 应改为多少才合适？

解：为了达到改变喇叭阻抗仍然能获得最大功率的目的，必须保持变压器的输入等效阻抗 Z 不变，即

$$Z=\left(\frac{N_1}{N_2}\right)^2Z_L=\left(\frac{N_1}{N_2'}\right)^2Z_L'$$

代人数据后，求得新的二次绕组匝数 N_2' 为

$$N_2'=N_2\sqrt{\frac{Z_L'}{Z_L}}=80\times\sqrt{\frac{16}{8}}\approx 113\ 匝$$

2.2.2 变压器的基本方程式和等效电路

1. 变压器的基本方程式

根据图 2-20 所示变压器负载运行时的电磁关系，可得一次绕组和二次绕组回路的电压方程式为

$$\dot{U}_1=-\dot{E}_1+\dot{I}_1(r_1+jx_1) \tag{2-30}$$

$$\dot{U}_2=\dot{E}_2-\dot{I}_2(r_2+jx_2) \tag{2-31}$$

式中，r_1、r_2——一次、二次绕组的电阻；x_1、x_2——与一次、二次绕组的漏磁通对应的漏电抗。

根据变压器变比的定义，一次绕组与二次绕组中的电动势存在以下关系：

$$\dot{E}_1=K\dot{E}_2 \tag{2-32}$$

从负载阻抗上看，又有以下的电压关系：

$$\dot{U}_2=\dot{I}_{12}Z_L \tag{2-33}$$

在上述电压方程式中，一次绕组和二次绕组中漏磁通产生的电动势写成了漏阻抗压降的形式。同理，主磁通在一次绕组中产生的电动势也可以写成空载励磁电流在等效励磁阻抗上的压降形式，即

$$-\dot{E}_1=\dot{I}_{10}(r_m+jx_m) \tag{2-34}$$

式中，r_m——反映铁损耗大小的等效电阻；x_m——反映主磁通与一次绕组电动势之间关系的等效电抗。

根据磁势平衡方程式，存在一次电流与二次电流之间的关系为

$$\dot{I}_1=\dot{I}_{10}+\left(-\frac{N_1}{N_2}\dot{I}_2\right)=\dot{I}_{10}+\left(-\frac{\dot{I}_2}{K}\right) \tag{2-35}$$

2. 变压器的折算

分析计算变压器问题时，有了上述基本方程式，理论上讲已经没有任何困难了。但实际上，由于变压器的一次绕组和二次绕组之间是通过电磁感应联系的，没有电路上的直接关系，用基本方程式分析计算变压器是很麻烦的。为了便于分析计算，需要找出与变压器运行时电磁关系等效的纯电路，即变压器的等效电路。求等效电路的关键步骤是对变压器的绕组进行折算。所谓折算就是在保持磁动势和功率关系不变的原则下，把一次绕组和二次绕组换算成具有相同的匝数。通常是将实际的二次绕组折算成与一次绕组一样的匝数，简称为二次侧折算到一次侧。折算后的各量在符号的右上角加“′”来表示。

因为折算前后主磁通不变，只是二次绕组的匝数由 N_2 换成了 N_1，所以二次侧电动势和电压的折算关系为

$$E_2'=-j\,4.44fN_1\dot{\Phi}_m=\dot{E}_1=K\dot{E}_2 \tag{2-36}$$

同理 $$\dot{U}'_2 = \dot{U}_2 \tag{2-37}$$

根据折算前后二次绕组磁动势不变的原则，即

$$\dot{I}'_2 N_1 = \dot{I}_2 N_2 \tag{2-38}$$

可得二次电流的折算关系为

$$\dot{I}'_2 = \frac{N_2}{N_1}\dot{I}_2 = \frac{\dot{I}_2}{K} \tag{2-39}$$

根据折算前后有功功率、无功功率和视在功率不变的原则，即

$$I'^2_2 r'_2 = I^2_2 r_2,\ I'^2_2 x'_2 = I^2_2 x_2,\ I'^2_2 z'_2 = I^2_2 z_2 \tag{2-40}$$

可得二次绕组漏阻抗的折算关系为

$$r'_2 = K^2 r_2,\ x'_2 = K^2 x_2,\ z'_2 = K^2 z_2 \tag{2-41}$$

由于变压器的一次绕组与二次绕组之间是通过磁场联系的，在保持二次绕组的磁动势不变的情况下，对一次绕组而言，没有任何影响，只不过简化了分析和计算。

折算后，变压器的基本方程式变为

$$\dot{U}_1 = -\dot{E}_1 + \dot{I}_1 (r_1 + jx_1) \tag{2-42}$$

$$\dot{U}'_2 = \dot{E}'_2 - \dot{I}'_2 (r'_2 + jx'_2) \tag{2-43}$$

$$\dot{E}_1 = \dot{E}'_2 = -\dot{I}_0 (r_m + jx_m) \tag{2-44}$$

$$\dot{I}_1 + \dot{I}'_2 = \dot{I}_0 \tag{2-45}$$

$$\dot{U}'_2 = \dot{I}'_2 Z'_L \tag{2-46}$$

3. 变压器的等效电路

根据变压器一次回路的电压方程式（2-42），可画出一次侧的等效电路，如图 2-22（a）所示；根据二次回路的电压方程式（2-43），可画出二次侧的等效电路，如图 2-22（c）所示；再根据式（2-44），可画出励磁部分的等效电路，如图 2-22（b）所示。

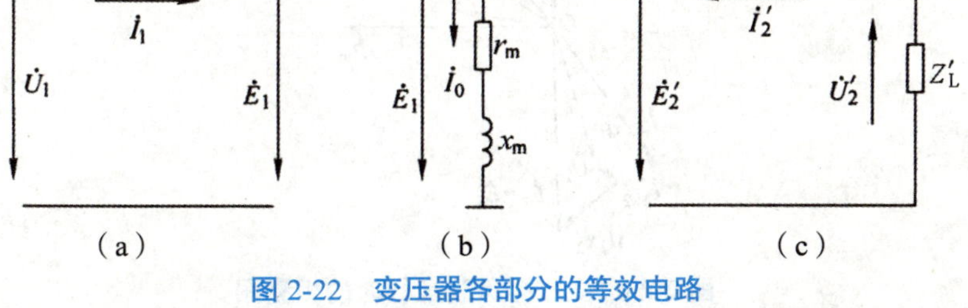

图 2-22 变压器各部分的等效电路

由于折算后一次绕组与二次绕组的匝数相等，则 $\dot{E}_1 = \dot{E}'_2$；磁动势平衡方程式可简化为

等效的电流关系$\dot{I}_1+\dot{I}'_2=\dot{I}_0$，因此，可以将图 2-22 中的三部分合在一起，得到变压器的 T 形等效电路，如图 2-23 所示。

在变压器的 T 形等效电路中，各部分的阻抗既有串联又有并联，电路中作用的又是交流电，虽然适用范围大，分析计算的结果精度好，但是实际过程还是很复杂的。由于变压器的空载电流很小，在正常负载运行时，可以忽略不计，即去掉励磁支路，就可以得到变压器的简化等效电路，如图 2-24 所示。其中 $r_k=r_1+r'_2$称为短路电阻，$x_k=x_1+x'_2$称为短路电抗，两者合称短路阻抗。变压器的简化等效电路不适用于空载和轻载的场合。

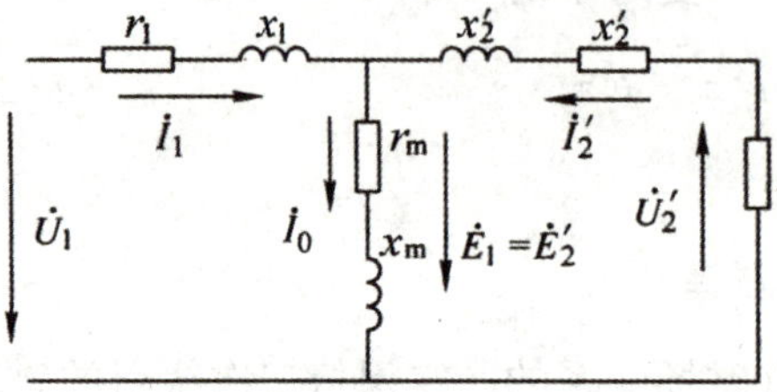

图 2-23　变压器的 T 形等效电路

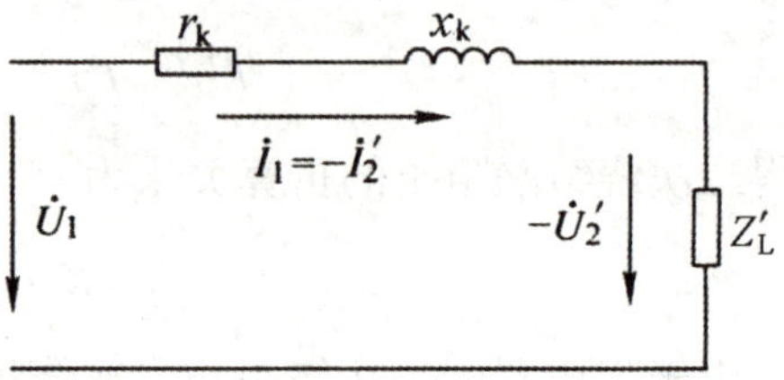

图 2-24　变压器的简化等效电路

4. 变压器的相量图

根据变压器的 T 形等效电路和折算后的基本方程式，可以画出负载运行时的相量图，如图 2-25 所示。因为变压器的一次侧与二次侧是通过磁场联系在一起的，所以将主磁通$\dot{\Phi}_m$作为参考相量。电动势$\dot{E}_1=\dot{E}'_2$滞后于主磁通$\dot{\Phi}_m$90°。设负载是感性的，则电流$\dot{I}'_2$滞后于电动势$\dot{E}'_2$一个角度，根据二次侧的电压方程式，可以画出$\dot{U}'_2$、$\dot{I}'_2r'_2$和 j$\dot{I}'_2x'_2$的相量。根据变压器空载励磁电流$\dot{I}_0$的特点，即数值很小，绝大部分是产生主磁通$\dot{\Phi}_m$的无功分量，同时包含少量产生铁损耗的有功分量，因此，$\dot{I}_0$超前于$\dot{\Phi}_m$一个很小的角度。依据变压器折算后的电流关系式$\dot{I}_1=\dot{I}_0+(-\dot{I}'_2)$，可以画出一次侧电流$\dot{I}_1$的相量。最后根据一次侧的电压方程式画出（$-\dot{E}_1$）、$\dot{I}_1r_1$、j$\dot{I}_1x_1$和$\dot{U}_1$等相量。同理，也可画出电阻性和电容性的相量图。

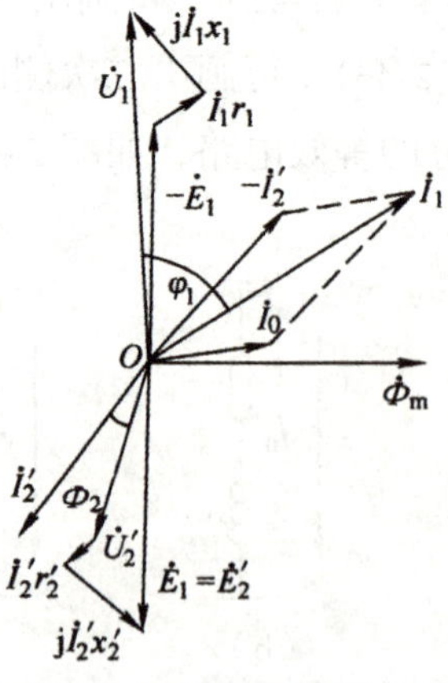

图 2-25　变压器负载运行时的相量图

根据变压器的简化等效电路图，也可以画出相对应的相量图，如图 2-26 所示。由于变压器的简化等效电路是串联型的，因此，将电流$\dot{I}_1=-\dot{I}'_2$作为参考相量。同样设负载是感性的，则二次侧输出电压（$-\dot{U}'_2$）超前于电流（$-\dot{I}'_2$）一个电（相位）角度。根据简化等效电路的电压方程式$\dot{U}_1=-\dot{U}'_2+\dot{I}_1(r_k+jx_k)$，可以依次画出，$\dot{I}_1r_k$、$j\dot{I}_1x_k$ 和$\dot{U}_1$ 等相量。

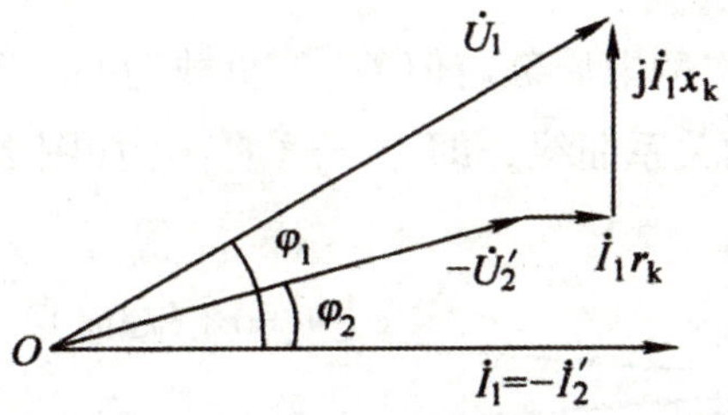

图 2-26　变压器的简化等效电路图相对应的相量图

2.2.3　单相变压器的运行特性

变压器对电网来说相当于用电设备，损耗小、效率高；但对负载来说，它又相当于一个电源，要求其供电电压稳定。因此，表示变压器运行特性的主要指标有两个：一是效率；二是输出电压的稳定性。

1. 电压变化率和外特性

（1）变压器的电压变化率

由于实际变压器的一次绕组和二次绕组中，总是存在着内阻抗，负载电流通过这些内阻抗必然产生内部电压降，其输出电压会随负载电流的变化而变化。

变压器二次侧输出电压随负载变化的程度用电压变化率 $\Delta U\%$ 表示。所谓电压变化率，是指变压器一次绕组加额定电压，负载的功率因数一定，空载与额定负载时二次侧端电压之差（$U_{2N}-U_2$）与额定电压 U_{2N} 的比值，用百分数表示即

$$\Delta U\%=\frac{U_{2N}-U_2}{U_{2N}}\times 100\%=\frac{U_{1N}-U'_2}{U_{1N}}\times 100\% \tag{2-47}$$

因为变压器的内阻抗较小，所以$\dot{U}_1$ 与（$-\dot{U}'_2$）的相位差很小，根据简化等效电路和对应的相量图，变压器的电压变化率为

$$\Delta U\%=\beta\,\frac{I_{1N}r_k\cos\Phi_2+I_{1N}r_k\sin\Phi_2}{U_{1N}}\times 100\% \tag{2-48}$$

式中，β——变压器的负载系数，$\beta=\frac{I_1}{I_{1N}}=\frac{I_2}{I_{2N}}$。

由以上分析可以看出，电压变化率 $\Delta U\%$ 的大小与三个因素有关：一是变压器负载电流的大小，$\Delta U\%$ 与负载系数 β 成正比；二是变压器内阻抗的大小，$\Delta U\%$ 与内阻抗 z_k 成正比；三是负载的性质，$\Delta U\%$ 与 $\cos\Phi_2$ 有关。由此可见，电压变化率 $\Delta U\%$ 反映了变压器输出电压的稳定性及电能的质量。

在一般的电力变压器中，当负载的功率因素 $\cos\Phi_2$ 接近于 1 时，额定负载时的电压变

化率为 2% ～ 3%。因为变压器绕组的阻抗很小，所以由此引起的电压降也很小。但当负载的功率因数下降到 0.8 时，额定负载时的电压变化率为 3% ～ 8%。因此，提高功率因数可以减小电压变化率，从而提高变压器输出电压的稳定性。

（2）变压器的外特性

变压器的外特性是指一次侧电压额定值 U_{1N}、负载功率因数 $\cos\Phi_2$ 一定时，二次侧端电压 U_2 随负载电流 I_2 变化的关系曲线，即 $U_2=f(I_2)$，如图 2-27 所示。

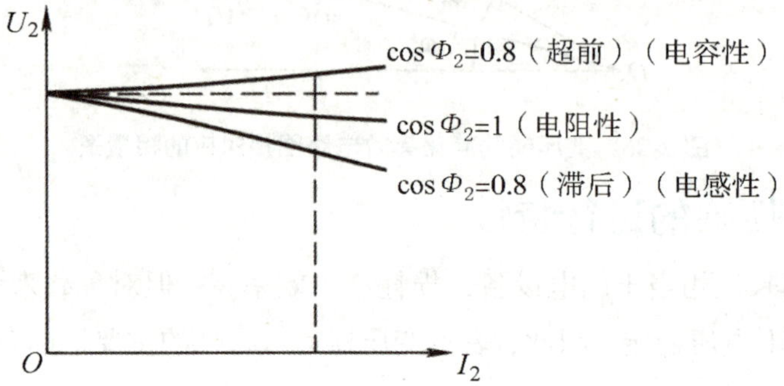

图 2-27　变压器的外特性

从图 2-27 中可以看出，变压器的外特性与负载的性质有关。根据变压器的等效电路和电压方程式，在电网电压不变时，变压器内阻抗的压降与输出电压之和也不变。由于变压器本身是感性器件，随着负载的增大，对于纯电阻负载，因为输出电压与变压器内阻抗压降的相位差较大，所以端电压下降较少；而对于电感性负载，因为输出电压与变压器内阻抗压降的相位差较小，所以端电压下降较多；相反，对于电容性负载，端电压却会上升。负载的感性或容性程度增加，端电压的变化也增大。

当负载的功率因数过小，输出电流过大时，若是感性负载，将引起输出电压过低；若是容性负载，将引起输出电压过高。两者都会给负载的运行带来不良影响。

2. 变压器的损耗和效率

（1）变压器的损耗

变压器在传输功率时，存在两种基本损耗。其一是铜损耗 P_{Cu}，它是一次绕组和二次绕组中的电流流过相应的电阻产生的，其值与电流的平方成正比。铜损耗的大小随负载的变化而变化，叫作可变损耗。设变压器额定工作时的铜损耗 $P_{CuN}=P_k$，则

$$P_{Cu}=I_1^2 r_k=\beta^2 I_1^2 N r_k=\beta^2 P_k \tag{2-49}$$

变压器中的另外一种损耗是铁损耗 P_{Fe}，它包括铁心中通过交变磁通引起的涡流损耗和磁滞损耗，其值与电流交变的频率和铁心中磁通量的最大值成正比。当电源电压和频率不变时，变压器铁心中的磁通量最大值基本不变，铁损耗也基本不变，与空载时的损耗 P_0 大致相等，即 $P_{Fe}=P_0$，因此，把铁损耗称为不变损耗。

变压器额定工作时的铜损耗 P_k 可以通过短路试验测得，因此 P_k 也称短路损耗。变压

器的铁损耗 P_{Fe} 可以通过空载试验测得。变压器的总损耗为铜损耗和铁损耗之和，即

$$\sum P=P_{Cu}+P_{Fe}=\beta^2 P_k+P_0 \tag{2-50}$$

（2）变压器的效率

变压器的效率 η 是它的输出有功功率 P_2 与输入有功功率 P_1 的比值，计算公式为

$$\eta=\frac{P_2}{P_1}\times 100\% \tag{2-51}$$

直接测量变压器的输入功率 P_1 和输出功率 P_2 是很难办到的。对于大容量的变压器，更是如此。但是如果采用直接测量变压器损耗的方法，则可以比较简单地间接计算出变压器的效率。即根据空载试验和短路试验测出的铁损耗和铜损耗间接计算效率如下：

$$\eta=\frac{P_1-\sum P}{P_1}\times 100\%=\left(1-\frac{\sum P}{P_1}\right)\times 100\%=\left(1-\frac{\sum P}{P_2+\sum P}\right)\times 100\% \tag{2-52}$$

由于变压器的电压变化率很小，因此可设 $U_2=U_{2N}$，则

$$P_2=U_2 I_2\cos\Phi_2=U_{2N}\beta I_{2N}\cos\Phi_2=\beta S_N\cos\Phi_2 \tag{2-53}$$

$$\eta=\left(1\frac{\beta^2 P_k+P_0}{\beta S_N\cos\Phi_2+\beta^2 P_k+P_0}\right)\times 100\% \tag{2-54}$$

当负载的功率因数一定时，变压器的效率随负载系数变化的关系曲线 $\eta=f(\beta)$ 称为变压器的效率特性，如图 2-28 所示。

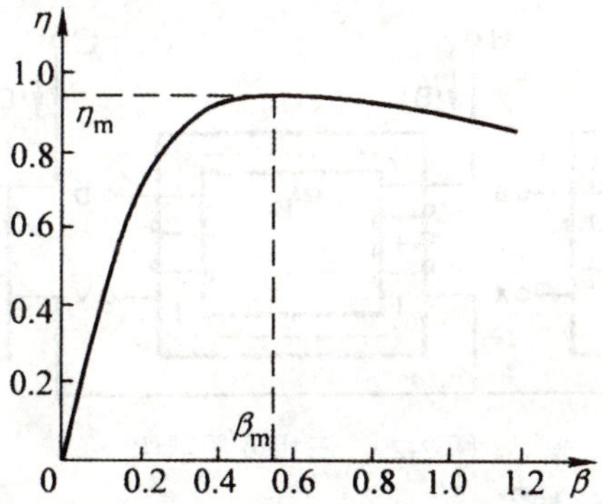

图 2-28　变压器的效率特性

从变压器的效率特性曲线可知，当负载从零开始增大，效率很快升高到最大值 η_m，然后逐渐下降。

由数学分析可以证明，任何机器的损耗都可以分为两部分：可变损耗和不变损耗。当可变损耗等于不变损耗时，机器的效率最高。设变压器的最高效率为 η_m，对应的负载系数为 β_m，则

$$\beta_m^2 P_k=P_0 \tag{2-55}$$

即 $\beta_m=\sqrt{\frac{P_0}{P_k}}$时，

$$\eta=\eta m=\frac{\beta_m S_N\cos\Phi_2}{\beta_m S_N\cos\Phi_2+2P_0}\times100\% \tag{2-56}$$

电力变压器常年接在线路上，铁损耗固定不变，而铜损耗随负载变化，相对而言，减小铁损耗比较重要。所以一般使铁损耗 P_{Fe} 等于额定铜损耗的$\frac{1}{4}\sim\frac{1}{3}$，对应的输出功率为额定容量的一半左右时，变压器的效率最高。因此，要提高变压器的运行效率，就不应使变压器工作在空载或轻载的状态。当然也不能使变压器工作在过载的状态，因为过载时，铜损耗急剧增加，效率下降，温升过高会烧坏变压器。

2.3 三相变压器的维护

2.3.1 三相变压器的磁路系统

1. 三相变压器组的磁路

三相变压器组是由三个单相变压器按一定方式联结起来组成的，如图 2-29 所示。由于每相的主磁通 Φ 各沿自己的磁路闭合，因此相互之间是独立的。当一次绕组加上三相对称电压时，三相的主磁通必然对称，三相的空载电流也是对称的。

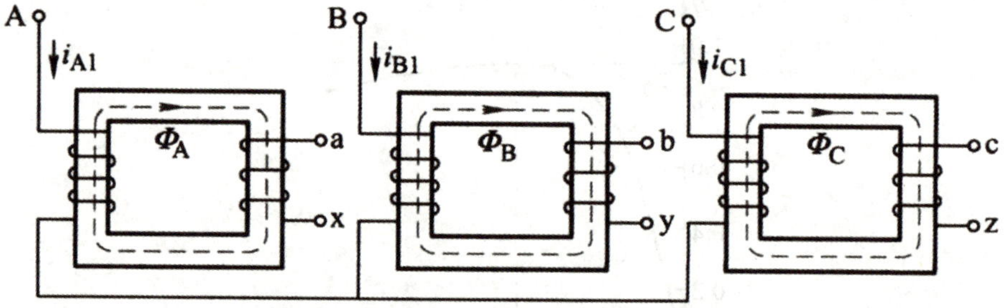

图 2-29 三相变压器组

2. 三相心式变压器的磁路图

三相心式变压器的铁心是将变压器组的三个铁心合在一起演变而成的，其铁心结构演化过程如图 2-30 所示。图 2-30（a）是由三个单相变压器按照彼此相差 120° 形成立体结构，可以保证磁路对称，但制造成本增加很多。由于磁路对称，此时中间铁心柱内的磁通的相量和为 0，可将中间铁心柱省去即成为图 2-30（b）所示形状。为使制造方便，节省材料，减小体积，将三相铁心柱布置在同一平面上，变成图 2-30（c）所示的常用三相心式变压器的铁心结构。

三相心式变压器铁心结构的三相磁路长短不等，中间 B 相最短，两边 A、C 相最长，造成三相磁路磁阻不相等。当一次绕组接上三相对称电压时，三相磁通相等，但由于磁路磁阻不等，将使三相空载电流不相等。但一般电力变压器的空载电流很小，因此它的不对称对变压器负载运行的影响很小，可以忽略不计。

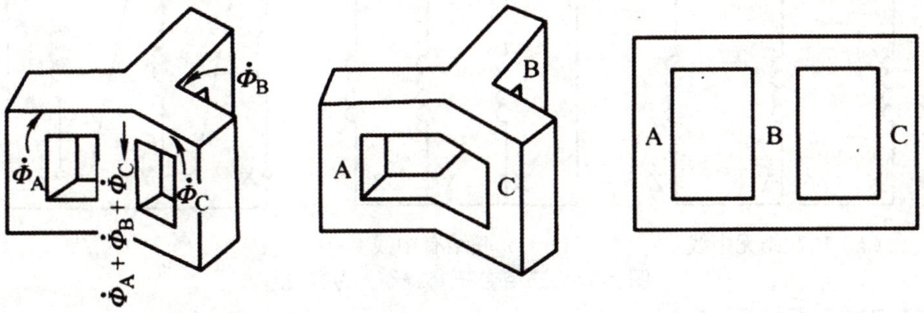

（a）单相心式铁心的合并　（b）铁心的演变　（c）三相心式铁心

图 2-30　三相心式变压器的铁心结构演化过程

目前三相变压器的磁路多采用三相心式变压器的铁心结构，如图 2-31 所示，而三相变压器组只在少数特定情况下才使用。

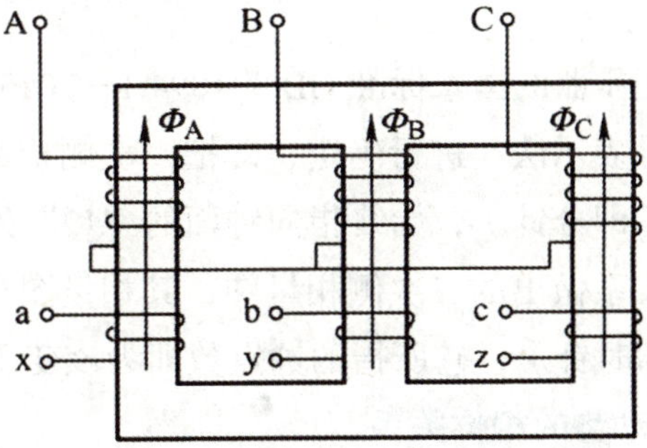

图 2-31　三相心式变压器的铁心结构

上述三相变压器的两种磁路系统各有优缺点，在相同额定容量下，三相心式变压器较三相变压器组效率更高，维护更方便，占地面积更小；而三相变压器组的每一台单相变压器具有制造、运输方便，备用变压器容量较小等优点。所以，对于一些超高压、特大容量的三相变压器，为减少制造和运输困难，常采用三相变压器组，但对于一般容量的场合采用三相心式变压器即可。

2.3.2　三相变压器的电路系统

1. 三相变压器绕组的联结法

在三相变压器中，一、二次绕组的联结都主要采用星形和三角形两种方法，如图 2-32 所示。我国生产的电力变压器常用 Yyn、Yd、YNd、Dyn 等 4 种联结方式，其中大写字母表示一次绕组的联结方式，小写字母表示二次绕组的联结方式。字母 D 或 d 表示一次绕组或二次绕组的三角形联结，字母 Y 或 y 表示一次绕组或二次绕组的星形联结，若同时也把中性点引出，则用 YN 或 yn 表示。

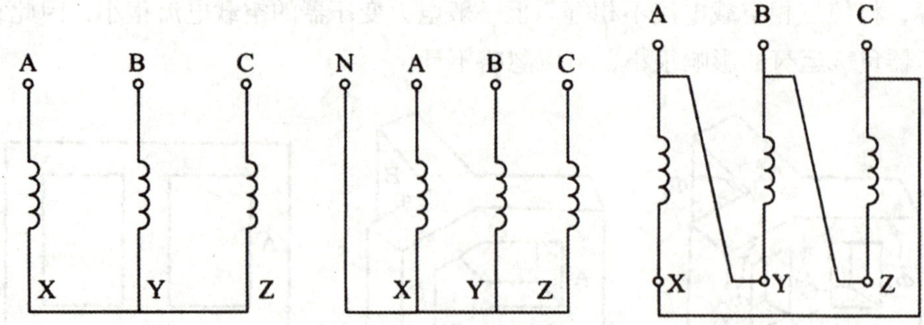

（a）Y 联结无中线　　（b）Y 联结有中线　　（c）D 联结

图 2-32　三相变压器绕组的联结法

2. 三相变压器的联结组

由于变压器一、二次绕组有星形和三角形两种联结方式，因此一次绕组和二次绕组的对应线电动势（或线电压）之间将产生不同的相位差。为了简单明了地表达绕组的联结及对应线电动势（或线电压）之间的相位关系，将变压器一、二次绕组的联结分成不同的组合，称为绕组的联结组。

联结组标号按照电力变压器的国家标准 GB/T 1094.1—2013《电力变压器 第 1 部分：总则》中的“钟时序数标号表示法”进行确定，即把一次侧相量图在 a 点对称轴位置指向外的相量作为时钟的长针（即分针），始终指向钟面的“12”处，根据一、二次绕组相电动势（或相电压）的相位关系做出的二次侧相量图，其相量图在 a 点对称轴位置处指向外的相量作为时钟的短针（即时针），它所指的钟点数即为该变压器的联结组的标号。

3. 一、二次绕组相电动势的相位关系

（1）单相变压器的联结组

以单相变压器为例，研究由同一主磁通所交链的两个绕组相电动势之间的相位关系(此即电路理论中互感线圈的同名端问题）。由同一主磁通所交链的两个绕组，其相电动势只有同相位和反相位两种情况，这取决于绕组的同名端和绕组的首末端标记。当单相变压器一、二次绕组的同名端为首端时，一、二次绕组相电动势同相位，为 I/I-0 联结组。其中“I/I”表示高、低压绕组均为单相，即单相变压器；“0”表示其联结组的标号。如果将单相变压器一、二次绕组的异名端标为首端，一、二次绕组相电动势相位相反，则为 I/I-6 联结组，如图 2-33 所示。

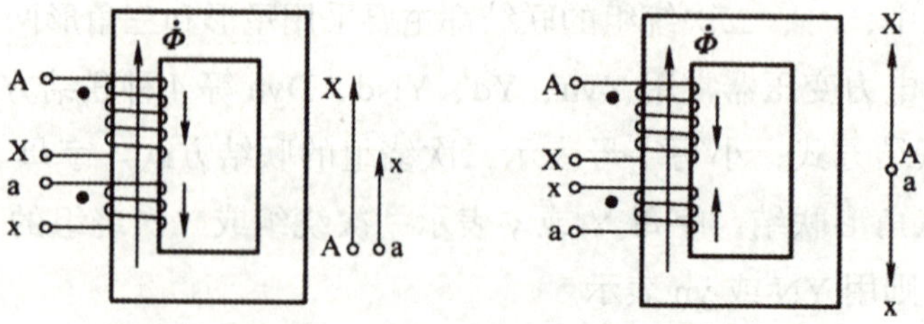

（a）I/I-0 联结组　　（b）I/I-6 联结组

图 2-33　单相变压器联结组

（2）三相变压器的联结组标号

三相变压器的联结组标号不仅与绕组的同名端及首末端的标记有关，还与三相绕组的联结方式有关。用相量图法判断联结组的标号一般可分为以下 4 个步骤。

① 标出一、二次绕组相电动势的假定正方向。

② 做出一次侧的电动势相量图，将相量图的 A 点放在钟面的“12”处，相量图按逆时针方向旋转，相序为 A-B-C（相量图的三个顶点 A、B、C 按顺时针方向排列）。

③ 判断同一相一、二次绕组相电动势的相位关系，做出二次侧的电动势相量图，相量图按逆时针方向旋转，相序为 a-b-c（相量图的三个顶点 a、b、c 按顺时针方向排列）。

④ 确定联结组的标号，观察二次侧的相量图 a 点所处钟面的序数（就是几点钟），即为该联结组的标号。

根据联结组标号，以及一个钟点数对应 30°，即可确定一、二次侧对应线电动势（或线电压）之间的相位差。

4. 变压器常用联结组

为了制造和使用上的方便，我国规定三相双绕组电力变压器的标准联结组为 Yyn0、Yd11、YNd11、YNy0 和 Yy0 共 5 种，其中前三种最为常用。各种联结组有不同的适用范围，如 Yyn0 多用于容量不超过 1 800 kV·A，低压电压为 230/400 V 的配电变压器，供动力与照明负载；Yd11 多用于高压侧电压 35 kV 及以下、低压侧电压高于 400 V 的配电变压器；YNd11 多用于高压侧电压 110 kV 及以上且中性点接地的大型、巨型变压器中；Yy0 多用于供给动力负载、容量不太大的变压器。

如图 2-34 所示，以 Yy0、Yd11 为例显示其联结组相量关系。Yy0 联结组一、二次绕组都按照星形联结，且同名端都在首端。Yd11 联结组一次绕组为星形联结，二次绕组为三角形逆联结，且同名端同时作为首端。

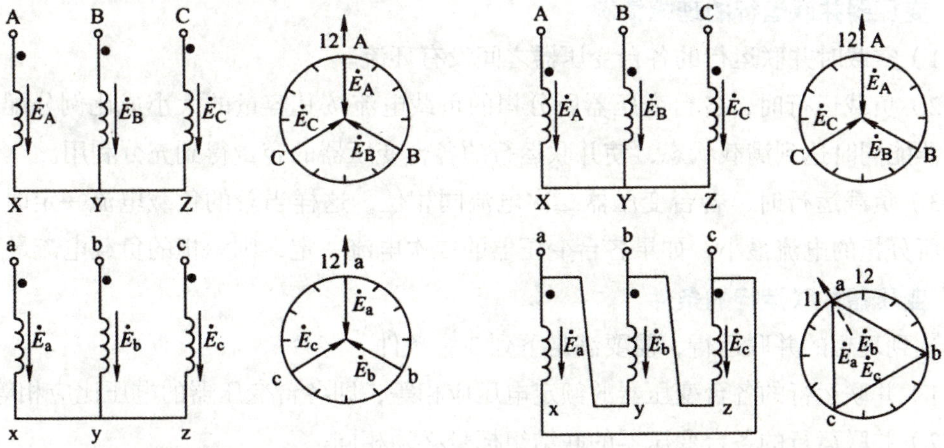

（a）Yy0 联结组　　（b）Yd11 联结组

图 2-34　三相变压器联结组示例

2.3.3 三相变压器的并联运行

在电力系统中，常采用多台变压器并联运行的方式。所谓并联运行，就是将两台或两台以上的变压器的一次、二次绕组分别并联到公共母线上，同时对负载供电。两台三相Yy0联结组变压器并联运行接线图，如图2-35所示。

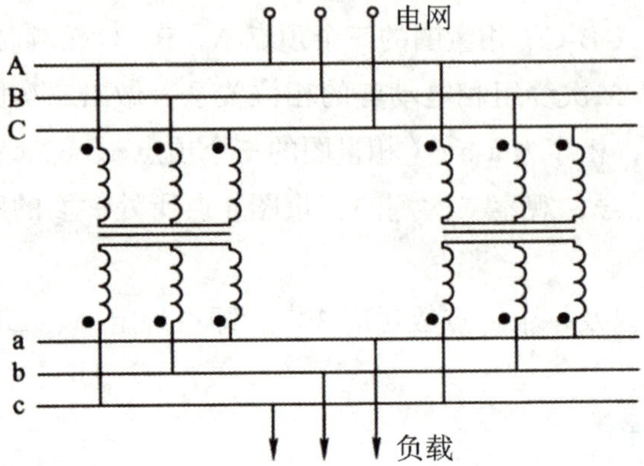

图2-35 两台三相Yy0联结组变压器并联运行接线图

1. 变压器并联运行的优点

（1）提高供电的可靠性。当并联运行的某台变压器发生故障或需要检修时，可以将它从电网上切除，而电网仍能用与之并联运行的变压器继续供电。

（2）提高运行的经济性。当负载有较大的变化时，可以调整并联运行的变压器台数，以提高运行的效率。

（3）可以减小总的备用容量，并可随着用电量的增加而分批增加新的变压器。但是单台大容量的变压器，其造价要比总容量相同的几台小变压器的低，而且占地面积小，所以并联运行的台数不宜过多。

2. 变压器并联运行的理想情况

（1）空载时并联运行的各台变压器之间没有环流。

（2）负载运行时，各台变压器所分担的负载电流按其容量的大小成比例分配，使各台变压器能同时达到满载状态，使并联运行的各台变压器的容量得到充分利用。

（3）负载运行时，各台变压器二次电流同相位，这样当总的负载电流一定时，各台变压器所分担的电流最小；如果各台变压器的二次电流一定，则承担的负载电流最大。

3. 变压器并联运行的条件

为达到理想的并联运行，需要满足下列3个条件。

（1）并联运行的各台变压器的额定电压应相等，即各台变压器的电压比应相等。

（2）并联运行的各台变压器的联结组标号必须相同。

（3）并联运行的各台变压器的短路阻抗（或阻抗电压）的相对值要相等。

2.4　特种变压器的应用

2.4.1　自耦变压器

1. 自耦变压器的特点

普通变压器的一次绕组与二次绕组在电路上是相互独立的，而自耦变压器的一次绕组与二次绕组共用一个绕组，二次绕组是从一次绕组中抽头而来。所以自耦变压器的一次绕组与二次绕组之间不仅有磁的耦合，电路还互相连通，如图 2-36 所示。

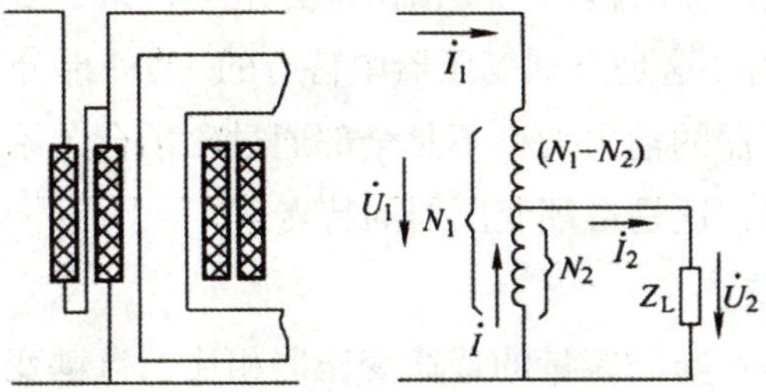

图 2-36　自耦变压器原理图

2. 自耦变压器的电磁关系

自耦变压器是个单绕组变压器，与普通双绕组变压器有着类似的电磁关系。自耦变压器中一次绕组与二次绕组的电压、电动势与磁通的关系分别为

$$U_1 \approx E_1 = 4.44 f N_1 \Phi_m \tag{2-57}$$

$$U_2 \approx E_2 = 4.44 f N_2 \Phi_m \tag{2-58}$$

自耦变压器的变比为：

$$K = \frac{E_1}{E_2} = \frac{N_1}{N_2} \approx \frac{U_1}{U_2} \approx \frac{I_2}{I_1} \tag{2-59}$$

因此，改变绕组的抽头位置，就可以在输出端得到所需的电压。

自耦变压器中的公共绕组是它独有的结构。按照图 2-36 所示的参考方向，公共绕组中的电流 $\dot{I}$ 为二次侧电流与一次侧电流之差

$$\dot{I} = \dot{I}_2 - \dot{I}_1 \tag{2-60}$$

根据变压器磁势平衡方程式，比较负载与空载时的情况可得

$$\dot{I}_1 (N_1 - N_2) - \dot{I} N_2 = \dot{I}_0 N_1 \tag{2-61}$$

将 $\dot{I} = \dot{I}_2 - \dot{I}_1$ 的关系代入上式，整理后可得

$$\dot{I}_1 N_1 - \dot{I}_2 N_2 = \dot{I}_0 N_1 \tag{2-62}$$

若忽略空载磁动势，则可得

$$\dot{I}_1=\frac{1}{K}\dot{I}_2 \tag{2-63}$$

上式说明，自耦变压器的输入、输出电流和普通双绕组变压器一样，也与匝数成反比，按照图 2-36 所示的参考方向，相位基本一致。

当自耦变压器的变比 K 接近于 1 时，$\dot{I}_2$ 与 $\dot{I}_1$ 相差不大，公共绕组中的电流 $\dot{I}$ 很小。所以，这部分绕组可以用较细的导线绕制，达到节约材料、减小体积、减轻质量的目的。

3. 自耦变压器的功率关系

自耦变压器的电流 $\dot{I}_2=\dot{I}_1+\dot{I}$，因此，其输出的视在功率为

$$S_2=U_2I_2\approx U_2\left(I_1+I\right)=U_2I_1+U_2I \tag{2-64}$$

从上式可知，自耦变压器的输出功率由两部分组成，其中 U_2I_1 部分是由相互连通的电路直接传递，称为传导功率，这是自耦变压器中特有的；另一部分 U_2I 则是由电磁感应传递，称为电磁功率。自耦变压器的输出功率不是全部通过磁耦合关系从一次侧得到，而是有一部分功率直接从电源得到，这是自耦变压器的特点。

4. 自耦变压器的优缺点

自耦变压器的优点是：与同容量的普通变压器相比，自耦变压器的体积较小，可以节省材料，减少损耗，提高效率。理论分析和实际测试都可以证明：当变比 K 接近 1 时，自耦变压器的优点是显著的；而变比大于 2 时，优点就不明显了。所以实际使用的自耦变压器，其变比一般在 1.2 ～ 2 的范围内。

自耦变压器的缺点是：由于一次侧与二次侧的电路直接联系，使高压侧的电气故障会波及低压侧。例如，当高压绕组绝缘损坏时，高电压会直接传到低压绕组；当公共绕组断路时，输入与输出电压是相等的。所以低压侧的电气设备也要具备高压侧的绝缘等级。因此规定自耦变压器不能用作安全照明变压器。

5. 自耦变压器的应用场合

自耦变压器不但可以用来降压，还可以用来升压：主要用于连接两个电压接近的大电网，用一个体积较小的自耦变压器就可以传递大功率的电能。大容量的交流电动机起动时，用自耦变压器降压可以达到减小起动电流的目的。把自耦变压器绕组的中间抽头做成滑动触头，就可以构成自耦调压器。

6. 单相自耦调压器的使用注意事项

实验室中广泛使用的单相自耦调压器输入电压为 220 V，输出电压可在 0 ～ 250 V 调节。使用时，要求把输入、输出的公共端 U2 和 u2 接零线，输入接线端 U1 和 U2 接电源，输出接线端 u1 和 u2 接负载，如图 2-37 所示。如果接成图 2-38 所示的错误接法，即使输出电压为零，输出端对地电压仍是 220 V，操作者不小心碰到公共端 u2 端也会触电。此外，自耦调压器接电源之前，一定要调到零位。

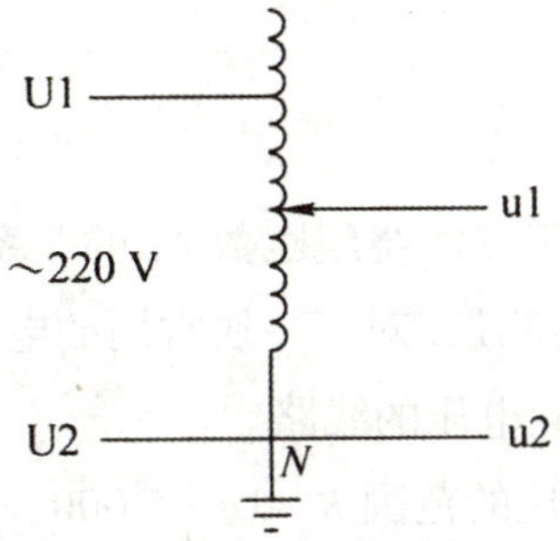

图 2-37　自耦变压器的正确接法

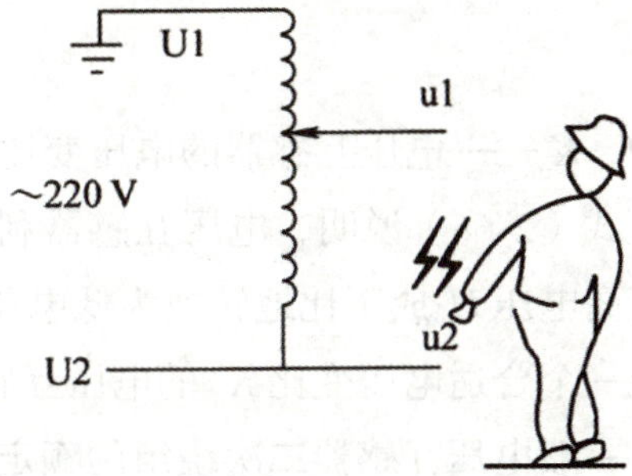

图 2-38　自耦变压器的错误接法

2.4.2　仪用互感器（互感器）

专门用于测量的变压器称为仪用互感器，简称互感器。使用互感器测量主要优点有：可以使测量仪表与高电压或大电流电路隔离，保证仪表和人员的安全；可以扩大仪表的量程，便于测量高电压、大电流；便于测量仪表标准化、小型化；可以减少测量中的能量损耗，提高测量的准确度。因此，在交流电压、电流和电能的测量中，以及各种保护和控制电路中，互感器的应用相当广泛。根据用途不同，互感器可以分为电压互感器和电流互感器两种，下面分别介绍它们的工作原理和使用方法。

1. 电压互感器

电压互感器相当于一台小型的降压变压器。它的一次绕组匝数很多，二次绕组匝数较少。工作时，一次绕组并联在需要测量电压的电路上，二次绕组接在电压表或功率表的电压线圈上。如图 2-39 所示为电压互感器的原理接线图。

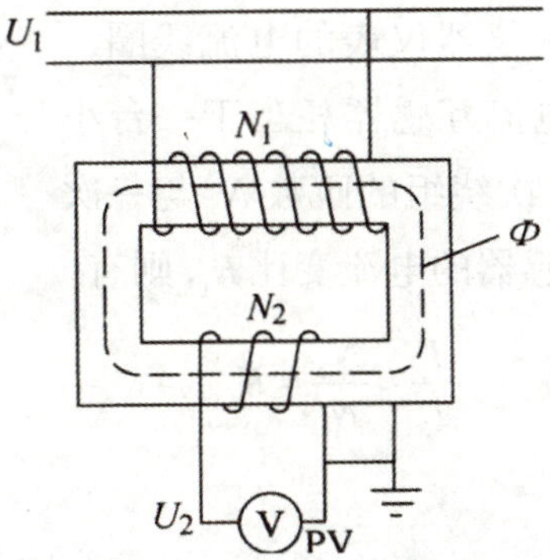

图 2-39　电压互感器的原理接线图

由于电压互感器二次绕组接阻抗很大的电压线圈，工作时相当于变压器的空载运行状态。设一次绕组匝数为 N_1，二次绕组匝数为 N_2，可得电压互感器运行时的输入、输出电压关系为

$$\frac{U_1}{U_2} \approx \frac{N_1}{N_2} = K_u \tag{2-65}$$

即

$$U_1=K_uU_2 \tag{2-66}$$

式中，K_u——电压互感器的电压变比。

式（2-66）说明，电压互感器利用一次绕组匝数 N_1 大于二次绕组匝数 N_2 的关系，可以将高电压 U_1 成正比地转换为低电压 U_2，以便采用低压仪表测量。对于一块常用的电压表，选配一个合适电压变比 K_u 的电压互感器，就可适应测量不同电压的线路。

一般电压互感器二次绕组的额定电压为 100 V，电压变比的范围 K_u=1 ～ 5 000。这样，一个 100 V 的电压表，最大的测量范围可到 500 000 V。

电压互感器有两种误差：一是电压变比误差，二是相位角误差。按电压变比相对误差的大小，电压互感器的精度可分为 0.2、0.5、1.0 和 3.0 四个等级。

使用电压互感器时，必须注意下列事项。

（1）电压互感器运行时，二次绕组绝不允许短路。否则短路电流过大，会使电压互感器烧坏。为此在电压互感器的二次侧电路中应串联熔断器，作为短路保护。

（2）电压互感器的铁心和二次绕组的一端必须可靠接地，以保证安全。以防一次侧的高压绕组绝缘损坏时，铁心和二次绕组带高压造成人员触电事故。

（3）电压互感器二次侧所接电压线圈的阻抗值不能过小，否则将使测量精度降低。

2. 电流互感器

测量高压线路里的电流或测量大电流时，通常采用电流互感器。电流互感器一次绕组的匝数很少，只有一匝或几匝，它串联在被测电路中，流过被测电流，如图 2-40 所示。由于电流互感器的负载是仪器仪表的电流线圈，这些线圈的阻抗都很小，所以电流互感器相当于一台小型升压短路运行的变压器。将二次绕组的匝数 N_2 与一次绕组的匝数 N_1，之比称为电流互感器的电流变比 K_i，则有：

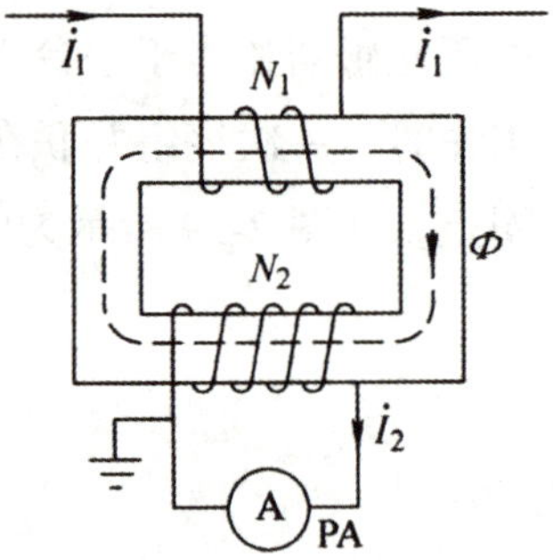

图 2-40　电流互感器原理接线图

$$\frac{I_1}{I_2}\approx\frac{N_2}{N_1}=K_i \tag{2-67}$$

即

$$I_1\approx K_iI_2 \tag{2-68}$$

式（2-68）表明，电流互感器利用一次绕组与二次绕组不同的匝数关系，可将线路上的大电流成正比地变为小电流来测量。即知道电流表的读数 I_2，再乘以电流变比 K_i 就是被测电流 I_1。

一般电流互感器二次绕组的额定电流为 5 A，电流变比的范围 K_i=1 ～ 5 000。这样，一个 5 A 的电流表最大的测量范围可到 25 000 A。

由于电流互感器工作时存在励磁电流分量，因此，电流互感器也存在两种误差：电流变比误差和相位角误差。按电流变比相对误差的百分值，电流互感器的精度可分成 0.2、0.5、1.0、3.0 和 10.0 五个等级。

使用电流互感器时，必须注意下列事项。

（1）电流互感器工作时二次绕组不许开路，因为开路时 I_2=0，二次绕组会失去去磁作用，一次绕组磁动势 I_1N_1，将全部用来产生磁通，使铁心中磁通密度剧增。这样，一方面铁心损耗剧增，铁心严重过热，有烧坏绕组绝缘的可能；另一方面二次绕组中也会产生很高的电压，有时可达数千伏以上，有击穿绕组绝缘的可能，都会危及测量人员安全。为此，在电流互感器的二次绕组电路中，绝不允许装熔断器。在运行中若要拆换电流表，应先将二次绕组短路后再进行。

（2）二次绕组的一端和铁心必须可靠接地，以免互感器绝缘损坏时一次线路中的高压进入二次侧发生危险。

（3）二次绕组回路串联的电流线圈阻抗值不得超过允许值，以免降低测量精度。

电工常用的钳形电流表实际上就是电流互感器与电流表的组合，如图 2-41 所示。其原理是通过改变二次线圈的匝数，得到不同的测量量程。

图 2-41　电工常用的钳形电流表

2.4.3　电焊变压器

交流电焊机由于结构简单、成本低、制造容易、使用和维护方便而得到广泛的应用。它实质上就是一台具有特殊外特性的降压变压器，故又称为电焊变压器。

1. 电焊变压器的性能特点

为了保证焊接的工艺质量，对电焊变压器有以下几方面的技术要求。

（1）空载时，具有 60 ～ 75 V 的输出电压 U_{20}，以保证容易起弧。但为了操作者的安全，最高电压一般不得超过 85 V。

（2）负载时，应具有电压迅速下降的外特性，如图 2-42 所示。在额定负载时的输出电压 U_2 约为 30 V。

（3）短路时，其短路电流不应过大。

（4）为了焊接不同的工件和使用不同的电焊条，要求焊接电流能在一定的范围内可调。

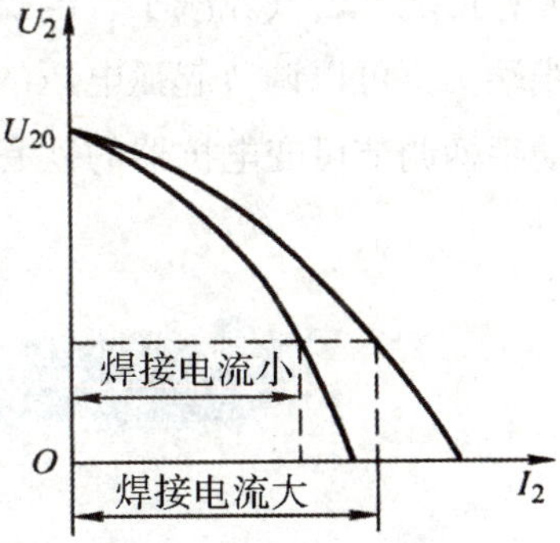

图 2-42　电焊变压器外特性

2. 电焊变压器的结构

为了满足电焊机使用的工艺要求，电焊变压器必须具有较大的漏电抗，而且可以调节。

因此，电焊变压器的结构特点是：一次绕组和二次绕组不是同心地套在一起，而是分装在两个铁心柱上；再用磁分路或串联可变电抗器等方法来调节漏电抗的大小，以获得不同的外特性。常用的电焊变压器按结构不同可分为动铁心磁分路电焊变压器和串联可变电抗器的电焊变压器，如图 2-43 所示。

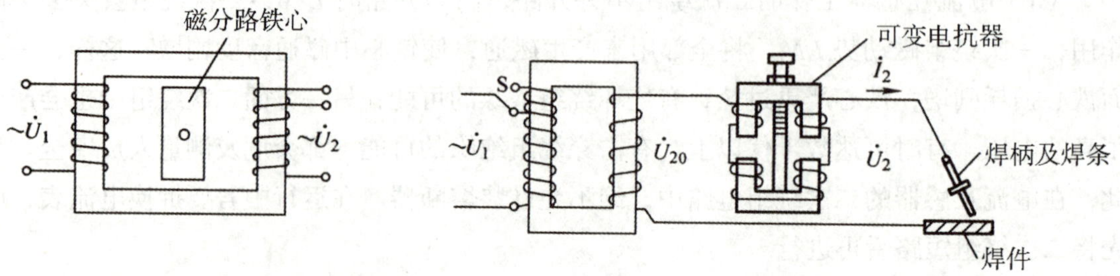

（a）磁分路电焊变压器　　（b）串联可变电抗器电焊变压器

图 2-43　常用的电焊变压器结构

（1）磁分路结构电焊变压器。带磁分路结构的电焊变压器，在一次绕组和二次绕组的两个铁心柱之间安装了一个可以移动的磁分路铁心。由于磁分路铁心的存在，增加了变压器中的漏磁通，增大了漏电抗，从而使变压器获得了电压迅速下降的外特性。通过电焊变压器外部的手柄来调节螺杆，使磁分路铁心移进或移出，即漏电抗增大或减小，从而改变焊接电流的大小。另外，还可以通过改变二次绕组抽头的位置调节起弧电压的大小。通常将改变二次绕组抽头位置的方法称为粗调，转动手柄使磁分路铁心移进或移出的方法称为细调。

（2）串联可变电抗器的电焊变压器。串联可变电抗器的电焊变压器，在二次绕组中串联了一个可变电抗器，通过螺杆的调节可以改变可变电抗器的铁心气隙，从而调节焊接电流的大小。可变电抗器的气隙增大时，电抗器的电感量减小，电抗值减小，焊接电流增大；反之，若气隙减小，电抗器的电抗值增大，焊接电流变小。另外，改变一次绕组的接线端头，可以调节起弧电压的大小。通常将改变一次绕组的接线端头的方法称为粗调，转动手柄调节可变电抗器的铁心气隙的方法称为细调。

2.5　变压器的维护与故障分析处理

2.5.1　变压器的维护

（1）检查变压器工作时的声音是否正常。变压器的正常声音应是均匀的“嗡嗡”声。如果声音较正常时大，说明变压器过负荷；如果声音尖锐，说明电源电压过高。

（2）检查变压器油的温度是否超过允许值。油浸式变压器上层油的温度一般不应该超过 85 ℃，最高不能超过 95 ℃。油温过高可能是由变压器过负荷引起的，也可能是变压器内部存在故障。

（3）检查油枕及气体继电器的油位和油色，检查各密封处有无渗油和漏油现象。油面过高，可能是冷却装置运行不正常或变压器内部故障等所引起的；油面过低，则可能有渗油、漏油现象。变压器油正常时应为透明略带浅黄色，如油色变深变暗，则说明油质变坏。

（4）检查瓷套管是否清洁，有无破损裂纹和放电痕迹。检查高低压接头的螺栓是否紧固，有无接触不良和发热现象。

（5）检查防爆膜是否完整无损。检查吸湿器是否畅通，硅胶是否吸湿饱和。

（6）检查接地装置是否正常。

（7）检查冷却、通风装置是否工作正常。

（8）检查变压器及其周围有无影响安全运行的异物（如易燃、易爆物等）和异常现象。在巡查中发现的异常情况，应记入专用记录本内，重要情况应及时汇报上级，请示处理。

2.5.2　变压器常见故障分析处理

变压器在运行过程中，可能会发生各种不同的故障，而造成变压器故障的原因是多方面的，要根据具体情况进行细致分析，并加以恰当处理。变压器常见的故障主要有绕组故障、铁心故障及分接开关、瓷套管故障等。其中，变压器绕组故障最多，占变压器故障的 60% ～ 70%。绕组故障主要有匝间（或层间）短路、对地击穿和线圈相间短路等。其次是铁心故障，约占 15%，铁心故障主要有铁心片间绝缘损坏、铁心片局部短路或局部熔毁、硅钢片有不正常的响声或噪声等。表 2-1 列出了变压器常见故障及处理方法。

表 2-1　变压器常见故障及处理方法

故障种类	故障现象	故障可能的原因	检查处理方法
绕组短路	（1）变压器异常发热； （2）油温升高； （3）油发出“吱吱”声； （4）一次侧电流增大； （5）高压熔丝熔断； （6）油枕盖有黑烟； （7）气体继电器动作	（1）绕组匝间绝缘老化或损坏； （2）变压器油中含有水分及腐蚀性杂质； （3）外部短路过载等所产生的电磁力使绕组产生机械变形而使绝缘损坏	（1）吊出器身，外观检查； （2）用电桥测量直流电阻； （3）在绕组上施加 10% ～ 20% 额定电压做空载试验，冒烟处即为短路点； （4）局部修补或更换绕组
绕组开路	（1）断线处有电弧使变压器内有放电声； （2）断线的相没有电流	（1）导线接头焊接不良、出线焊接不良； （2）雷击造成断线； （3）安装瓷套管时引线扭断	（1）用电桥测量三相绕组直流电阻； （2）吊出器身检查找出断线处； （3）重新接线或更换绕组

续表

故障种类	故障现象	故障可能的原因	检查处理方法
绕组对地击穿或相间短路	（1）过电流保护装置动作； （2）安全气道爆破、喷油； （3）气体继电器动作； （4）无安全气道与气体继电器的小型变压器油箱变形受损	（1）绝缘因老化而有破裂、折断等严重缺陷； （2）绝缘油受潮，使绝缘能力严重下降； （3）短路时过热造成绕组变形损坏； （4）过电压引起绝缘击穿； （5）引线随导电杆转动造成接地	（1）吊出器身检查； （2）用兆欧表测量绕组对油箱的绝缘电阻； （3）立即停止运行，更换绕组； （4）过滤或更换变压器油； （5）修复或更换导线
铁心片间绝缘损坏	（1）空载损耗大； （2）高压熔丝熔断； （3）油温升高； （4）油色变深	（1）剧烈振动使片间绝缘损坏； （2）铁心片间绝缘老化或局部损坏； （3）夹紧铁心的穿心螺杆与铁心间绝缘老化造成短路而发热，引起局部熔毁； （4）铁心两点接地形成涡流通路，使铁心局部发热严重	（1）吊出器身，查看铁心及绝缘损坏情况； （2）对熔化不严重的铁心，可将故障部位刮平，再涂上绝缘漆； （3）若烧熔严重，应送修理厂处理；消除多余接地点
铁心松动	铁心片间有异常响声	（1）铁心叠片中有多片或缺片； （2）铁心的紧固件松动； （3）铁心油道内或夹件下有未夹紧的自由端； （4）铁心局部短路或熔毁； （5）铁心片间有杂物或接缝处两边弯曲	（1）吊出器身判断声响或噪声的部位； （2）夹紧夹件或重新叠片
分接开关触头熔化与灼伤	（1）油温升高； （2）高压熔丝熔断； （3）触头表面产生放电声	（1）开关装配不当，造成接触不良； （2）弹簧压力不够	（1）停电后，转换开关，看是否灵活，接触是否良好； （2）调整或更换弹簧
分接开关相间触头放电	（1）高压熔丝熔断； （2）油枕盖冒烟； （3）变压器油发出“咕嘟”声； （4）气体继电器动作，安全气道爆破	（1）过电压引起； （2）变压器油内有水分； （3）螺钉松动，接触不良； （4）变压器有灰尘或受潮	（1）查看电压表，检查是否过电压； （2）过滤或更换变压器油； （3）检查螺钉的紧固状况； （4）清扫及干燥
套管对地击穿	高压熔丝熔断	（1）瓷套管有隐蔽的裂纹或有碰伤； （2）瓷套管表面污物严重	（1）仔细观察判断，处理或更换； （2）清除污物，更换瓷套管

续表

故障种类	故障现象	故障可能的原因	检查处理方法
套管间放电	高压熔丝熔断	套管间有杂物	仔细观察判断，处理或更换
气体继电器不动作	发生严重故障时不动作	（1）上下油杯不灵活； （2）干簧接点的通断不正常； （3）干簧接点有粘住现象； （4）接线板及接线柱间绝缘损坏； （5）接线板、放油口、试验顶杆和两端法兰处有漏油现象	（1）检查上下开口杯转动是否灵活； （2）检查触点是否能接通； （3）干簧接点是否粘住； （4）找出故障点，进行修复； （5）检查有无漏油现象并修复
变压器油变质	变压器油色变暗	（1）变压器故障引起油分解； （2）变压器油长期受热氧化严重，油质恶化	（1）观察油的颜色或取油检查，处理或更换； （2）过滤或换油

本章小结

变压器在交流电路中的基本作用是利用电磁感应原理实现改变电压、电流和阻抗的目的。为了合理、高效、安全、可靠地使用变压器，发挥变压器的最大作用，电气技术人员应该了解变压器改变电压、电流和阻抗的工作原理。

现代电力系统大多是三相制，因而广泛使用三相变压器。三相变压器可由三台同容量的单相变压器组成，称为三相变压器组。但大部分中小容量的三相变压器一般都采用三相共一个铁心的三相心式变压器，简称三相变压器。

三相变压器是每个企事业单位必备的电力设备，它的工作正常与否与企业的生产经营直接相关。了解三相变压器的结构和性能特点，正确使用与维护三相变压器，是电气技术人员必备的知识和技能。在一些特殊场合对变压器会有一些特殊要求。将普通变压器的结构和性能做一定改进以适应不同的要求，就形成了特种变压器。

电气技术人员在进行电气设备试验时，经常会用到根据自耦变压器原理做成的调压变压器；在测量高电压和大电流时，往往要借助于电压互感器和电流互感器；电焊变压器（即交流电焊机）也是人们常见的电气作业工具，因此，学习特种变压器的相关知识和了解使用注意事项是很有必要的。

为了保证变压器能够安全可靠地运行，在变压器发生异常情况时，必须及时发现事故苗头，做出相应处理，将故障消除在萌芽状态，达到防止严重故障出现的目的。

因此，对变压器应该定期巡回检查，严格监视其运行状态，并做好数据记录。变压器一旦出现故障，就需要对故障现象进行分析判断，找出故障点，以及产生故障的原因，及时有效地处理各种问题。

技能实训

变压器的短路试验

1. 绘制变压器短路试验的电路图

由变压器的简化等效电路可知，在正常运行且 $Z_k << Z_L'$ 的情况下，一次绕组和二次绕组中的电流主要取决于负载阻抗 Z_L' 的大小。如果二次绕组短路，$Z_L'=0$，会出现非常大的短路电流，其值为额定电流的几十倍，这是一种严重的故障状态，不允许出现。因此短路试验时，二次绕组先短路，一次绕组两端再施加一个很低的电压 $U_k << U1N$，测量短路电流 I_k 短路电压 U_k 和短路损耗 P_k。短路试验时，电压较低，电流较大，为了人身、设备的安全和提高测量精度，短路试验一般都在高压边进行，即高压线圈 U1、U2 端接电源，低压线圈 u1、u2 端短路。单相变压器短路试验的参考电路，如图 2-44 所示。

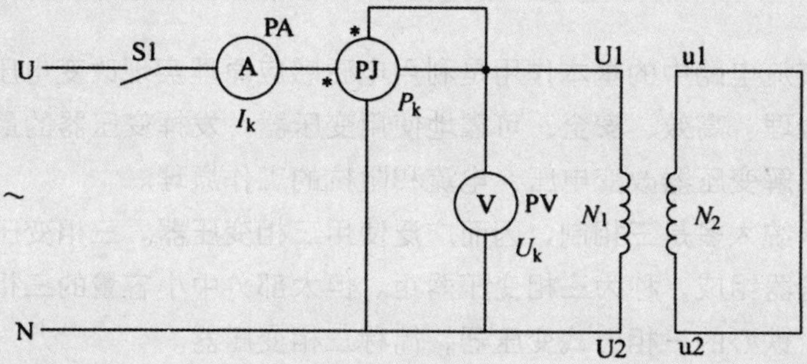

图 2-44　单相变压器短路试验工作电路图

2. 连接单相变压器短路试验的工作电路

按照所绘制的单相变压器短路试验工作电路图连接交流电源、单相变压器、交流电流表、交流电压表和功率表，将低压线圈 u1、u2 端短路。接通交流电源前，务必将电源输出电压调到零，并注意各电压表、电流表的量程以及功率表的量程和同名端的接法。

3. 通电测试短路试验数据

接通交流电源，逐次缓慢增大输入电压，直到短路电流 $I_k=1.1I_N$ 为止，在（0.2～1.1）I_N 范围内测取变压器的 U_k、I_k 和 P_k。测取数据时，额定点 $I_k=I_N$ 必须测，测取 5～6 组数据记录于表 2-2 中。实验时，还要记下周围环境温度（℃），便于将实际环境温度下的电阻换算到基准工作温度（75 ℃）下的数值。

因为短路试验时，施加的电压很低，所以铁心中的磁通量很小，可以忽略励磁电流和铁损耗，也可以认为励磁阻抗 $z_m \to \infty$，从表 2-2 中额定电流对应的那组数据可以计算出变压器的短路参数。

表 2-2　单相变压器短路试验数据（室温 θ=________℃）

实验数据	U_k（V）						
	I_k（A）						
	P_k（W）						
计算数据	$\cos\Phi_k$						

短路功率因数：$\cos\Phi_k \approx \dfrac{P_k}{U_k I_k}$；

短路阻抗：$z_k \approx \dfrac{U_k}{I_k}$；

短路电阻：$r_k \approx \dfrac{P_k}{I_k^2}$；

短路电抗：$x_k = \sqrt{z_k^2 - r_k^2}$。

由于短路电阻 r_k 随温度变化，因此，算出的短路电阻应按国家标准换算到基准工作温度 75 ℃时的阻值。

$$r_{k75℃} = r_k \frac{234.5+75}{234.5+\theta}$$

$$z_{k75℃} = \sqrt{r_{k75℃}^2 + x_k^2}$$

变压器铭牌和产品目录中所标注的技术数据，凡是与短路电压有关的，都是指换算到 75 ℃时的阻值，可以直接用来计算变压器的性能。在用 T 形等效电路分析计算时，可以近似认为 $r_1 \approx r_2' = \dfrac{r_k}{2}$，$x_1 \approx x_2' = \dfrac{x_k}{2}$。

思考练习

1. 简述变压器的分类。
2. 简述变压器变阻抗的工作原理。
3. 三相变压器并联运行的条件是什么？
4. 三相变压器并联运行的优点是什么？
5. 简述电焊变压器的性能特点。
6. 如何对变压器进行维护？

第3章　直流电动机

本章概述

电动机的发明使得电能向机械能的大规模转化成为可能，近年来电动机的发展非常迅速，已经成为工农业生产不可缺少的原动机。电动机按电源种类的不同可分为交流电动机和直流电动机。直流电动机的特点有：调速范围广，调速平滑、方便；过载能力强，能承受频繁的冲击负载；可实现频繁的无级快速起动、制动和反转；能满足生产过程自动化系统各种特殊运行要求。直流发电机则具有提供无脉动的电力、输出电压便于精确地调节和控制等特点。直流电动机的缺点如下。

一是制造工艺复杂，消耗有色金属较多，生产成本高；二是直流电动机在运行时由于电刷与换向器之间易产生火花，因而运行可靠性较差，维护较困难。因此，直流电动机在一些领域中已被交流变频调速系统取代，但是目前直流电动机的应用仍占有较大比重。

学习目标

◎知识目标

1. 掌握直流电动机的基本原理。
2. 了解直流电动机的起动、反转、制动及调速原理。
3. 熟悉直流电动机的起动、反转、制动及调速控制。

◎能力目标

1. 能进行直流电动机电气控制电路的工作过程分析。
2. 能进行直流电动机的简单故障诊断和处理。

◎素质目标

1. 学生能够全面掌握直流电动机的基本知识，为后续的故障诊断和维修工作奠定坚实基础。
2. 通过模拟问题场景和解决案例分析，培养学生的问题解决能力和创新思维。

◎思政目标

培养学生的环保意识和可持续发展观念。

3.1　直流电动机的基本原理与结构

3.1.1　直流电机的工作原理

1. 直流发电机的工作原理

图 3-1 所示是由直流发电机的主磁极、电刷、电枢绕组和换向器等主要部件构成的工作原理图，定子上有两个磁极 N 和 S，它们建立恒定磁场，两磁极中间是装在转子上的电枢绕组。绕组元件 *abcd* 的两端 *a* 和 *d* 分别与两片相互绝缘的半圆形铜片（换向器）相接，通过电刷 A、B 与外电路相连。

直流电动机

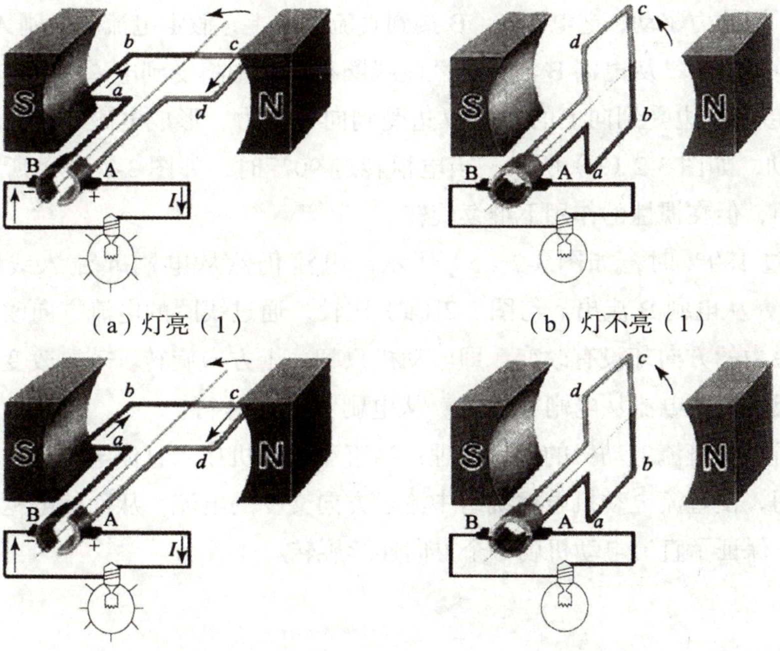

（a）灯亮（1）　（b）灯不亮（1）

（c）灯亮（2）　（d）灯不亮（2）

图 3-1　直流发电机的工作原理图

当原动机带着电枢逆时针方向旋转时，线圈两个有效边 *ab* 和 *cd* 将切割磁场磁力线产生感应电动势，方向按右手定则确定，如图 3-1（a）所示，在 S 极下由 $d \rightarrow c$，在 N 极下由 $b \rightarrow a$，电刷 A 为正极，电刷 B 为负极。负载电流的方向，由 A → B。

当线圈转过 90° 时，如图 3-1（b）所示，两个线圈的有效边位于磁场物理中性面上，导体的运动方向与磁力线平行，不切割磁力线，因此感应电动势为零。虽然两电刷同时与两铜片相接，把线圈短路，但线圈中无电动势和电流。

当线圈转过 180° 时，如图 3-1（c）所示，此时线圈边中的电动势方向改变了，在 S 极下由 $a \rightarrow b$，在 N 极下由 $c \rightarrow d$。由于此时电刷 A 和电刷 B 所接触的铜片已经互换，因此电刷 A 仍为正极，电刷 B 仍为负极，输出电流 I 的方向不变。

线圈每转过一对磁极，其两个有效边中的电动势方向就改变一次，但是两电刷之间的电动势方向是不变的，电动势大小波动在零和最大值之间变化。显然，电动势方向虽然不变，但大小波动很大，这样的电动势是没有实用价值的。要减小电动势的波动程度，实用的电机在电枢圆周表面装有较多数量互相串联的线圈和相应数量的铜片。这样，换向后合成电动势的波动程度就会显著减小。由于实际发电机的线圈数量较多，所以电动势波动很小，可认为是恒定不变的直流电动势。

由以上分析可得出直流发电机的工作原理：当原动机带动直流发电机电枢旋转时，在电枢绕组中产生方向交变的感应电动势，通过电刷和换向器的作用，在电刷两端输出方向不变的直流电动势。

2. 直流电动机的工作原理

直流电动机在机械构造上与直流发电机完全相同，如图 3-2 所示是直流电动机的工作原理图。电枢不用外力驱动，把电刷 A、B 接到直流电源上，假定电流从电刷 A 流入线圈，沿 $a \rightarrow b \rightarrow c \rightarrow d$ 方向，从电刷 B 流出。载流线圈在磁场中将受到电磁力的作用，其方向按左手定则确定，*ab* 边受到向上的力，*cd* 边受到向下的力，形成电磁转矩，结果使电枢逆时针方向转动，如图 3-2（a）所示。当电枢转过 90° 时，如图 3-2（b）所示，线圈中虽无电流和力矩，但在惯性的作用下继续旋转。

当电枢转过 180° 时，如图 3-2（c）所示，电流仍然从电刷 A 流入线圈，沿 $d \rightarrow c \rightarrow b \rightarrow a$ 方向，从电刷 B 流出。与图 3-2（a）比较，通过线圈的电流方向改变了，但两个线圈边受电磁力的方向却没有改变，即电动机只朝一个方向旋转。若要改变其转向，必须改变电源的极性，使电流从电刷 B 流入，从电刷 A 流出才行。

由以上分析可得直流电动机的工作原理：当直流电动机接入直流电源时，借助于电刷和换向器的作用，使直流电动机电枢绕组中流过方向交变的电流，从而使电枢产生恒定方向的电磁转矩，保证了直流电动机朝一个方向连续旋转。

3. 直流电机的可逆原理

比较直流电动机与直流发电机的结构和工作原理，可以发现：一台直流电机既可以作为发电机运行，也可以作为电动机运行，只是其输入、输出的条件不同而已。

如果在电刷两端加上直流电源，将电能输入电枢，则从电机轴上输出机械能，驱动生产机械工作，这时直流电机将电能转换为机械能，工作在电动机状态。

如果用原动机驱动直流电机的电枢旋转，从电机轴上输入机械能，则从电刷两端可以引出直流电动势，输出直流电能，这时直流电机将机械能转换为直流电能，工作在发电机状态。

同一台电机，既能作发电机运行，又能作电动机运行的原理，称为电机的可逆原理。一台电机的实际工作状态取决于外界的不同条件。实际的直流电动机和直流发电机在设计时考虑了工作特点的一些差别，因此有所不同。例如，直流发电机的额定电压略高于直流电动机，以补偿线路的电压降，便于两者配合使用。直流发电机的额定转速略低于直流电动机，便于选配原动机。

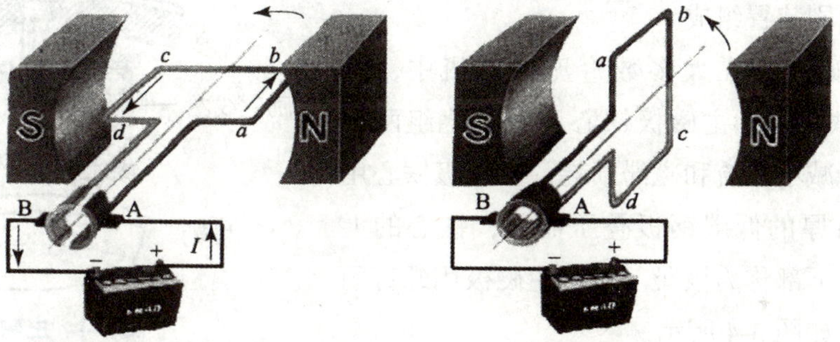

（a）受电磁力，逆时针转动（1）　（b）不受电磁力，惯性转动（1）

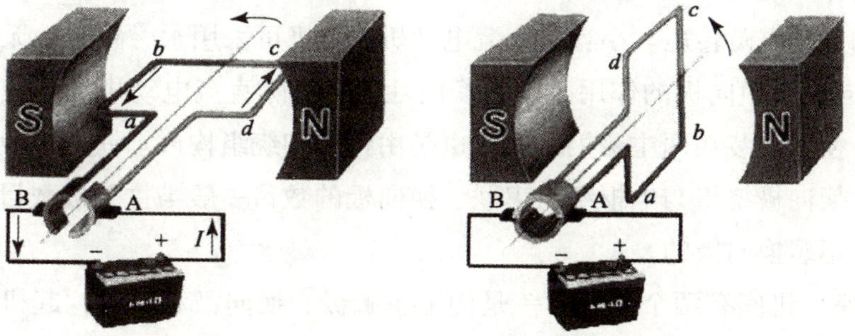

（c）受电磁力，逆时针转动（2）　（d）不受电磁力，惯性转动（2）

图 3-2　直流电动机的工作原理图

3.1.2　直流电动机的结构

直流电动机主要由定子部分、转子和气隙组成，其结构如图 3-3 所示。

（a）外形

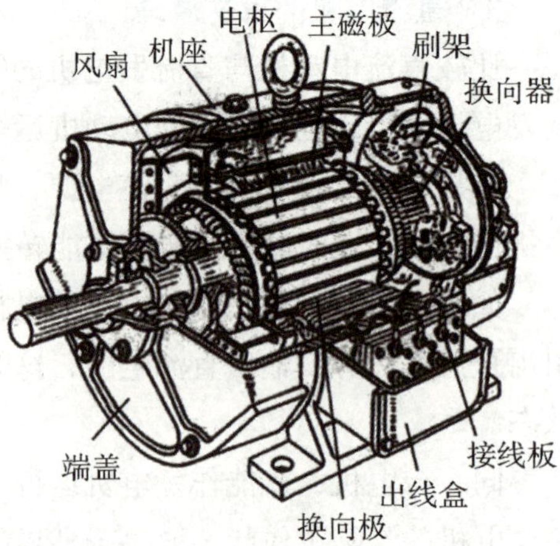

（b）结构组成

图 3-3　直流电动机的结构

1. 定子部分

直流电动机的定子部分主要由主磁极、换向极、机座和电刷装置组成。

（1）主磁极。在大多数直流电动机中，主磁极是电磁铁，包括主磁极铁心和励磁绕组两部分。为尽可能减小涡流和磁滞损耗，主磁极铁心用 0.5 ～ 1.5 mm 厚的低碳钢板叠压而成，铁心的上部称为极身，下部称为极靴。整个主磁极用螺钉固定在机座上，如图 3-4 所示。

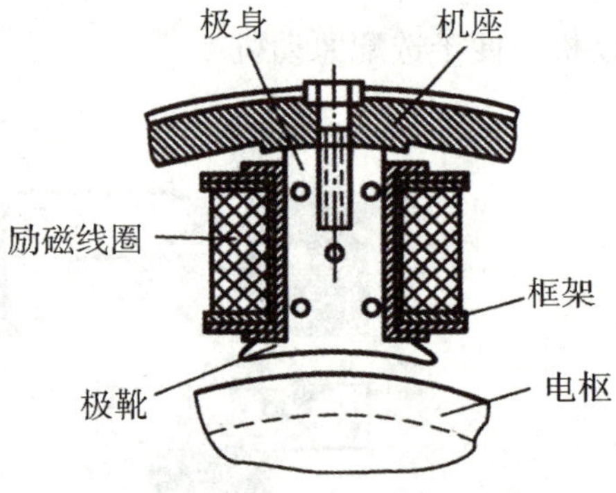

图 3-4　主磁极

主磁极的作用是在定子、转子之间的气隙中建立磁场，使电枢绕组在此磁场的作用下产生感应电动势和电磁转矩。小容量直流电动机主磁极可采用永磁磁极，无电励磁绕组。

（2）换向极。换向极的作用是改善换向性能，消除直流电动机带负载时换向器产生的有害火花。换向极装在两主磁极之间，也是由铁心和绕组构成。铁心一般用整块钢或钢板加工而成，换向极绕组与电枢绕组串联。换向极的数目一般与主磁极数目相同。小容量的电动机也有不装换向极的。

（3）机座。机座有两个作用，一是固定主磁极、换向极和端盖，起机械支撑作用；二是作为电动机磁路系统的一部分。因此，要求机座有好的导磁性能及足够的机械强度与刚度。机座通常用铸钢或厚钢板焊成。机座中有磁通经过的部分称为磁轭。

（4）电刷装置。电刷装置有两个作用，一是使转子绕组与电动机的外部电路接通；二是与换向器相配合，完成直流电动机外部直流电与内部交流电的转换。电刷装置由电刷、刷握、刷杆座和弹簧压板等组成，部分结构如图 3-5 所示。电刷个数一般等于主磁极数目。

（a）电刷实物

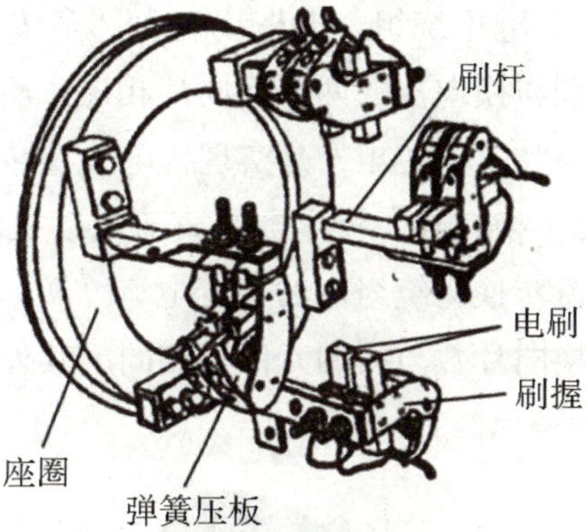

（b）电刷装置

图 3-5　电刷装置的部分结构

2. 转子部分

转子是直流电动机的重要部件。由于感应电动势和电磁转矩都在转子绕组中产生，所以转子是机械能和电磁能转换的枢纽，因此直流电动机的转子也称为电枢。它由电枢铁心、电枢绕组、换向器、转轴和轴承等组成，如图 3-6 所示。

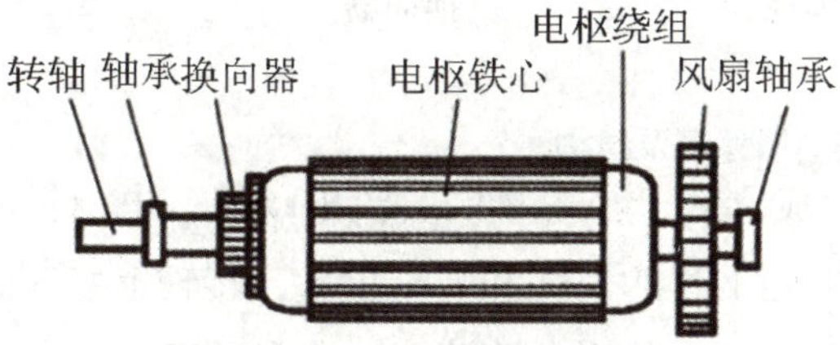

（a）

（b）

图 3-6　转子的组成

（1）电枢铁心。电枢铁心有两个作用，一是作为主磁路的主要部分；二是嵌放电枢绕组。为减少电枢铁心中因磁通变化而产生的涡流及磁滞损耗，通常用 0.35 ~ 0.5 mm 厚的双面涂漆的硅钢片叠压成圆柱形（与定子铁心的区别），中心有孔，装置转轴，表面均布轴向槽，用来嵌放电枢绕组。其结构如图 3-7 所示。

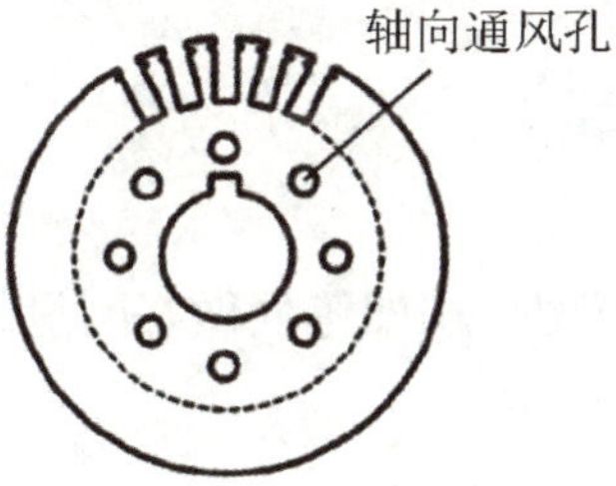

（a）

（b）

图 3-7　电枢铁心的结构

（2）电枢绕组。电枢绕组由许多按一定规律连接的线圈组成，每个线圈有两个出线端，分别与换向器的两个换向片相连，所有线圈连成一个闭合回路。电枢绕组用来产生感应电动势和电磁转矩，是实现机电能量转换的关键性部件。

（3）换向器。换向器是直流电动机的重要部件，它与电刷配合，将电刷上所通过的直流电流转换为绕组内的交变电流。换向器由许多铜换向片组成，每两个换向片中间是绝缘片，换向片数与线圈元件数相同。其外形及结构如图 3-8 所示。

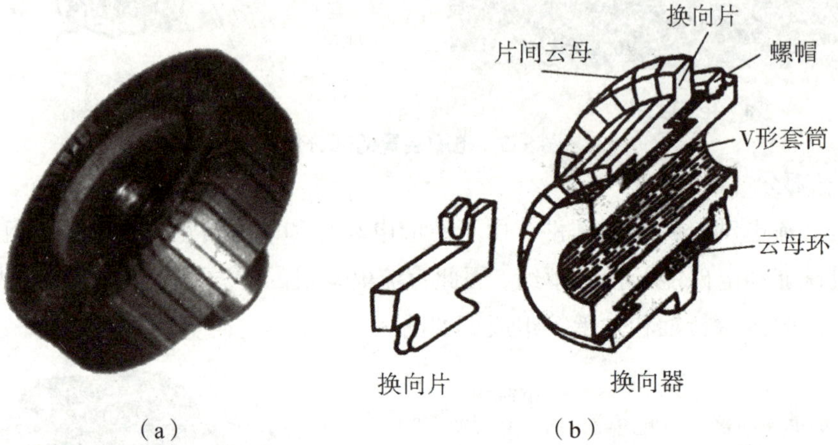

图 3-8　换向器外形及结构

（4）转轴。转轴一般由合金钢锻造而成。对于小容量的直流电动机，电枢铁心装在转轴上。对于大容量的直流电动机，为减少硅钢片的消耗和转子重量，转轴上装有金属支架，电枢铁心装在金属支架上。为了加强电动机的散热，转轴上还装有风扇。

3. 气隙

为使电动机能够运转，定子和转子之间要留有一定大小的间隙，此间隙称为气隙。小型电动机气隙约为 1 ～ 3 mm，大型电动机气隙约为 10 ～ 12 mm，它是主磁路的一部分。气隙磁场是电动机进行机电能量转换的媒介，气隙的大小对电动机的运行性能有很大的影响。过大会导致励磁电流过大，而过小则容易受齿槽效应的影响而起动困难，另外气隙太小也会造成安装困难。

3.1.3　直流电动机的拆装、使用与维护

1. 直流电动机的拆装

在拆卸直流电动机前应在端盖与机座的连接处、刷架等处做好明显的标记，以便装配。图 3-9 为直流发动机的拆卸图，拆卸步骤如下。

（1）拆除电动机接线盒内的连接线。

（2）拆下换向器端盖（后端盖）上通风窗的螺栓，打开通风窗，从刷握中取出电刷，拆下接到刷杆上的连接线。

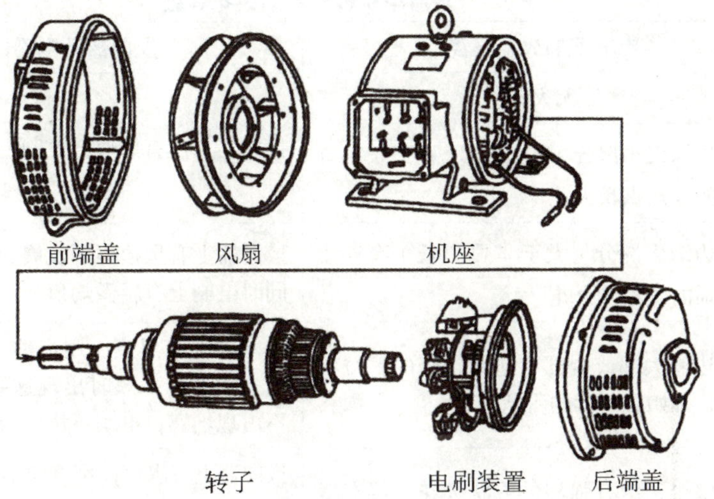

图 3-9　直流电动机的拆卸图

（3）拆下换向器端盖的螺栓、轴承盖螺栓，并取下轴承外盖。

（4）拆卸换向器端盖。拆卸时在端盖下方垫上木板等软材料，以免端盖落下时碰裂，用手锤通过铜棒沿端盖四周边缘均匀地敲击。

（5）拆下轴伸端端盖（前端盖）的螺栓，把连同端盖的电枢从定子内小心地抽出，注意不要碰伤电枢绕组、换向器及磁极绕组，并用厚纸或布将换向器包好，用绳子扎紧。

（6）拆下前端盖上的轴承盖螺栓，并取下轴承外盖。

（7）将连同前端盖在内的电枢放在木架上或木板上，并用纸或布包好。

直流电动机维护或修复后的装配顺序与拆卸顺序相反，并要按所做标记校正电刷的位置。

2. 直流电动机的使用与维护

（1）直流电动机的使用

① 若直接起动时电流较大，会对电源及电动机本身带来不良影响，所以一般的直流电动机都要采用降压措施来限制起动电流（功率较小的电动机可直接起动）。

② 当电动机采用减压起动时，要掌握电动机起动过程所需的时间。

③ 电动机起动时若出现意外情况，应立即切断电源并检查原因。

④ 电动机运行时，应观察电动机转速是否正常，有无噪声、振动，有无冒烟或发出异味等现象。出现以上现象时，应停机查找原因。

⑤ 在直流电动机运行时，注意观察电刷与换向器表面的火花情况。在额定负载下，一般直流电动机只允许有不超过 $1\frac{1}{2}$ 级火花。直流电机换向器的火花等级见表 3-1。

⑥ 在使用串励电动机时，应注意不允许空载起动，不允许用带轮或链条传动；在使用并励或他励电动机时，应注意励磁回路绝对不允许开路，否则可能因转速过高而造成“飞车”现象。

表 3-1　直流电机换向器的火花等级

火花等级	电刷下的火花程度	换向器及电刷的状态
1	无火花	换向器上没有黑痕，电刷上没有灼痕
$1\frac{1}{4}$	电刷边缘仅小部分（约$\frac{1}{5}$～$\frac{1}{4}$刷边长）有断续的几点点状火花	
$1\frac{1}{2}$	电刷边缘大部分（大于$\frac{1}{2}$刷边长）有连续的较稀的颗粒状火花	换向器上有黑痕但不发展，用汽油即能擦除，同时电刷上有轻微灼痕
2	电刷边缘大部或全部有连续较密的颗粒状火花，开始有断续的舌状火花	换向器上有黑痕，用汽油不能擦除，同时电刷上灼痕；如短时出现这级火花，换向器上不出现灼痕，电刷不烧焦或损坏
3	电刷整个边缘有强烈的舌状火花，伴有爆裂声	换向器上有黑痕，用汽油不能擦除，同时电刷上灼痕；如在这一级火花下短时运行，换向器上将出现灼痕，同时电刷将被烧焦或损坏

（2）直流电动机的维护与修理

① 换向器的维护。换向器表面应保持光洁、圆整，不得有机械损伤和火花灼痕。如有轻微灼痕，可用 300 ～ 400 号砂纸在低速旋转着的换向器上仔细研磨，如图 3-10 所示。

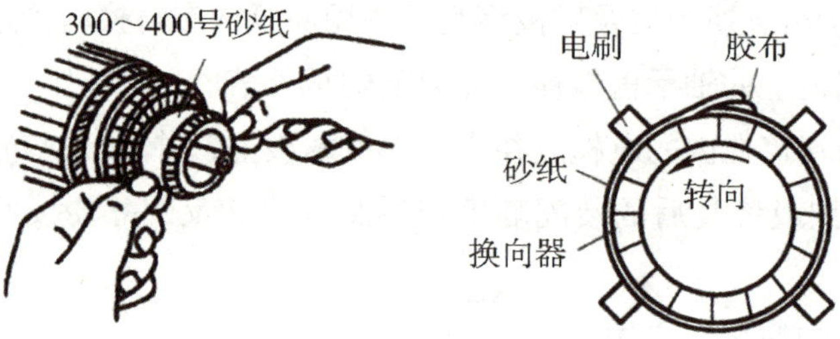

图 3-10　电刷的研磨

若换向器表面出现严重的灼痕或粗糙不平、表面不圆有凸凹现象时，可用图 3-11 所示的方法进行测量。然后进行车削加工，车削完后应用简制拉槽工具将片间云母片下刻 1 ～ 1.5 mm，并清除换向器表面的金属屑及毛刺等。最后用压缩空气将整个电枢吹干净后再进行装配。

图 3-11　用游标卡尺测量换向器圆周尺寸

提示：换向器在负载下长期运行后，表面会产生一层坚硬的深褐色薄膜，这层薄膜能保护换向器不受磨损，因此要保护好这层薄膜。

② 电刷的使用。电刷与换向器表面应有良好的接触，电刷与刷盒的配合不宜过紧，应有少量的间隙。

3.2 他励直流电动机的起动和反转

3.2.1 起动过程及其要求

直流电动机接通电源后，转速 n 从 0 上升到稳态转速的过程称为起动过程，简称起动。他励直流电动机稳定运行时，其电枢电流为

$$I_{aN}=\frac{U_N-E_a}{R_a} \tag{3-1}$$

由于电枢电阻 R_a 很小，电枢电阻电压降也很小，电源电压 U_N 与反电动势 E_a 接近。在起动瞬间 n=0，所以 E_a=$Ce\Phi n$=0（Ce 为电动势常数），起动电流 I_{st} 为

$$I_{st}=\frac{U_N-E_a}{R_a}=\frac{U_N}{R_a} \tag{3-2}$$

由于电枢电阻 R_a 很小，直接加额定电压起动，起动电流大，合闸瞬间的起动电流可达 10～20I_N。这样大的起动电流会引起电动机换向困难，并使供电线路产生很大的电压降，同时对生产设备产生强大的冲击转矩，因此必须采取适当的措施限制起动电流。

对直流电动机的起动的要求如下。

（1）起动转矩 T_{st} 要足够大（$T_{st}>T_L$）。

（2）起动电流 I_{st} 要限制在一定的范围（1.5～2）I_N。

（3）起动设备简单、可靠，操作方便，起动时间短。

3.2.2 他励直流电动机的起动方法

1. 全压起动

额定电压加于电动机的电枢两端，由于起动瞬间 n=0，E_a=0，由 U_N=E_a+I_aR_a 得起动电流为

$$I_{st}=\frac{U_N}{R_a}=(10\sim20)I_N \tag{3-3}$$

转矩为

$$T_{st}=C_T\Phi I_{st} \tag{3-4}$$

式中，C_T 为转矩常数。

直流电动机一般不允许全压起动。起动设备简单、操作方便的全压起动只适用于容量很小的直流电动机。

2. 减压起动

电动机由可调直流电源供电时，可以采用减压起动。在起动前将电源电压降低，以减小起动电流 I_{st}。为获得足够的起动转矩（$T_{st}>T_L$），起动时电流通常限制在（1.5～2）I_N 内，则起动电压应为

$$U_{st}=I_{st}R_a=(1.5\sim 2)I_NR_a \tag{3-5}$$

随着电动机转速 n 上升，电枢电动势 E_a 变大，电枢 I_a 减小，T_{st} 也变小，为了保证起动电流和转矩保持在一定的数值上，在起动过程中要逐渐升高电源电压，直至 $U=U_N$，起动结束。

3. 电枢回路串电阻起动

电枢回路串电阻起动，如图 3-12 所示。

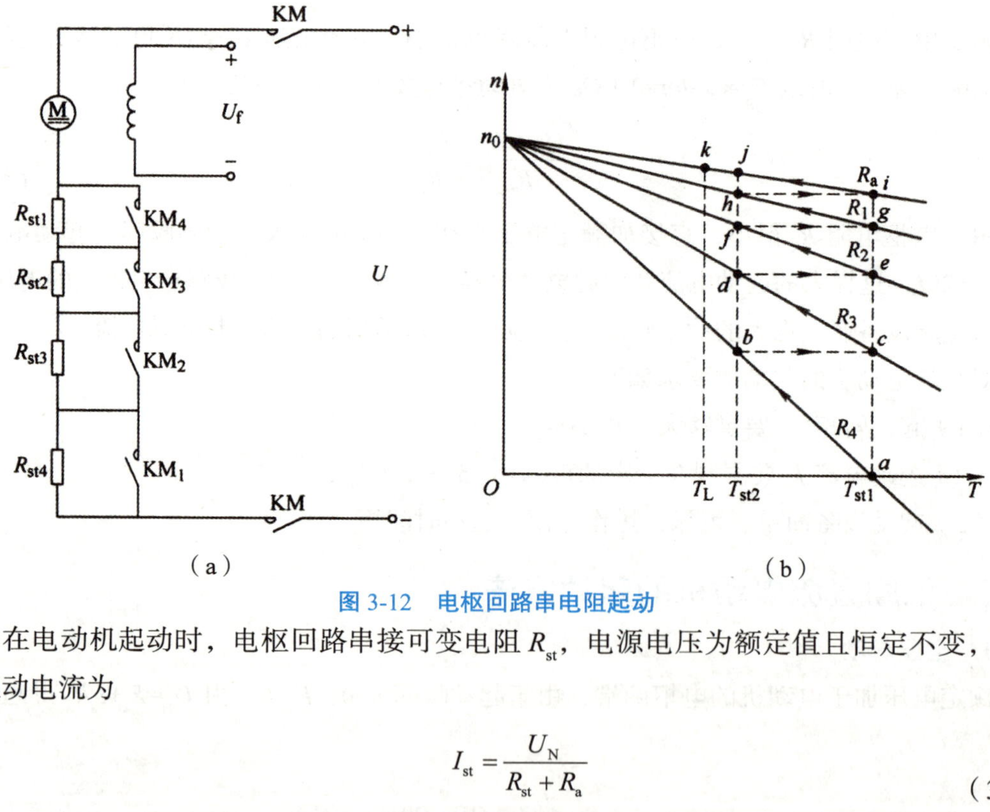

图 3-12　电枢回路串电阻起动

在电动机起动时，电枢回路串接可变电阻 R_{st}，电源电压为额定值且恒定不变，这时的起动电流为

$$I_{st}=\frac{U_N}{R_{st}+R_a} \tag{3-6}$$

由起动电流产生的起动转矩（$T_{st}>T_L$）使得电动机开始旋转并加速，随着电动机转速的升高，电枢反电动势 $E_a=Ce\Phi n$ 增大，电枢起动电流 I_{st} 减小，电磁转矩也减小，电动机转速上升速度减缓。为缩短起动时间，保证在起动过程中始终保持 $T_{st}>T_L$，随着转速

的升高应该把起动电阻 R_{st} 平滑地减小，直到电动机转速达到额定转速时，全部切除起动电阻 R_{st}。

但是在实际的起动过程中，平滑地减小起动电阻 R_{st} 是很难做到的，一般是把起动电阻 R_{st} 分成若干段并逐段切除。

起动过程分析如下。

在起动前，先给直流电动机的励磁绕组加上额定励磁电流，然后使接触器 KM 的触点闭合，KM_1 ～ KM_4 触点断开，电枢回路串联电阻（$R_{st1}+R_{st2}+R_{st3}+R_{st4}+R_a$）起动，起动电流为

$$I_{st}=\frac{U_N}{R_{st1}+R_{st2}+R_{st3}+R_{st4}+R_a} \tag{3-7}$$

此时产生起动转矩 $T_{st}=T_{st1}$（$T_{st1}>T_L$），电动机开始旋转。随着电动机转速的上升，电枢反电动势 E_a 变大，电枢起动电流 I_{st} 减小，起动转矩下降，起动特性从 a 点到达 b 点，电动机加速变缓。为获得较大的加速度，起动特性到达 b 点时，接触器 KM_1 的触点闭合，将起动电阻 R_{st4} 切除，电枢总电阻变为 $R_{st1}+R_{st2}+R_{st3}+R_a$，电枢电流变大，起动转矩 T_{st} 变大。由于生产设备和电动机的机械惯性，切除起动电阻 R_{st4} 瞬间电动机的转速不会发生突变，起动特性从 b 点跳转到 c 点，电动机以较大的加速度继续加速。合理分段起动电阻，当起动转矩从 T_{st1} 下降到 R_{st2} 时及时切除起动电阻，直流电动机的起动特性将从 a 点开始，依次经过 b ～ j 最后到达固有特性 K 点，$T_{st}=T_L$，稳定运行时 $n=n_N$，起动结束。

电枢回路串联电阻起动，设备简单，初期投资较小，但在起动过程中能量消耗较多，所以常用于中小容量并且起动不频繁的电动机。

3.2.3　他励直流电动机的反转

1. 改变直流电动机转动方向的方法

（1）电枢反接法，即保持励磁绕组的端电压极性不变，通过改变电枢绕组端电压的极性使电枢绕组电流 I_a 的方向改变，电动机反转。

（2）励磁绕组反接法，即保持电枢绕组端电压的极性不变，通过改变励磁绕组端电压的极性使电动机旋转方向改变。

当两者的电压极性同时改变时，电动机的旋转方向不变。实际应用中他励和并励直流电动机一般采用电枢反接法来实现正、反转。他励和并励直流电动机不宜采用励磁绕组反接法实现正、反转的原因是励磁绕组匝数较多，电感量较大，当励磁绕组反接时，在励磁绕组中便会产生很大的感生电动势，这将会损坏刀开关和励磁绕组的绝缘。

2. 并励直流电动机的正、反转控制

并励直流电动机正、反转控制电路，如图 3-13 所示，当合上电源总开关 QS 时，断电延时时间继电器 KT 通电闭合，欠电流继电器 KA 通电闭合，为直流电动机起动做好准

备。按下直流电动机的正转按钮 SB_1，接触器 KM_1 通电闭合，并利用常闭触点对反转接触器 KM_2 形成互锁，断电延时时间继电器 KT 断电，开始计时，直流电动机 M 串联电阻 R_{st} 开始正转起动运转。经过一定时间，断电延时时间继电器 KT 的断电延时闭合常闭触点闭合，接触器 KM_3 线圈得电，接触器 KM_3 的常开触点闭合，切除串联电阻 R_{st}，直流电动机 M 全压全速正转运行。

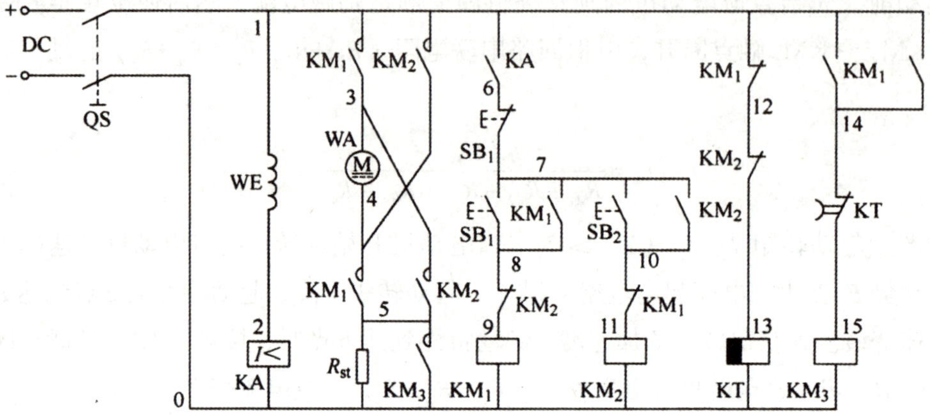

图 3-13　并励直流电动机正、反转控制电路

同理，按下直流电动机的正转按钮 SB_2，接触器 KM_2 通电闭合，并利用常闭触点对正转接触器 KM_1 形成互锁，断电延时时间继电器 KT 断电，开始计时，直流电动机 M 串联电阻 R_{st} 开始反转起动运转。经过一定时间，断电延时时间继电器 KT 的断电延时闭合常闭触点闭合，接触器 KM_3 线圈得电，接触器 KM_3 的常开触点闭合，切除串联电阻 R_{st}，直流电动机 M 全压全速反转运行。

直流电动机 M 在运行中，如果励磁线圈 WE 中的励磁电流不够，欠电流继电器 KA 将欠电流释放，使得其常开触点断开，直流电动机 M 将停止运行。

3.3　他励直流电动机的制动

3.3.1　电动机的运行状态

电动机有两种运行状态，分别为电动状态和制动状态。

电动状态：电磁转矩 T 与 n 同向，T 是驱动转矩。

制动状态：电磁转矩 T 与 n 反向，T 是制动转矩。

（1）由直流电动机的机械特性可知，T 与 n 同向时，机械特性在第Ⅰ、Ⅲ象限。

在第Ⅰ象限：$n>0$、$T>0$，称为正向电动；

在第Ⅲ象限：$n<0$、$T<0$，称为反向电动。

（2）由于电力拖动系统的稳定工作点是负载特性与机械特性的交点，而任何负载特性都不会出现在第Ⅱ象限，系统不会在第Ⅱ象限有稳态运行点，因此凡第Ⅱ象限即 $n>0$、$T<0$ 时的制动仅是一个过渡过程，称为制动过程。第Ⅱ象限的制动仅可用于令拖动系统减速停车。

只有位能性负载如起重机拖动的重物，才会出现在第Ⅳ象限，故电动机只有拖动位能性负载才可能以制动状态稳定运行，称为制动运行。此时 $n<0$、$T>0$，电动机以稳定的速度下降重物。故第Ⅳ象限的制动用于限速下放重物，阻止重物以自由落体速度下降。

电动机制动转矩产生的方法不同，制动方法也不同。讨论各种不同的制动方法所用的公式相同，根据不同的制动情况代入不同的数据即可，应依据机械特性曲线帮助判断应代入的数据及其正负。

机械特性公式为

$$n=\frac{E_{\mathrm{a}}}{C_e\Phi_{\mathrm{N}}}=\frac{U-I_{\mathrm{a}}(R_{\mathrm{a}}+R_{\mathrm{bk}})}{C_e\Phi_{\mathrm{N}}}=\frac{U}{C_e\Phi_{\mathrm{N}}}-\frac{R_{\mathrm{a}}+R_{\mathrm{bk}}}{C_eC_T\Phi_{\mathrm{N}}^2}T \tag{3-8}$$

式中，R_{bk} 为制动电阻。

若要计算电流或所串电阻的大小，由式（3-8）移项即可。

$$I_{\mathrm{a}}=\frac{U-E_{\mathrm{a}}}{R_{\mathrm{a}}+R_{\mathrm{bk}}}=\frac{U-C_e\Phi_{\mathrm{N}}n}{R_{\mathrm{a}}+R_{\mathrm{bk}}} \tag{3-9}$$

其中，由于电动机为他励机，故 $Ce\Phi_{\mathrm{N}}$ 是常数。

$$R_{\mathrm{bk}}=\frac{U-E_{\mathrm{a}}}{I_{\mathrm{a}}}-R_{\mathrm{a}}=\frac{U-C_e\Phi_{\mathrm{N}}n}{I_{\mathrm{a}}}-R_{\mathrm{a}} \tag{3-10}$$

他励直流电动机常用的电气制动方法有能耗制动、反接制动、再生制动三种。

3.3.2　能耗制动

能耗制动就是把正在电动状态运行的他励直流电动机的电枢的电源断开（U=0），同时接通外加的制动电阻 R_{bk} 构成闭合回路。控制电路如图 3-14（a）所示，电动运行时接触器 KM_1 的常开触点闭合，电枢与电源接通，常闭触点断开，制动电阻 R_{bk} 被断开。制动时，接触器 KM_1 的常开触点断开，电枢与电源断开，常闭触点闭合，制动电阻 R_{bk} 被接通。

能耗制动原理：电动机靠生产机械惯性力的拖动切割磁场而发电，将生产机械储存的动能转换成电能，并消耗在绕组及电阻上，直到电动机停止转动为止。

设电动机正在固有机械特性上正向电动运行，工作点为 a。把电枢从电网上拉下，通过电阻 R_{bk} 自成回路，如图 3-14（b）所示。

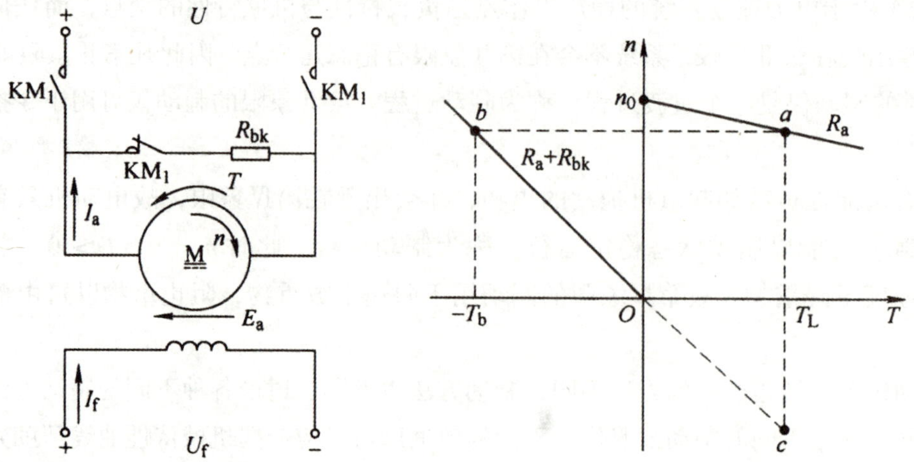

（a）能耗制动控制电路图　　（b）能耗制动机械特性

图 3-14　直流电动机能耗制动

此时，由于 U=0，机械特性方程变为

$$n=-\frac{R_a+R_{bk}}{C_eC_T\Phi_N^2}T \tag{3-11}$$

可见，机械特性是过原点的直线。电动机由于惯性 $n>0$ 不变、$E_a>0$ 不变，由电流方程可知

$$I_a=\frac{-E_a}{R_a+R_{bk}}<0 \tag{3-12}$$

即电流由 E_a 产生，电流反向，$T=CT\Phi NI_a<0$，故工作点以转速 n_a 进入第Ⅱ象限 b 点，即进入制动过程。在制动过程：$E_aI_a=P_M=T\Omega<0$，由电流方程可知，其大小 $E_aI_a=I_a^2(R_a+R_{bk})$，即电磁功率由转子动能输入，全部消耗在电枢回路电阻上，故称为能耗制动。

在制动过程中，随着转速 n 的下降，电枢电动势 E_a 下降，I_a 减小，制动电磁转矩 T 也减小。当特性曲线过原点时，n=0、E_a=0、I_a=0、T=0，电动机迅速停转。

若电动机所带为反抗性机械负载，则系统沿着机械特性降速，当转速降到 0 时动能消耗完毕，拖动系统停转，这就是利用能耗制动过程实现拖动系统快速停车。

若电动机带位能性负载，当转速降到 0 时，重物会拖着电动机反转，I_a、T 也同时反向，进入第Ⅳ象限制动运行，最后稳定运行在负载特性和机械特性的交点 c，以 n_c 稳态下放重物。

能耗制动机械特性的斜率为

$$\beta=\frac{R_a+R_{bk}}{C_eC_T\Phi_N^2} \tag{3-13}$$

能耗制动机械特性的斜率 β 决定于能耗制动电阻 R_{bk} 的大小。R_{bk} 越大，斜率越大；R_{bk} 越小，机械特性越平，制动转矩越大，制动就越快。但 R_{bk} 不宜太小，否则在制动瞬间会产生过大的冲击电流。因此，允许的最大制动电流 $I_{bk} \leqslant (2 \sim 2.5) I_N$，据此选择制动电阻 R_{bk}。

电枢回路串 R_{bk} 的目的是限制制动开始时即 b 点的电流，把规定的最大制动电流 I_{bk} 及 U=0 代入电阻方程可计算应外串的电阻为

$$R_{bk} = \frac{0 - C_e \Phi_N n_b}{I_{bk}} - R_a \tag{3-14}$$

式中，n_b 为电动机特性在进入 b 点时的转速；I_{bk} 为电动机规定的最大制动电流（为负值）。

能耗制动的控制电路比较简单，制动过程中不需要从电网吸收电功率，比较经济、安全，常用于反抗性负载电气制动停车，有时也用于下放重物。

3.3.3 反接制动

反接制动有电枢反接制动和倒拉反接制动两种方式。

1. 电枢反接制动

电枢反接制动就是把正在电动状态运行的他励直流电动机的电枢反接到电源上，同时串入制动电 R_{bk} 阻构成闭合回路。控制电路图，如图 3-15（a）所示，电动运行时接触器 KM_1 的常开触点闭合，电枢与电源接通，KM_2 的常开触点断开，制动电阻 R_{bk} 被断开。制动时，接触器 KM_1 的常开触点断开，KM_2 常开触点闭合，电源正负极互换并串联制动电阻 R_{bk} 形成闭合回路。

设电动机正在固有机械特性正向电动运行，工作点为 a，把电枢两端通过制动电阻 R_{bk} 反接到电源电压上，机械特性如图 3-15（b）所示。

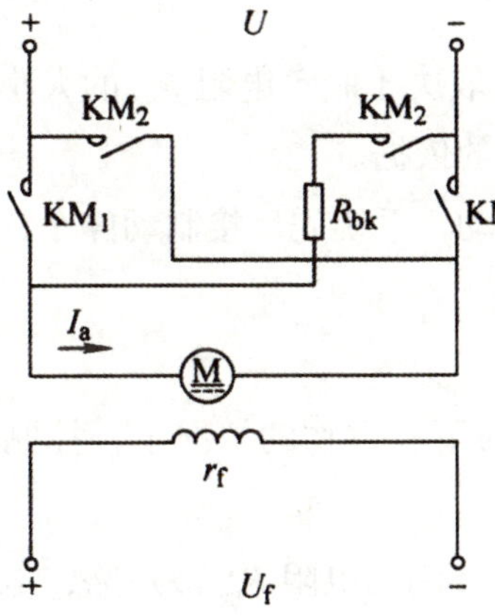

（a）控制电路图

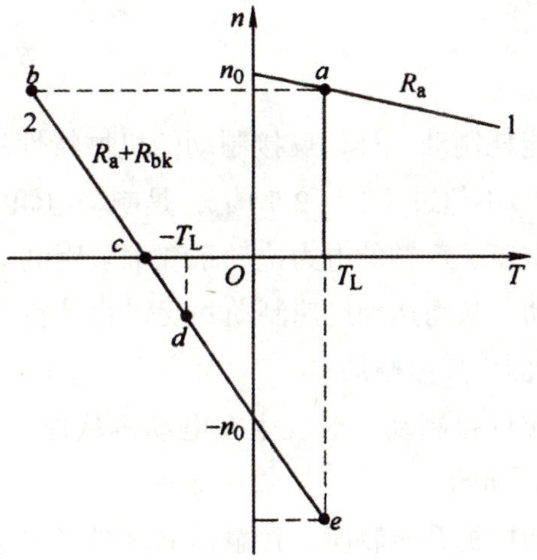

（b）机械特性

图 3-15 直流电动机电枢反接制动

此时，由于 $U=-U_N < 0$，机械特性方程变为

$$n = \frac{-U_N}{C_e\Phi_N} - \frac{R_a + R_{bk}}{C_e C_T \Phi_N^2} T \tag{3-15}$$

电动机由于惯性 $n > 0$ 不变、$E_a > 0$ 不变，由电流方程可知

$$I_a = \frac{-U_N - E_a}{R_a + R_{bk}} < 0 \tag{3-16}$$

即电流反向，$T=CT\Phi_N I_a < 0$，故以转速 n_a 进入第Ⅱ象限 b 点，即进入制动过程。由于这种制动是由电源电压极性反接实现的，故又称为电压反接制动。

在制动过程，$E_a I_a = P_M = T\,\Omega < 0$，但 $P_1 = U_N I_a > 0$，由电流方程可知，其大小 $U_N I_a + E_a I_a = I^2{}_a（R_a + R_{bk}）$，即由转子动能输入的电磁功率和由电源输入的电功率，全部消耗在电枢回路电阻上。

若电动机带反抗性机械负载，则系统从 b 点沿着机械特性降速，当转速降到 0 时必须把电枢从电网上撤下来，这就是利用电压反接制动过程实现拖动系统快速停车。

如果在 n=0 点 $|T|>|T_L|$，若不马上切除电源，电动机就会反向起动，进入反向电动状态，稳态工作点为 d。

电枢回路串 R_{bk} 的目的也是为了限制制动开始时即 b 点的电流，把规定的限制电流及 $U=-U_N$ 代入电阻方程可计算应外串的电阻为

$$R_{bk} = \frac{-U_N - C_e\Phi_N n_b}{I_{bk}} - R_a \tag{3-17}$$

显然，在限制电流 I_{bk} 相同的情况下，电压反接制动需串的电阻比能耗制动几乎大一倍。

电枢反接制动机械特性的斜率为

$$\beta = \frac{R_a + R_{bk}}{C_e C_T \Phi_N^2} \tag{3-18}$$

和能耗制动一样，反接制动的机械特性斜率 β 也取决于制动电阻 R_{bk} 的大小。保证制动电流 I_{bk} 不超过（2 ~ 2.5）I_N，是制动电阻 R_{bk} 取值的依据。

频繁正、反转的电力拖动系统常采用电枢反接制动，系统先反接制动停车，接着自动反向起动，从而达到迅速制动并反转的目的。

2. 倒拉反接制动

倒拉反接制动一般发生在电动机从提升重物转为下放重物的情况下，控制电路如图 3-16（a）所示。

电动机提升重物时，接触器 KM 的常开触点闭合，制动电阻 R_{bk} 被短路，电动机以电动状态运行在固有机械特性的 a 点，如图 3-16（b）所示。下放重物时，将接触器 KM 的常开触点断开，电枢电路串入制动电阻 R_{bk}，这时电动机转速不能突变，工作点从 a 点跳至对应的人为机械特性 b 点，由于 $T < T_L$，电动机沿人为特性曲线减速到 c 点。在 c 点，n=0，但此时仍有 $T < T_L$，在负载的作用下，电动机被倒拉而反转过来，重物下放。

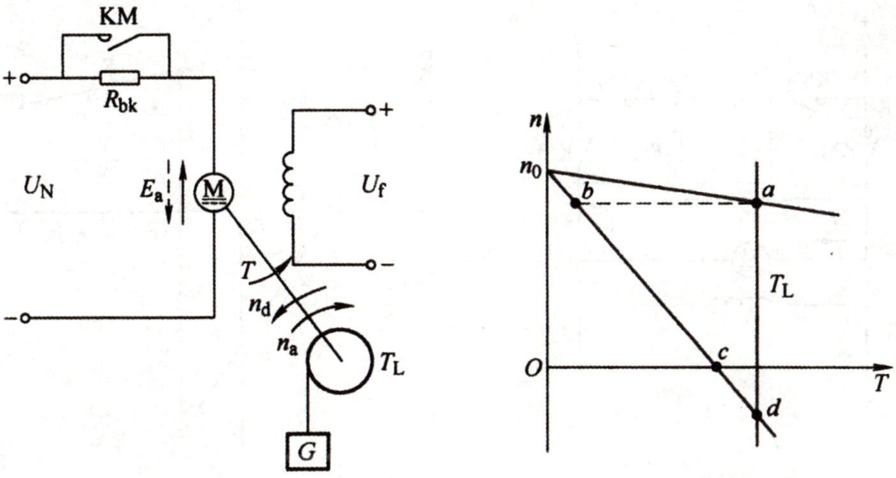

（a）控制电路　　　　（b）机械特性

图 3-16　直流电动机倒拉反接制动

由于他励电动机 $Ce\Phi_N$ 是常数，由 $E_a=Ce\Phi_N n$ 可知，转速反向就是电动势 E_a 反向。

设电动机拖动位能性负载正在固有特性正向电动运行，即以速度 n_a 提升重物。现在电枢回路串入电阻 R_{bk}，则机械特性 n_0 不变、斜率增大，工作点变为 b 点，提升重物速度下降，如图 3-16（b）所示。若令电枢回路所串的电阻使负载特性与机械特性的交点为 c，则可使重物停在空中。若继续增大所串的电阻，电动机就会被重物拖着反转，由机械特性方程可知

$$n=\frac{U_N}{C_e\Phi_N}-\frac{R_a+R_{bk}}{C_eC_T\Phi_N^2}T \tag{3-19}$$

可知，若所串 R_{bk} 足够大，则 $n<0$，稳态工作点进入第Ⅳ象限如 d 点，进入制动运行状态，由于这种制动是 T 方向不变，n、E_a 反向，故又称电势反向或转速反向的反接制动。

倒拉反接制动与电枢反接制动的功率传递情况相同，由于 $n<0$、$E_a<0$，由电流方程可知

$$I_a=\frac{U_N-E_a}{R_a+R_{bk}}>0 \tag{3-20}$$

$T=CT\Phi_N I_a>0$，故 $E_aI_a=P_M=T\Omega<0$，但 $P_1=U_NI_a>0$，据电流方程：$U_NI_a+E_aI_a=I2_a(R_a+R_{bk})$，即由转子动能输入的电磁功率和由电源输入的电功率，全部消耗在电枢回路电阻上，与电枢反接制动功率流程完全相同，它们的共同之处都是 n 与 n_0 反向，故都称为反接制动。只是倒拉反接是 $n<0$、$n_0>0$，而电枢反接是 $n>0$、$n_0<0$；且倒拉反接是制动运行，而电枢反接只能是制动过程。

3.3.4　再生制动

直流电动机再生制动电路，如图 3-17 所示。

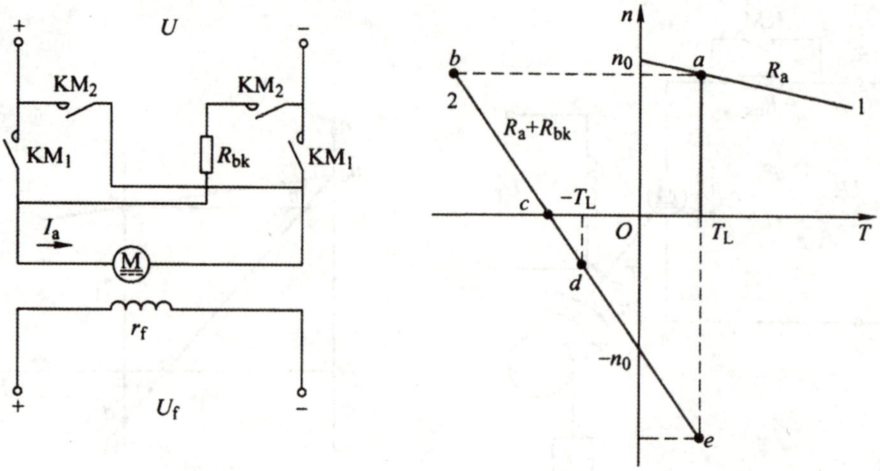

（a）控制电路图　　（b）机械特性

图 3-17　直流电动机再生制动电路

当电动机拖着位能性负载进行电枢反接制动时，若转速制动到 0 时不切断电枢电源，则电动机会反向起动，进入反向电动运行，即电动机以电动状态下放重物。但负载特性在第Ⅲ象限与机械特性没有交点，电动机转速在电磁转矩和重物转矩共同作用下迅速升高，直至 $n > n_0$，进入第Ⅳ象限制动运行，工作点为 c。

此时，由于 $E_a=Ce\Phi_N n > U_N$，电流及转矩再次反向，电流为

$$I_a = \frac{-U_N - E_a}{R_a + R_{bk}} > 0 \tag{3-21}$$

$T=CT\Phi_N I_a > 0$，由于 $U=-U_N < 0$、$n < 0$、$E_a < 0$，故 $E_a I_a=P_M=T\Omega < 0$，$P_1=U_N I_a < 0$。可见是从转子输入电磁功率、从定子回馈电功率给电网，故这种制动又称为（反向）回馈制动，经常用于以较高的速度下放重物。

由机械特性曲线可见：电枢外串电阻越大，转速越高，故通常不外串电阻，令电动机在固有机械特性曲线下放重物。

3.4　他励直流电动机的调速

3.4.1　调速指标

电动机速度调节性能的好坏，常用下列指标来衡量。

1. 调速范围

电动机在额定负载下可能运行的最高转速与最低转速之比，通常用 D 表示，有

$$D = \frac{n_{max}}{n_{min}} \tag{3-22}$$

不同的生产机械对调速范围的要求不同，例如，车床 D=20 ～ 120、龙门刨床 D=10 ～ 40、轧钢机 D=3 ～ 120、造纸机 D=3 ～ 20 等。

2. 调速的相对稳定性（静差率）

调速的稳定性是用来说明电动机在新的转速下运行时，负载变化能够引起转速变化的程度，通常用静差率来表示。其定义为：在某一机械特性上运行时，电动机由理想空载到满载时的转速差与理想空载转速之比，即

$$\delta\% = \frac{n_0 - n_N}{n_0} \times 100\% = \frac{\Delta n}{n_0} \times 100\% \tag{3-23}$$

显然，在 n_0 相同的情况下，电动机的机械特性越硬，Δn 越小，静差率就越小，相对稳定性就越好。

生产机械调速时，要求静差率小于一定值，以使负载发生变化时，转速在一定范围内变化并保持一定的稳定程度，生产机械容许的静差率用 r 表示。例如，普通车床要求 $r \leqslant 30$，一般设备要求 $r \leqslant 50$，高精度的造纸机要求 $r \leqslant 0.1$。

静差率与调速范围两个指标是相互制约的，要统筹考虑。

3. 调速的平滑性

调速的平滑性由一定调速范围内能得到的转速级数来说明。级数越多，相邻两转速的差值越小，平滑性越好。如果转速只能跳跃式调节，两者中间的转速无法得到，这种调速称为有级调速。如果在一定的调速范围内的任何转速都能得到，称为无级调速。无级调速的平滑性比有级调速好。

平滑程度可用相邻两转速之比来衡量，称为平滑系数，即

$$\varPhi = \frac{n_i}{n_{i-1}} \tag{3-24}$$

$\varPhi$ 越接近于 1，平滑性越好。无级调速时 k=1，平滑性最好。

4. 调速的经济性

经济性包含两方面的内容，一是指调速所需的设备投资和调速过程中的能量损耗；另一方面是指电动机调速时能否得到充分利用。当一台电动机采用不同的调速方法时，电动机容许输出的功率和转矩随转速变化的规律是不同的，但电动机实际输出的功率和转矩是由负载需要所决定的，而不同的负载所需要的功率和转矩随转速变化的规律也是不同的，因此在选择调速方法时，既要满足负载要求，又要尽可能使电动机得到充分利用。经分析可知，电枢回路串电阻调速及降低电枢电压调速适用于恒转矩负载的调速，而弱磁调速适用于恒功率负载的调速。

3.4.2 电枢电路串电阻的调速

他励直流电动机拖动负载运行时，保持电源电压 U_1 及励磁电流 I_f 为额定值不变，在电枢回路中串入不同值的电阻 R_{pa}，电动机将运行于不同的转速，图 3-18 中的负载为恒转矩负载。

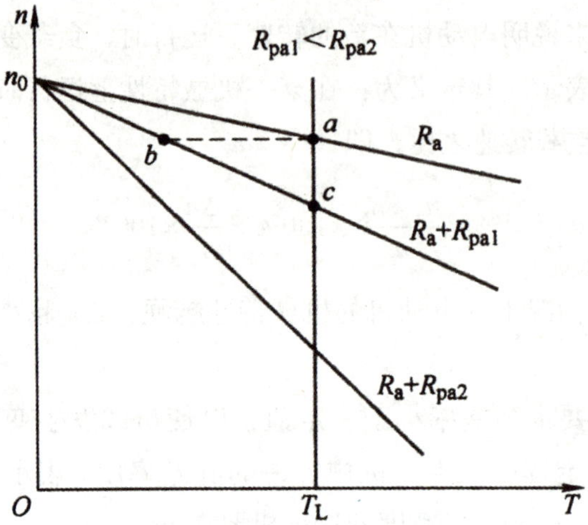

图 3-18 电枢电路串电阻的调速

当电枢回路串入电阻 R_{pa} 时，电动机机械特性的斜率将增大，电动机和负载的机械特性的交点将下移，即电动机稳定运行转速降低。

调速过程：电动机原稳定运行在固有机械特性的 a 点上，当 R_{pa} 接入瞬间，因 n 不能突变，工作点从 a 点跳至人为机械特性的 b 点，这时 $I_a\downarrow\rightarrow T\downarrow\rightarrow T<T_L$，$n\downarrow$，$E_a\downarrow\rightarrow I_a\uparrow\rightarrow T\uparrow$，直到 $T=T_L$，电动机在低速的 c 点稳定运行。

电枢串电阻调速的特点如下。

（1）串入电阻后转速只能降低，由于机械特性变软，静差率变大，特别是低速运行时，负载稍有变动，电动机转速波动就会很大，因此调速范围受到限制（D=1～3）。

（2）调速的平滑性不高；轻载时调速不明显。

（3）由于电枢电流大，调速电阻消耗的能量较多，不够经济。

（4）调速方法简单，设备投资少。

3.4.3 降压调速

他励直流电动机的电枢回路不串接电阻，由一可调节的直流电源向电枢供电，最高电压不应超过额定电压。励磁绕组由另一电源供电，一般保持励磁磁通为额定值。电枢电源电压不同时，电动机拖动负载将运行于不同的转速上。

如图 3-19 所示，当电枢电源电压为额定值 U_1 时，电动机和负载的机械特性的交点为 a，理想空载转速为 n_1；电压降到 U_2 后，交点为 c，理想空载转速为 n_2；电压为 U_3 时交点为 f，

转速为 n_3。电枢电源电压越低，理想空载转速也越低。同样，改变电枢电源电压调速方法的调速范围也只能在额定转速与零转速之间调节。

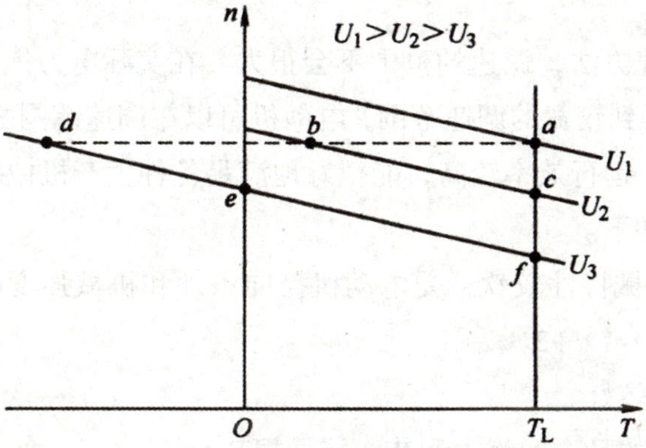

图 3-19　降压调速

降压调速的特点如下。

（1）无论高速还是低速，机械特性硬度不变，静差率小，调速性能稳定，故调速范围广。

（2）电源电压能平滑调节，故调速平滑性好，可达到无级调速。

（3）降压调速是通过减小输入功率来降低转速的，低速时损耗减小，调速经济性好。

（4）调压电源设备较复杂。

3.4.4　弱磁调速

保持他励直流电动机电枢电源电压 U_1 不变，电枢回路也不串接电阻，在电动机拖动负载转矩不大（小于额定转矩）时，减少直流电动机的励磁磁通，可使电动机转速升高。他励直流电动机带恒转矩负载时弱磁调速，如图 3-20 所示。

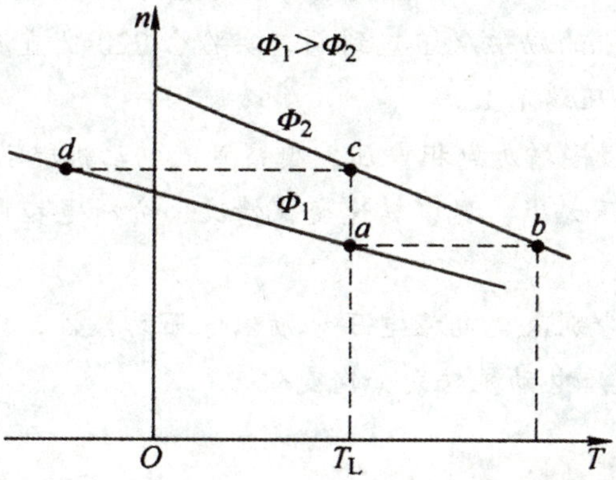

图 3-20　他励直流电动机带恒转矩负载时弱磁调速

从图 3-20 可以看出，当励磁磁通为额定值时，电动机和负载的机械特性的交点为 a，转速为 n；励磁磁通减少时，理想空载转速增大，同时机械特性斜率也变大，交点为 c，

转速为 n_1。弱磁调速的范围是在额定转速与电动机所允许最高转速之间进行调节，电动机所允许最高转速值是受换向与机械强度限制，一般约为 $1.2n_N$，特殊设计的调速电动机可达 $3n_N$ 或更高。

单独使用弱磁调速方法，调速的范围不会很大。在实际电力拖动系统中，可以将几种调速方法结合起来，得到较宽的调速范围，电动机可以在调速范围之内的任何转速上运行，而且调速时损耗较小，运行效率较高，能很好地满足各种生产机械对调速的要求。

弱磁调速的特点如下。

（1）弱磁调速机械特性较软，受电动机换向条件和机械强度的限制，转速调高幅度不大，因此调速范围 $D=1\sim2$。

（2）调速平滑性较好。

（3）在功率较小的励磁回路中调节，能量损耗小。

（4）控制方便，控制设备投资少。

本章小结

直流电动机在生产生活中具有广泛的应用，小到电动剃须刀、电动玩具和电动工具，大到电动自行车、电动汽车、电力机车、轧钢机和龙门刨床等。因此，了解直流电动机的基本结构和工作原理，对其进行定期保养、维护检修是十分必要的。

直流电动机具有良好的起动、反向、制动和调速性能，容易实现各种运行状态的控制。串励、并励、复励和他励四种直流电动机，其控制电路基本相同。

技能实训

直流电动机的运行

（1）将直流电动机的励磁绕组接到电工实验台 220 V 直流励磁电源端子上，电枢绕组接到可调直流电压端子上。

（2）接通电源，慢慢增加电枢电压，观察直流电动机起动情况。

（3）调节电枢电压大小，观察转速变化情况，分析电枢电压大小变化时直流电动机速度如何变化。

（4）断开电源，分别改变电枢电压和励磁电压的极性，记录电动机运转方向。观察电压极性改变后直流电动机转向如何变化。

思考练习

1. 简述直流电动机的工作原理。
2. 如何对直流电动机进行拆装？
3. 简述他励直流电动机的起动过程及其要求。
4. 简述电动机的两种运行状态。
5. 简述他励直流电动机的调速指标。

第4章 常用控制电动机应用

本章概述

电机作为一种重要的动力转换装置，在各个领域都有着广泛的应用。随着科技的不断进步和工业的不断发展，电机的性能和应用范围也将不断提升和拓展。在自动控制系统和电气传动系统中除了使用一般的交直流电机外，还有用作检测、放大、执行和计算等功能的特种电机。

学习目标

◎**知识目标**

1. 了解直流伺服电动机的分类、特点、用途及工作原理。
2. 掌握交流伺服电动机的工作原理及交流永磁伺服电动机的选用。
3. 掌握同步电动机的应用。

◎**能力目标**

1. 学会合理选用伺服电动机。
2. 学会步进电动机的使用方法。
3. 学会同步电动机的使用方法。

◎**素质目标**

1. 学生应具备持续学习的意识和能力，不断更新自己的知识和技能，以适应未来职业发展的需要。

2. 学生应认识到自己未来作为一名工程师或技术人员的职业道德和社会责任，能够在实际工作中遵循行业规范，为社会做出积极贡献。

◎思政目标

增强学生的社会责任感，明确作为技术人才的使命，为推动国家现代化建设和科技进步贡献力量。

4.1　伺服电动机的应用

4.1.1　直流伺服电动机

直流伺服电动机

直流伺服电动机是专门为控制系统（伺服系统）设计和制造的一种电动机，它的转子运动受输入信号控制，能做出快速反应。早期的直流伺服电动机，其工作原理、结构和基本特性与普通直流电动机相比没有大的区别，称为传统（普通）型直流伺服电动机。

为了适应控制系统的需要，直流伺服电动机的类型也在不断发展。目前，应用的直流伺服电动机除了传统型的直流伺服电动机外，还有低惯量型的无槽电机、盘形电机和空心杯电机，以及宽调速直流伺服电动机等。

1. 直流伺服电动机的分类和特点

（1）传统型直流伺服电动机

传统型直流伺服电动机的结构与普通直流电动机基本相同。但为了满足控制系统的要求，在结构和性能上做了一些改进，其特点如下。

① 采用细长的电枢结构以降低转动惯量。其惯量是普通直流电动机的$\frac{1}{3}$～$\frac{1}{2}$。

② 具有优良的换向性能。在大电流的冲击下仍能确保良好的换向状态，因此，具有较大的瞬时电流和瞬时转矩。

③ 机械强度高，能够承受巨大加速度造成的冲击力。

④ 电刷安放在几何中性面上，以确保正、反转特性对称。

传统型直流伺服电动机的励磁方式有永磁式和电磁式两种。目前，我国生产的 SY 系列就属于永磁式结构，SZ 系列则属于电磁式结构。

（2）无槽电枢直流伺服电动机

无槽电枢直流伺服电动机的电枢铁心上没有槽，电枢绕组直接均匀排列在光滑的铁心表面上，用环氧树脂固化并与铁心黏结成一个整体，如图 4-1 所示。这种结构冷却效果较好，但气隙较大。由于这种电动机不存在电枢齿磁通的饱和限制，因此可提高磁通密度和电磁转矩，可减小电枢直径，形状细长不受嵌线限制，可减小转动惯量。绕组在铁心表面，磁阻大，所以电感量小，换向性能好，瞬时电流可达额定电流的 10 倍左右。与通常的直流电动机相比，无槽电枢直流伺服电动机机电时间常数小，输出功率较大，是性能良好的伺服电动机，已应用于中小型电动机中，功率从几十瓦到几千瓦，已有定型产品。这类小惯量高速电动机也存在一些缺点，例如，由于转速很高，往往需要减速器；气隙较大，效率低；惯量小，热容量也较小，过载时间不能太长；为了解决散热问题，多用强迫风冷，因而体积、质量、噪声都较大。

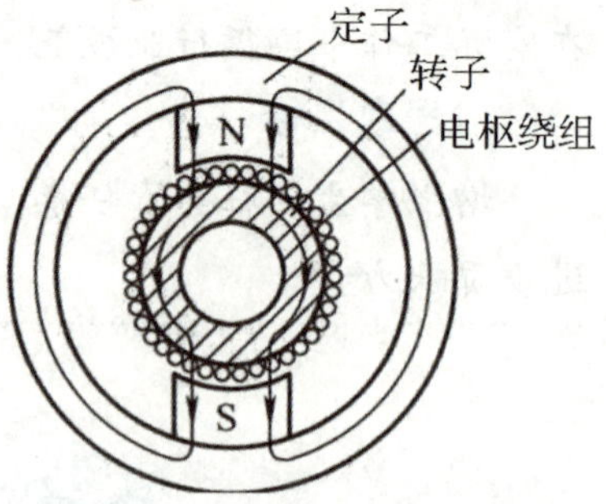

图 4-1　无槽电枢直流伺服电动机

无槽电枢直流伺服电动机是一种大功率直流伺服电动机，主要用于需要快速动作、功率较大的伺服系统中，如雷达天线的驱动，自动火炮、导弹发射架驱动，计算机外围设备及数控机床等。我国生产的无槽电枢直流伺服电动机有 SWC 系列、GZ 系列等。

（3）盘式电枢直流伺服电动机

盘式电枢直流伺服电动机的定子是由永久磁铁和前后磁轭所组成，转子为圆盘形，如图 4-2 所示。电动机的气隙就在圆盘的两边。转子圆盘的厚度一般为 1.5~2 mm，上面有电枢绕组。大部分盘式电枢属于印制绕组，采用与印制电路相类似的工艺制成。它可以是单片双面的，也可以是多片重叠的。绕组导体兼作换向器，电刷直接在导体上滑动。盘形电枢绕组中的电流是沿径向流过圆盘表面，并与轴向磁通相互作用产生转矩，绕组的径向段为有效部分。由于转子无铁心和专用换向器，因此惯量小，换向条件好。与通常的直流电动机相比，其性能特点如下。

① 电枢绕组全部在气隙中，散热良好，能承受较大的峰值电流（约 5 倍于满载电流）。

② 电枢由非磁性材料制成，质量轻而且电抗小，加上换向片数多，所以换向性能良好，转矩波动小。

③ 电枢转动惯量小，响应快，机电时间常数小，为 10~15 ms，属于中低惯量伺服电动机。

④ 输出功率一般在 1 kW 以内。我国生产的印制绕组直流伺服电动机产品有 SN 系列，应用在起动、制动、反转频繁和低速的直流伺服系统中。

（4）空心杯电枢直流伺服电动机

空心杯电枢直流伺服电动机的电枢绕组是编织成薄壁圆筒状后用环氧树脂粘接成形，也有的采用印制绕组。空心杯电枢直接装在电动机轴上，在内外定子间的气隙中旋转，其结构如图 4-3 所示。由于转子无铁心，故惯量和电感均大为减小，是低惯量电动机中性能最好的一种。但有的杯形转子只有一端受支撑，机械强度较差，故输出功率不能太大。此种电动机输出功率为零点几瓦到几千瓦。

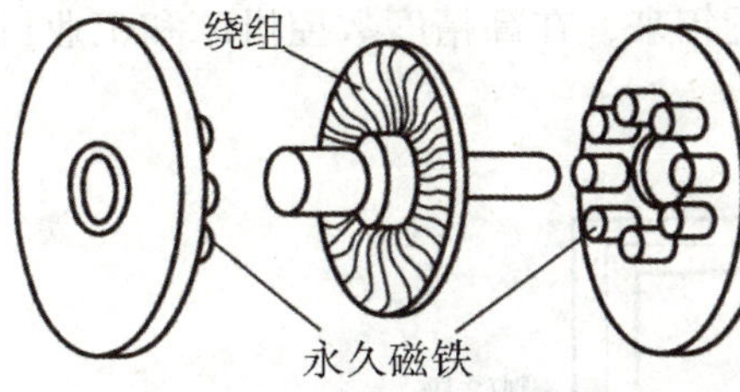

图 4-2　盘式电枢直流伺服电动机

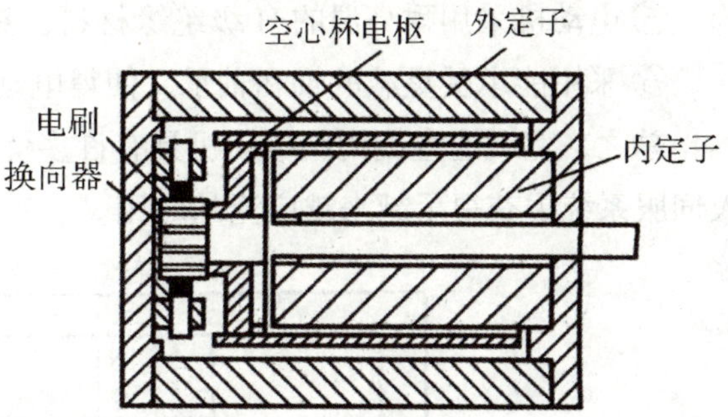

图 4-3　空心杯电枢直流伺服电动机

空心杯电枢直流伺服电动机的性能特点是：超低转动惯量，由于转子无铁心，且壁薄而细长，其转动惯量很小，起动时间可达 1 ms 以下；灵敏度高，快速性好，速度调节方便，其始动电压在 100 mV 以下，可完成每秒钟 250 次起动与停止的循环；损耗小，效率高，因转子中无磁滞和涡流损耗，故其效率可达 80% 或更高；转矩波动小，低速运转平稳，噪声很小；换向性能好，由于电枢电感很小，几乎不产生火花，因此大大提高了使用寿命。

国产的空心杯电枢直流伺服电动机产品有 SYK 系列，多用于高精度的伺服系统及测量装置等设备中，如电视摄像机、X-Y 函数记录仪、数控机床等机电一体化设备中。

（5）低速大扭矩宽调速电动机

宽调速直流伺服电动机（又称大惯量电动机）是在小惯量电动机和力矩电动机的基础上发展起来的电动机，主要用于数控机床的伺服系统，也可用于其他闭环控制系统中作为执行元件。

宽调速直流伺服电动机分为电磁式和永磁式两种。电磁式的特点是励磁大小可以调整，便于安装补偿绕组和换向极，使电动机的换向性能得到改善，并且成本低。永磁式一般没有换向极和补偿绕组，换向性能受到限制，但它不需要励磁功率，因而效率高。永磁式的应用比电磁式多，一般采用铁氧体作为磁极以降低成本。

图 4-4 为宽调速伺服电动机的磁路结构。磁路采用主磁极和侧磁极的组合结构，以便充分利用空间，增加铁氧体的用量。同时用软钢极靴将主、侧磁极的磁通汇集于极靴下的气隙中，增加气隙磁密。电动机采用较多的磁极对数，增加转子的槽数和换向片数，以提高过载能力，降低转矩波动，增大调速范围，使电动机在很低的转速下仍能平稳运行。

宽调速直流伺服电动机具有如下特点。

① 高的转矩转动惯量比，从而提供了极高的加速度和快速响应。

② 高的热容量，使电动机在自然冷却全封闭的条件下，仍能长时间过载工作。

③ 电动机所具有的高转矩和低速特性使得它与机床丝杠很容易直接耦合。

④ 精心选择电刷的材料，且电刷的接触面积大，使得电动机有良好的换向性能。

⑤ 电动机采用耐高温的 H 级绝缘材料，具有足够的机械强度，以保证可靠性。

⑥ 采用能承受重载的轴和轴承，使得电动机在加、减速和低速时能承受大转矩。

总之，宽调速直流伺服电动机具有许多优点，近年来，在高精度数控机床和工业机器人伺服系统中获得了越来越广泛的应用。

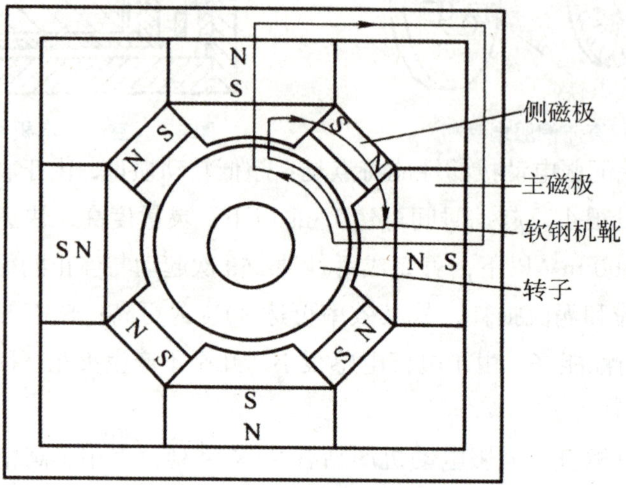

图 4-4　宽调速伺服电动机的磁路结构

2. 直流伺服电动机的工作原理

直流伺服电动机的工作原理与普通小型他励直流电动机相同，其转速由信号电压控制。信号电压若加在电枢绕组两端，称为电枢控制；若加在励磁绕组两端，则称为磁场控制。由于电枢控制的直流伺服电动机具有机械特性线性度好、精度高、响应速度快等优点，所以在工程上多采用电枢控制方式。直流伺服电动机的机械特性方程式与他励直流电动机一样为

$$n=\frac{U_N}{C_e\Phi}-\frac{R_a}{C_eC_T\Phi^2}T=n_0-\beta T$$

采用电枢控制时，U 为控制信号电压，Φ 为常数。图 4-5（a）为电枢控制式直流伺服电动机的电路原理图，当电枢电压（即信号电压）U 改变时，可得一组平行的机械特性，如图 4-5（b）所示。从机械特性可以看出，负载转矩一定即电磁转矩一定时，转速与控制信号电压成正比。当控制信号电压消失时，电动机工作在能耗制动状态，能迅速停转。对应不同的负载转矩，电动机开始转动的电压也不等。显然，负载转矩越大，始动电压也越大。低于始动电压的区间，电动机转不起来，称为失灵区。

直流伺服电动机的优点是具有线性的机械特性，起动转矩大，调速范围大。缺点是电刷与换向器之间的火花会产生电磁干扰，需要定期更换电刷，维护换向器。

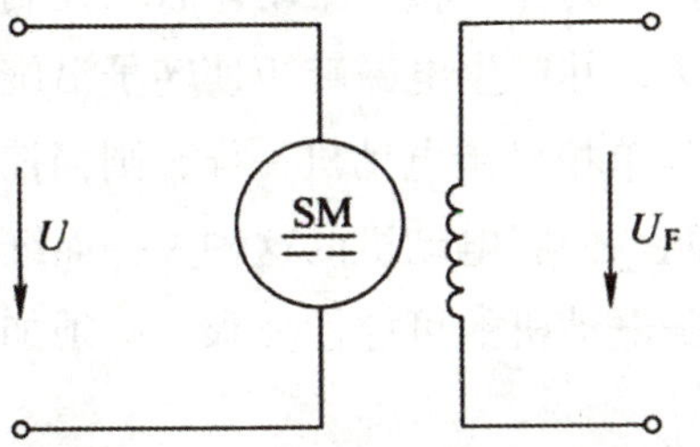

（a）电枢控制式直流伺服电动机的电路原理图

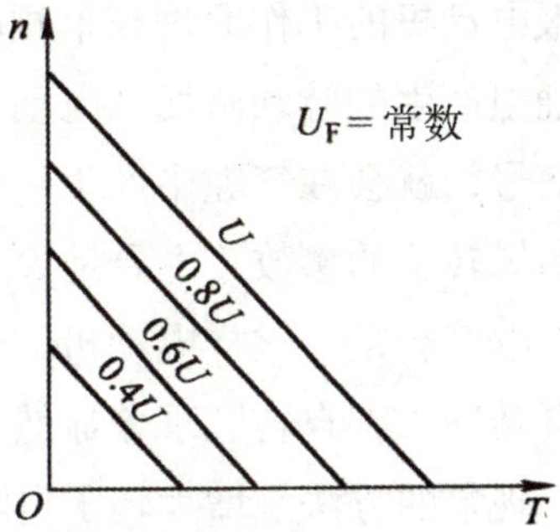

（b）电枢控制机械特性

图 4-5 直流伺服电动机的电路与机械特性

4.1.2 交流伺服电动机

长期以来，在调速性能要求较高的场合，一直占据主导地位的是直流调速系统。但直流电动机存在一些固有的缺点，如电刷和换向器易磨损，换向器换向时会产生火花，结构复杂，制造成本高等。而交流电动机，特别是笼型转子异步电动机则没有上述缺点。传统的交流伺服电动机是指两相伺服电动机，有笼形转子和杯形转子两种，只是考虑到伺服技术的特点，要进行特殊的设计，其转子转动惯量较直流电动机小，动态响应好。

1. 传统的交流伺服电动机

传统交流伺服电动机的结构与电容运行单相异步电动机相似。定子槽中装有励磁绕组 F 和控制绕组 C，两个绕组的轴线在空间互差 90° 电角度，励磁绕组与交流电源 U_F 相连接，控制绕组接输入信号 U_C，如图 4-6 所示。

交流伺服电动机的转子通常制作成笼形，但转子导体的电阻比一般的异步电动机大得多，因此其起动电流较小而起动转矩较大。为了使伺服电动机对输入信号有较高的灵敏度，必须尽量减小转子的转动惯量，所以转子一般做得细而长。近年来，为了进一步提高伺服电动机的快速反应性，采用如图 4-7 所示的空心杯形转子。杯形转子的优点是转子非常轻，转动惯量很小，能非常迅速和灵敏地起动、调速和停止。缺点是气隙较大，因此空载励磁电流大，功率因数和效率较低。

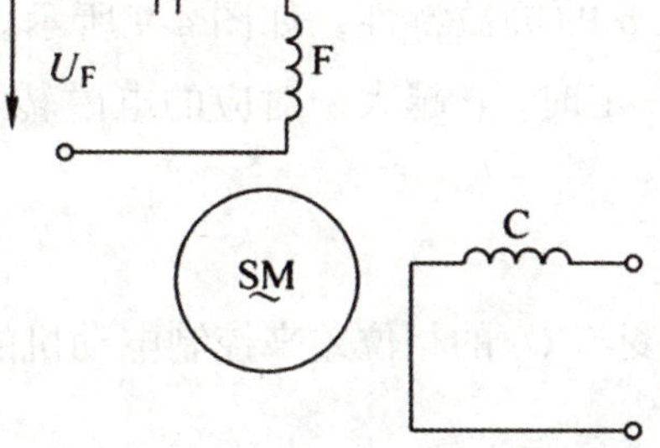

图 4-6 传统的交流伺服电动机电路

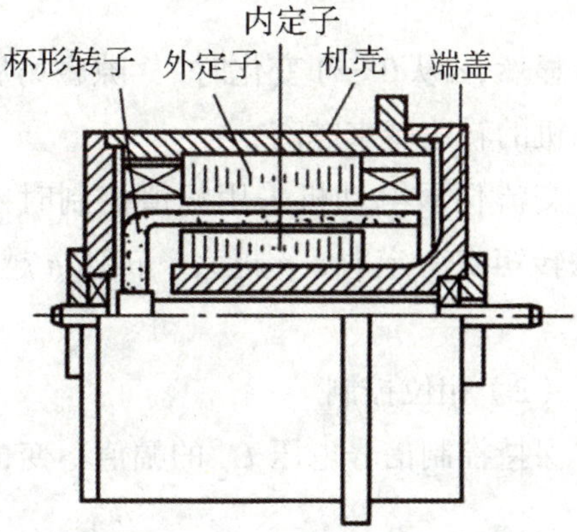

图 4-7 交流伺服电动机空心杯形转子

交流伺服电动机的工作原理与单相电容运行异步电动机相似。没有控制信号时，气隙中只有励磁绕组产生的脉动磁场，电动机的电磁转矩为零，转子不动。若在控制绕组中施加一个控制信号，就会在气隙中产生一个旋转磁场，并产生电磁转矩使转子沿旋转磁场的方向转动。如果转子的参数（主要是 R_2）设计得与单相异步电动机一样，则当控制信号消失后，电动机继续转动，这样电动机就失去了控制，伺服电动机的这种失控而继续旋转的现象称为“自转”。“自转”现象显然不符合伺服电动机的可控性要求，必须加以克服。克服“自转”现象的方法是增大转子电阻。

从单相异步电动机的工作原理可知，当励磁绕组单独通电时，其机械特性由正向旋转磁场产生的正向机械特性 $n=f(T^+)$ 和反向旋转磁场产生的反向机械特性 $n=f(T^-)$ 叠加而成，当转子电阻足够大时，正反向机械特性的临界转差率均大于 1，如图 4-8 所示。其合成机械特性 $n=f(T)$ 在第Ⅱ、第Ⅳ象限，电磁转矩是制动性质的，相当于能耗制动。因此，当控制信号消失后，只有励磁绕组单独通电时，不论原来是正转还是反转，都会受到制动转矩的作用，使电动机迅速停转。

控制绕组中加不同的信号电压时，气隙中会产生椭圆形旋转磁场，甚至圆形旋转磁场，从而得到不同的转速。

交流伺服电动机的励磁绕组与控制绕组通常都设计成对称的，当控制信号电压 U_C 与励磁电压 U_F 也对称时，两相绕组产生圆形旋转磁场，电动机转速最高。如果控制信号电压 U_C 与励磁电压 U_F 的幅值不等或相位差不是 90° 电角度，则产生椭圆形的旋转磁场。所以改变控制电压 U_C 的大小和相位就可以改变旋转磁场的性能，从而控制伺服电动机的转矩和转速，具体的控制方法有以下三种。

（1）幅值控制

保持控制信号电压 U_C 的相位不变，始终与励磁电压 U_F 相差 90° 电角度，改变 U_C 的幅值来控制伺服电动机的转速。

通常用信号系数 α 来反映控制信号电压 U_C 的大小。

$$\alpha=\frac{U_C}{U_F}$$

显然，α 从 0→1 变化时，气隙磁场从脉动磁场→椭圆形旋转磁场→圆形旋转磁场变化，电动机的转速越来越高。

交流伺服电动机采用幅值控制时，不同信号系数 α 的机械特性，如图 4-9 所示。当电磁转矩 T 一定时，α 越大，转速 n 越高；当转速 n 一定时，α 越大，对应的电磁转矩 T 越大。

（2）相位控制

保持控制信号电压 U_C 的幅值不变，通过移相器改变与 U_F 的相位差来控制电动机的转速。设 $U_C=U_F$，相位差为 β，显然当 $\beta=0$ 时，气隙磁场为脉动磁场，当 $\beta=90°$，气隙磁场为圆形旋转磁场。所以相位控制时的信号系数为

$$\alpha=\sin\beta$$

相位控制时的机械特性与幅值控制相似，但线性度要好一些。

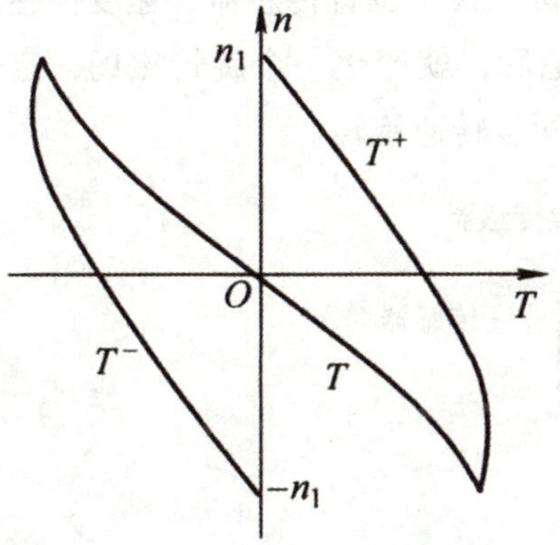

图 4-8　克服“自转”的机械特性

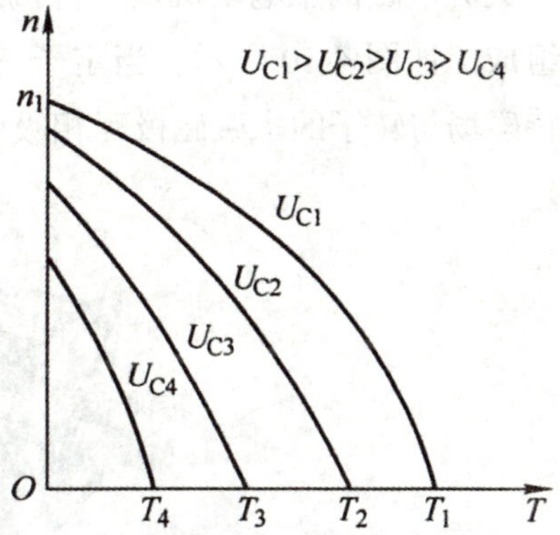

图 4-9　幅值控制的机械特性

（3）幅相控制

同时改变控制信号电压 U_C 的幅值和相位，使信号系数 α 发生变化，从而控制电动机的转速。此时的信号系数为

$$\alpha=\frac{U_C}{U_F}\sin\beta$$

幅相控制的机械特性也与幅值控制时相似，但线性度要差一些。由于幅相控制不需要专门的移相设备，电路最简单，所以实际应用较多。

无论哪种控制方式，只要将控制信号电压的相位改变 180° 电角度（反相），即可改变交流伺服电动机的转向。

2. 交流永磁伺服电动机

现代交流伺服系统是一种新型高性能的机电一体化装置，包括电动机本体和驱动控制器。控制器中多采用单片机、DSP 或专用集成电路芯片，控制技术复杂。

现代的交流伺服电动机有三相交流永磁伺服电动机和三相交流异步伺服电动机两种。前者由于效率和体积方面的优势，已成为伺服技术的主流。按照不同的驱动方式，即根据电动机绕组中的电流波形，把交流永磁伺服电动机分为永磁方波伺服电动机和永磁正弦波伺服电动机。方波电流驱动的交流伺服电动机实际上就是无刷直流电动机，国外一般称为 BLDCM。永磁正弦波伺服电动机一般称作 PMSM。永磁方波伺服电动机的工作原理与三相桥式驱动的无刷直流电动机相似，因此在无刷直流电动机的内容中介绍。下面主要介绍正弦波电流驱动的交流伺服电动机。

（1）交流永磁伺服电动机本体。交流永磁伺服电动机本体主要由转子和定子两部分组成，转子上装有特殊形状的永磁体，用以产生恒定磁场；定子铁心上的三相绕组，接在驱动控制器的逆变器三相输出部分，用来产生旋转磁场。永磁式的优点是结构简单、运行可靠、功率因数和效率较高；缺点是体积大、起动特性欠佳。

交流永磁伺服电动机是一台机组，由永磁同步电动机、转子位置传感器、速度传感器等组成，如图 4-10 所示。当定子三相绕组通正弦交流电后，就产生一个旋转磁场，定子旋转磁场与转子的永磁磁极互相吸引，带着转子一起以同步转速旋转。

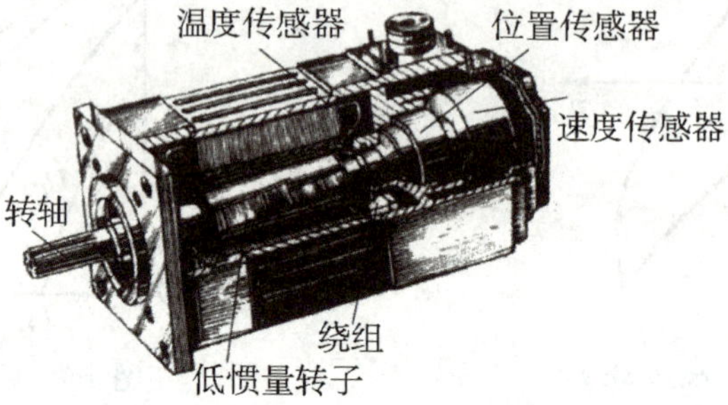

图 4-10　交流永磁伺服电动机结构

（2）传感器。为了控制转子的转向和转速，必须有转子位置检测器。为了检测电动机的实际运行速度，需要加装速度传感器。位置检测器和速度传感器一起安装在电动机转轴的非负载端。实际上，检测电动机转子的旋转速度和磁极位置可由一个传感器来实现，以便减小电动机的尺寸，并简化控制和安装。

（3）伺服驱动器。现代伺服驱动器的控制单元均采用全数字化结构，可实现高精度、快速的电流幅值控制和相位控制。它根据控制信号的大小，将所需的电压与频率可调的三相正弦交流电加到伺服电动机的定子绕组中，达到控制电动机转速和转矩的目的。

3. 交流永磁伺服电动机的选用

永磁方波交流伺服系统，对转子位置传感器的要求较低，一般采用霍尔元件，结构简单，系统成本低。但是定子磁场非连续旋转，力矩波动大，在满足性能要求时，宜优先选用方波驱动方式。

永磁正弦波交流伺服系统，电动机低速平稳性好，力矩波动小，可以获得很宽的调速范围，适用于速度精度或位置精度要求很高的数控机床、机器人等场合。

4. 交流伺服系统实例介绍

松下 MINAS 系列全数字化交流伺服系统是 20 世纪 90 年代初期投入批量化生产的全新数字化交流伺服系统。该系统响应快、精度高，是目前体积最小、质量最轻的交流伺服系统产品之一。该产品已经广泛应用于数控机床、机器人、轻工机械、纺织机械、医疗器械、自动化生产线、半导体生产线等各种需要精确调速、定位及运动轨迹控制的场合。图 4-11 是 MINAS 交流伺服系统的示意图。

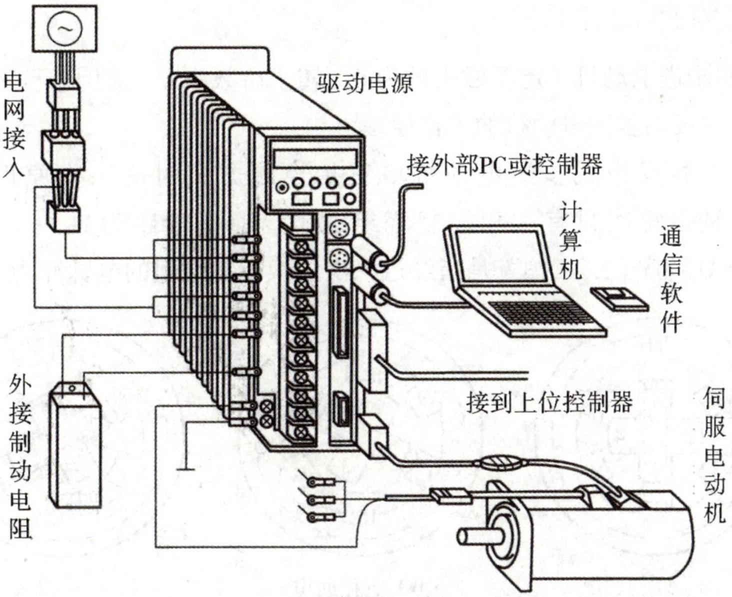

图 4-11　MINAS 交流伺服系统的示意图

MINAS 交流伺服系统的额定功率为 0.03 ～ 5 kW，最大转矩为 0.28 ～ 47.6 N·m，最高转速为 2 000 ～ 5 000 r/min。传感器采用 2 500 p/r（每转脉冲数）的光电增量码盘或 17 位型（2_{17}）绝对值码盘。系统控制模式有位置控制、速度控制、转矩控制、位置 / 速度控制、位置 / 转矩控制、速度 / 转矩控制、全闭环 7 种，位置和速度控制精度高。系统可以直接受个人计算机的控制，并通过输出电缆驱动交流伺服电动机，电动机的转动情况通过同轴电缆反馈到控制系统，使设备系统的整体控制十分方便。

4.2　步进电动机的应用

4.2.1　基本结构

反应式步进电动机的定子相数一般为 2 ～ 6 个，定子磁极数为定子相数的两倍，其结构如图 4-12 所示。图 4-12 中，步进电动机的定子铁心和转子铁心均由硅钢片叠压而成；定子铁心上有均匀分布的六个磁极，磁极上有控制（励磁）绕组，两个相对的磁极组成一相，三相绕组接成星形联结；转子铁心上没有绕组，转子具有均匀分布的若干个齿，且转子小齿宽度等于定子极靴小齿宽度。

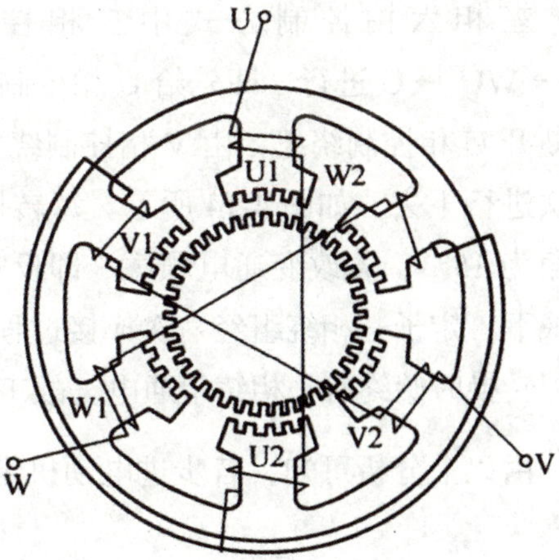

图 4-12　反应式步进电动机的结构

4.2.2 工作原理

下面以三相步进电动机（定子磁极数为 6，转子齿数为 4）为例进行工作原理分析。

1. 单相三拍控制步进电动机的工作原理

图 4-13 为三相反应式步进电动机单三拍控制方式时的工作原理图。单三拍控制中的“单”是指每次只有一相控制绕组通电，通电顺序为 U→V→W→U 或按 U→W→V→U 顺序。“三拍”是指经过三次切换控制绕组的电脉冲为一个循环。

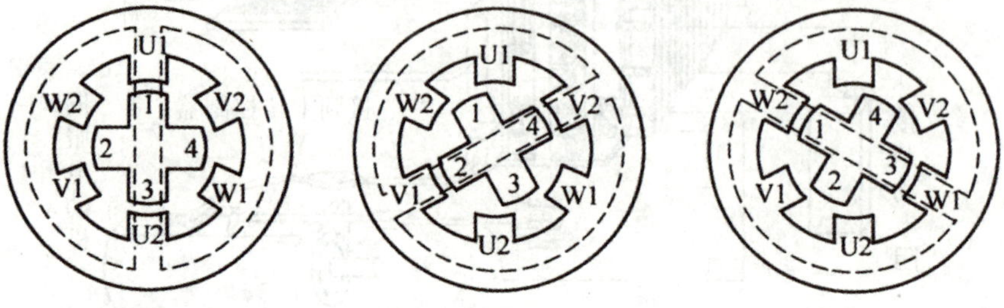

（a）U 相通电　（b）V 相通电　（c）W 相通电

图 4-13　三相反应式步进电动机单三拍控制方式的工作原理

当 U 相控制绕组通入电脉冲时，U1、U2 就成为电磁铁的一对极。由于磁路磁通要沿磁阻最小的路径来闭合，故将使转子齿 1、3 和定子磁极 U、U2 对齐，即形成 U1、U2 轴线方向的磁通 Φ_U，如图 4-13（a）所示。U 相电脉冲结束，接着 V 相通入电脉冲，基于上述原因，转子齿 2、4 与定子磁极 V1、V2 对齐，如图 4-13（b）所示，转子沿逆时针方向转过 30°。V 相脉冲结束，随后 W 相控制绕组通入电脉冲，使转子齿 3、1 和定子磁极 W1、W2 对齐，转子又沿空间逆时针方向转过 30°，如图 4-13（c）所示。

从以上分析可知，如果按照 U→V→W→U 的顺序通入电脉冲，转子逆时针方向一步一步转动，每步转过 30°，该角度称为步距角。电动机的转速取决于电脉冲的频率，频率越高，转速越高。若按 U→W→V→U 顺序通入电脉冲，则电动机反向旋转。三相控制绕组的通电顺序及频率大小，通常由电子逻辑电路来实现。

2. 三相六拍控制方式步进电动机的工作原理

三相六拍控制方式中三相控制绕组的通电顺序按 U→UV→V→VW→W→WU→U 进行，即先给 U 相控制绕组通电，而后 U、V 两相控制绕组同时通电；然后断开 U 相控制绕组，由 V 相控制绕组单独通电；再使 V、W 两相控制绕组同时通电，依次进行下去，如图 4-14 所示。每转换一次，步进电动机沿逆时针方向转过 15°，即步距角为 15°，若改变通电顺序（即反过来），步进电动机将沿顺时针方向旋转。该控制方式下，定子三相绕组经六次换接过程完成一次循环，故称为“六拍”控制。此种控制方式因转换时始终有一相绕组通电，故工作比较稳定。

由以上分析可知，若步进电动机定子有三相绕组六个磁极，极距为$\frac{360°}{6}=60°$，转子

齿数为 $z_r=4$，齿距角为 $\frac{360°}{4}=90°$ 。当采用三拍控制时，每一拍转过 30° ，即 $\frac{1}{3}$ 齿距角；当采用六拍控制方式时，每一拍转过 15° ，即 $\frac{1}{6}$ 齿距角。因此，步进电动机的步距角 θ 与运行拍数 m、转子齿数 z_r 有关，具体关系如下。

$$\theta=\frac{360°}{z_r m}=\frac{2\pi}{z_r m}$$

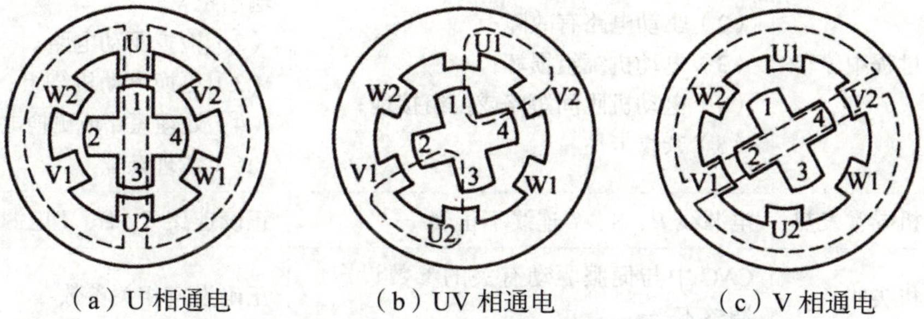

图 4-14 三相六拍控制方式步进电动机的工作原理

若脉冲频率为 f（单位为 Hz），步距角 θ 的单位为弧度（rad），则当连续通入控制脉冲时，步进电动机的转速 n（单位为 r/min）为

$$n=\frac{\theta f}{2\pi}\times 60=\frac{60f}{z_r m}$$

所以，步进电动机的转速与脉冲频率 f 成正比，并与频率同步。

由以上两个表达式可知，电动机的运行拍数 m、转子齿数 z_r 越多，相应脉冲电源越复杂，造价也就越高。所以步进电动机一般是做到六相。

3. 型号表示

（1）反应式步进电动机的型号表示

型号为 110BF3 的反应式步进电动机的含义如下。

① 110：电动机的外径（mm）。

② BF：反应式步进电动机。

③ 3：定子绕组的相数。

（2）混合式步进电动机的型号表示

型号为 55BYG4 的混合式步进电动机的含义如下。

① 55：电动机的外径（mm）。

② BYG：混合式步进电动机。

③ 4：励磁绕组的相数。

4. 步进电动机的常见故障及其排除方法

步进电动机的常见故障及其排除方法，见表 4-1。

表 4-1 步进电动机的常见故障及其排除方法

序号	故障现象	故障原因	故障排除方法
1	不是连续运行或有驱动脉冲但电动机不运行	电动机故障	更换电动机
2	工作过程中停车	（1）驱动电源有故障； （2）驱动电路有故障； （3）电动机绕组损坏； （4）电动机匝间短路或绕组接地； （5）杂物卡住	（1）检查驱动电源的输出，确保输出正常； （2）检查驱动电路； （3）更换电动机绕组； （4）处理短路或更换电动机绕组； （5）清理杂物
3	电动机异常发热	电源线 R、S、T 连线不正确	正确连接 R、S、T 电源线
4	电动机尖叫	CNC 中与伺服驱动有关的参数设定、调整不当	正确设定相关参数
5	工作时噪声特别大，低频旋转时有进二退一现象，高速上不去	（1）电源线相序有误； （2）电动机运行在低频区或共振区； （3）纯惯性负载、正反转频繁	（1）调整电源线相序； （2）调整加工切削参数； （3）重新考虑机床的加工能力
6	发生“闷车”现象	（1）驱动器故障； （2）电动机故障； （3）电动机定、转子之间的间隙过大； （4）负载过重或切削条件不良	（1）检查驱动器，确保有正常的输出； （2）更换电动机； （3）更换外径合适的转子； （4）改善加工条件，减轻负载
7	步进电动机失步或多步	（1）负载过大； （2）负载忽大忽小，毛坯余量分配不均匀； （3）负载转动惯量过大，起动时失步、停车时过冲； （4）传动间隙大小不均匀； （5）传动间隙使零件产生弹性变形； （6）电动机工作在振荡失步区； （7）干扰； （8）电动机故障	（1）重新调整加工程序切削参数； （2）调整加工条件； （3）重新考虑负载的转动惯量； （4）进行机械传动精度检验，进行螺距误差补偿； （5）针对零件材料重新考虑加工方案； （6）根据电动机的运行速度和工作频率调整加工参数； （7）处理好接地，做好屏蔽； （8）更换电动机

4.2.3 步进电动机的工作方式

1. 三相单三拍工作方式

定子三相控制绕组按 A → B → C → A…的顺序不断接通和断开，每一相都“单独”

进行励磁，因此称为三相单三拍。

步进电动机三相单三拍工作时，各相通电的电压和电流波形，如图 4-15 所示。其中电压波形是方波，而电流波形则由两段指数曲线组成。

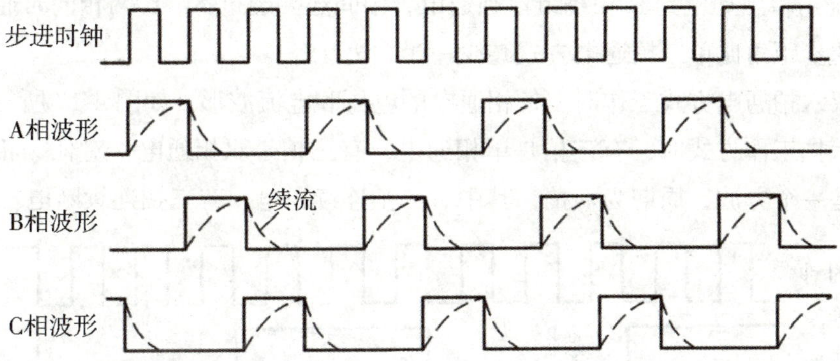

图 4-15　三相单三拍工作时的各相通电的电压和电流波形

2. 三相单双六拍工作方式

三相单双六拍的通电顺序为 A → AB → B → BC → C → CA → A…或为 A → AC → C → CB → B → BA → A…。采用这种通电方式，定子三相绕组需经过六次切换才能完成一个循环，故称为六拍，并且在通电时，有时是单个绕组接通，有时又为两个绕组同时接通，因此称为三相单双六拍。

采用三相单双六拍通电方式时，步进电动机的步距角与单三拍工作时的情况有所不同，如图 4-16 所示。

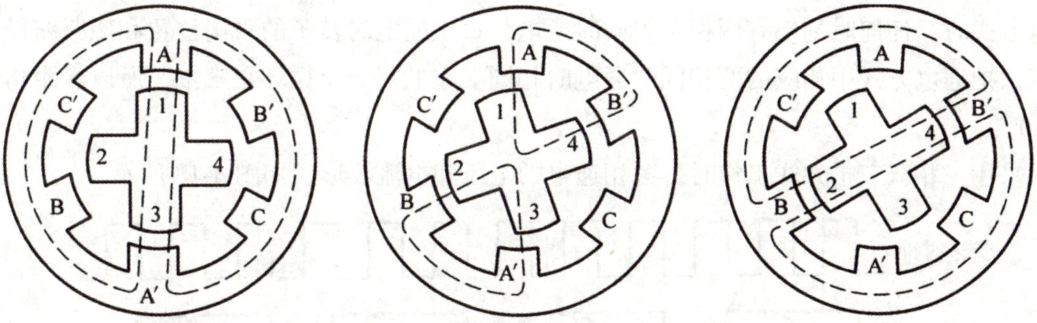

（a）A 相通电　（b）A、B 相通电　（c）B 相通电

图 4-16　三相单双六拍工作时的情况

当 A 相绕组通电时，与单三拍运行的情况相同，转子齿 1、3 与定子磁极 A、A' 对齐。如图 4-16（a）所示。当 A、B 相绕组同时通电时，转子齿 2、4 又将在定子磁极 B、B' 的吸引下使转子沿逆时针方向转动，直至转子齿 1、3 与定子磁极 A、A' 之间的作用力被转子齿 2、4 与定子磁极 B、B' 之间的作用力平衡为止，如图 4-16（b）所示。当断开 A 相绕组而只有 B 相绕组接通电源时，转子将继续沿逆时针方向转过一个角度，使转子齿 2、4 与定子磁极 B、B' 对齐，如图 4-16（c）所示。若继续按

BC→C→CA→A…的顺序通电，那么步进电动机将按逆时针方向继续转动；如果通电顺序改为A→AC→C→CB→B→BA→A…时，电动机将按顺时针方向转动。

在单三拍通电方式中，步进电动机的步距角θ_s=30°。采用单双六拍通电后，步进电动机由A相绕组单独通电到B相绕组单独通电，中间还要经过A、B两相同时通电状态，步进电动机的步距角比单三拍通电方式减少一半，θ_s=15°。

采用单双六拍通电方式工作时，各相通电的电压和电流波形，如图4-17所示。可以看出，在单双六拍工作方式时，有三拍是单相通电，有三拍是双相通电；对任一相来说，它的电压波形是一个方波，周期为六拍，其中有三拍连续通电，有三拍连续断电。

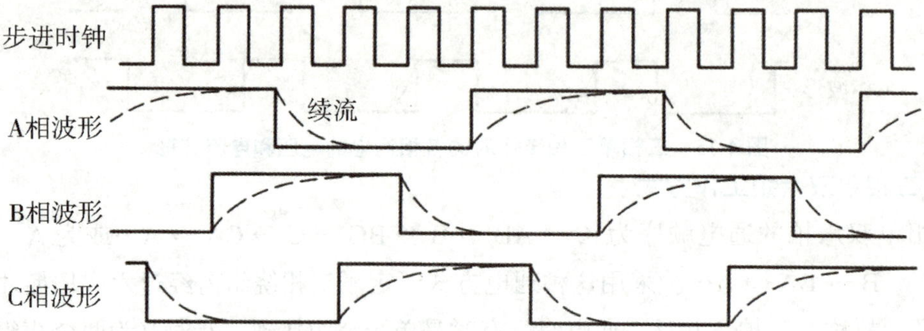

图4-17　单双六拍工作方式时的各相通电的电压和电流波形

3. 三相双三拍工作方式

除了单三拍和单双六拍通电方式外，三相步进电动机还有双三拍通电方式。双三拍的通电顺序为AB→BC→CA→AB…或AC→CB→BA→AC…。当采用三相双三拍通电方式时，任何时刻都有两相绕组同时通电，每次通电时转子的平衡位置和磁路路径与单双六拍通电方式中相应的两相同时通电时相同。它的每一个循环是三拍，所以步距角也是30°。

采用三相双三拍方式工作时，各相通电的电压和电流波形，如图4-18所示。

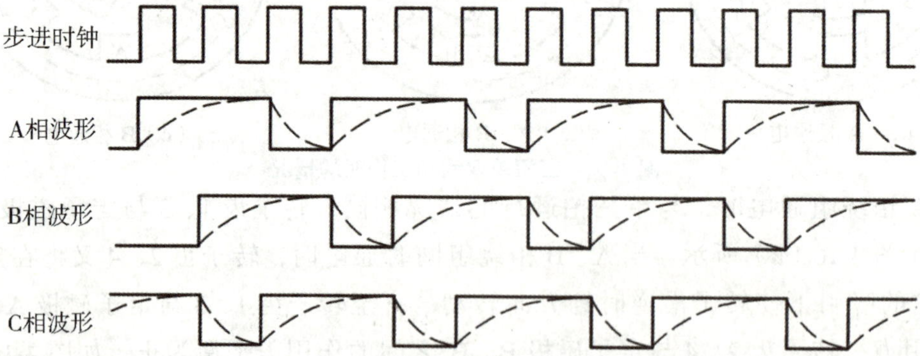

图4-18　双三拍工作方式时的各相通电的电压和电流波形

由图4-18可见，每一拍都有两相通电，每一相通电时间都持续两拍。所以，双三拍通电的时间长，消耗的电功率大，当然，获得的电磁转矩也大。双三拍通电方式还有一个优点是不易失步，有利于步进电动机在低频区工作。

步进电动机可以做成两相、三相，也可以做成四相、五相或更多。其拍数等于相数或相数的两倍。步进电动机的拍数和齿数越多，步距角 θ_s 越小，精度越高，在脉冲频率一定时，转速也越低。但供电电源和电动机结构也越复杂，成本越高，所以一般最多为六相。

4.2.4　小步距角步进电动机

上述结构的反应式步进电动机的步距角较大，如在数控机床中应用就会使加工工件的精度不高。实际采用的是小步距角的步进电动机，图 4-19 所示的结构是最常见的一种小步距角三相反应式步进电动机。它的定子上有 6 个极，上面装有绕组并接成 A、B、C 三相。转子上均匀分布着 40 个齿，定子每个磁极上也各有 5 个齿，定子、转子的齿宽和齿距都相同。当 A 相绕组通电时，电动机中产生沿 A 极轴线方向的磁场，因磁通要按磁阻最小的路径闭合，使转子受到反应转矩的作用而转动，直到转子齿和定子 A 极上的齿对齐为止。因转子上共有 40 个齿，每个齿的齿距应为$\frac{360°}{40}=9°$ ，而每个定子磁极的极距为$\frac{360°}{6}=60°$ ，所以每一个极距所占的齿距数不是整数。

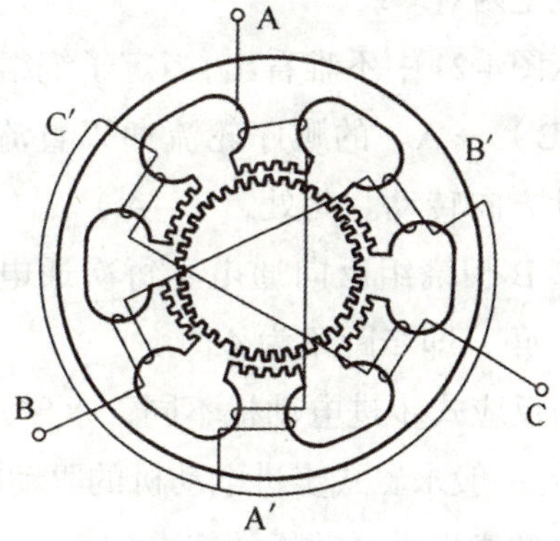

图 4-19　小步距角三相反应式步进电动机的结构

图 4-20 为小步距角三相反应式步进电动机定子、转子展开图。其中定子有 6 个磁极，转子有 40 个齿。当 A 磁极下的定子、转子齿对齐时，B 磁极和 C 磁极下的齿就分别与转子齿错开三分之一的转子齿距。

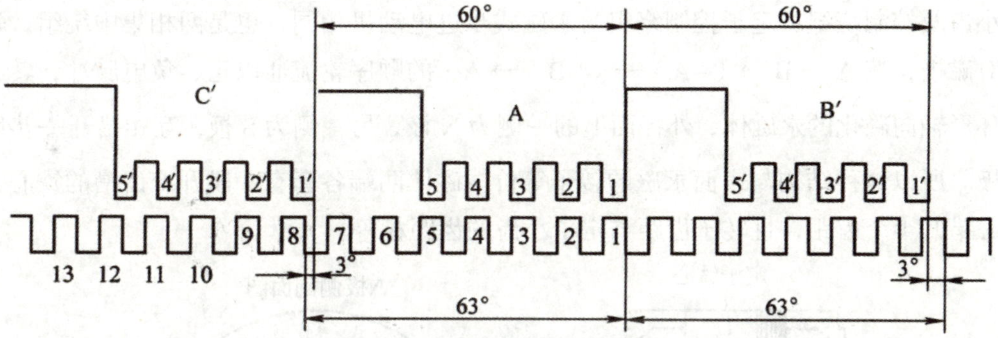

图 4-20　小步距角三相反应式步进电动机定子、转子展开图

由图 4-20 可以看出，从 A 相通电转换为 B 相通电，转子转过 3° ；若采用三相单双六拍通电方式运行，每一脉冲仅转动 1.5° 。

反应式步进电动机的转子齿数 z_R 基本上由步距角的要求所决定。但是为了能实现上述“自动错位”，转子的齿数就必须满足一定条件，而不能为任意数值。若用 m 表示相数，则当定子的相邻磁极属于不同相时，在某一极下若定子与转子的齿对齐时，则要求在相邻磁极下的定子与转子之间错开$\frac{1}{m}$齿距。

4.2.5 永磁式步进电动机

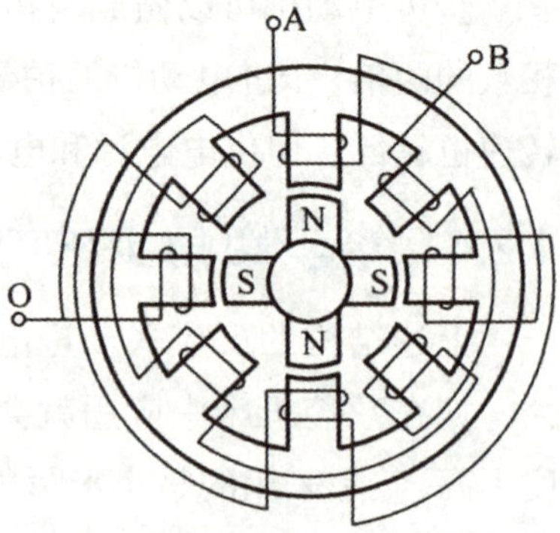

图 4-21 永磁式步进电动机的结构

永磁式步进电动机的结构，如图 4-21 所示。定子为两相集中绕组（AO、BO），每相为两对磁极；转子磁极也是两对。

从图 4-21 中不难看出，当定子绕组按 A→B→(–A)→(–B)→A…的顺序轮流通以直流电时，转子将沿顺时针方向转动。此处，(–A)、(–B)分别表示对 A 相和 B 相绕组反向通电。每次通电使转子在空间转过 45°角，即步距角为 45°。

与反应式步进电动机不同，永磁式步进电动机要求电源供给正、负脉冲，否则不能连续旋转。一般永磁式步进电动机的驱动电路要做成双极性驱动，这使供电电源的线路复杂化。

永磁式步进电动机的特点如下。

（1）大步距角，如 15°、22.5°、30°、45°、90°等。

（2）起动频率较低，通常为几十赫兹到几百赫兹（但转速不一定低）。

（3）控制功率小。

（4）在断电情况下有定位转矩。

4.2.6 感应子式步进电动机

感应子式步进电动机因转子中磁铁与极齿同时存在，所以称为混合型，其典型结构，如图 4-22 所示。它的定子铁心与反应式步进电动机相同，即分成若干大磁极，每个磁极上有小齿及控制绕组；定子控制绕组与永磁式步进电动机相同，也是两相集中绕组，每相为两对磁极，按 A→B→(–A)→(–B)→A…的顺序轮流通以正、负电脉冲；转子中间为环形轴向磁化的永磁体，外径面上的一侧为 N 极，另一侧为 S 极，互相错开$\frac{1}{2}$步距，呈多极。所以这种结构与表面永磁的转子等价。磁体两端各套有一段开有齿槽的铁心，两段铁心错开半个齿距，且转子齿距与定子小齿的齿距相等。

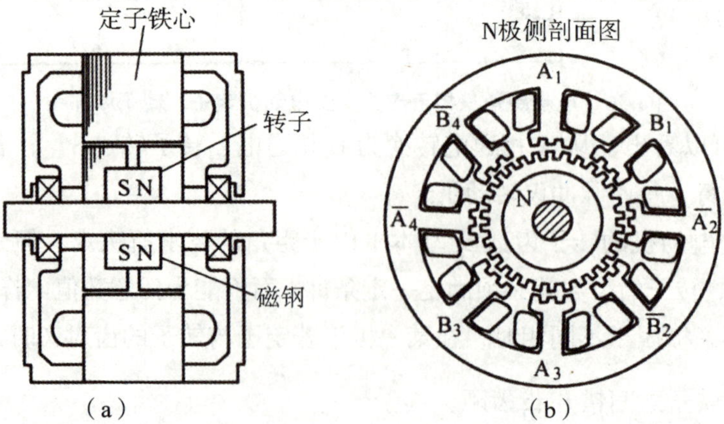

图 4-22 感应子式步进电动机的典型结构

由于定子同一个极的两端极性相同，转子两端极性相反，且错开半个齿距，所以当转子偏离平衡位置时，两端作用转矩的方向是一致的。当定子各相绕组按顺序通以直流脉冲时，转子每次将转过一个步距角。这种电动机可以像反应式步进电动机那样做成小步距角，并有较高的起动频率，同时它又具有控制功率小、输出转矩大、加速度高的优点。所以，经常被用于要求高分辨率且高精度的办公自动化设备和工业自动化设备中。

4.2.7　步进电动机的特性和参数

1. 步距角

步进电动机接收一个脉冲，转子所转过的空间角度称为步距角。步距角与相数、转子表面的齿数和励磁控制方式有关。

2. 静态步距角误差

空载时，以单脉冲输入，实际的步距角与理论的步距角之间的差值称为静态步距角误差。静态步距角误差小，表示步进电动机精度高。

3. 起动频率（突跳频率）

起动频率是指步进电动机由静止状态不失步地起动到稳速所允许的最高输入脉冲频率。这是表明步进电动机所允许的最高起动加速度。负载的惯性越大，起动频率就越低。

4. 动态输出转矩—频率特性

动态输出转矩—频率特性简称矩—频特性，是电动机连续运行时输出转矩与输入脉冲频率之间的关系，输出转矩（称为动态转矩）随频率 f 的增加而下降。因此，电动机工作时应根据该特性确定其某一负载时的最高工作频率。

5. 工作频率

步进电动机的最高工作频率大于其起动频率。这是因为步进电动机从静止起动时，需要克服惯性，而起动后，缓慢地提高脉冲频率，电动机就可以不失步地连续工作。

6. 电气参数

（1）额定电流。电动机不动时每一相绕组允许通过的电流称为额定电流。

（2）额定电压。是指驱动电源供给的电压，一般不等于加在绕组两端的电压。

4.2.8　步进电动机的控制系统

图 4-23 为完整的步进电动机控制系统框图。由运动控制器给出的输入指令是输入时钟 CK 和方向指令 DIR。它们在脉冲分配器中经逻辑组合转换成各相通断的时序逻辑信号。导通程序逻辑信号送至功率驱动级，转换成其内部功率晶体管开关的基极（或栅极）驱动信号。功率驱动级除包括功率晶体管开关及其驱动电路外，可能还包括一些电流反馈控制和限流、限压、过热保护等电路。目前，集成化的步进电动机控制电路有多种类型，但其控制系统的基本构成框图是相同的。

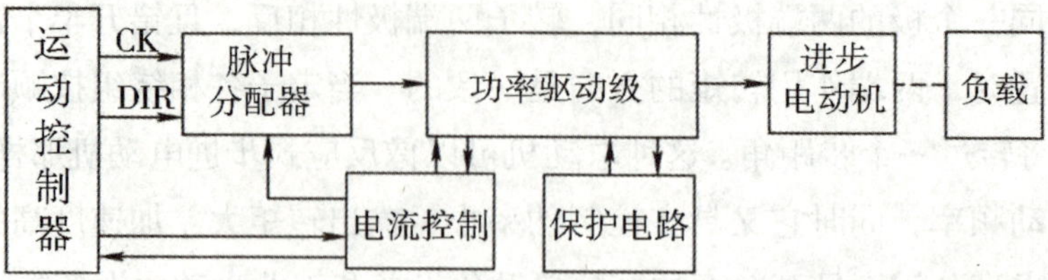

图 4-23　完整的步进电动机控制系统框图

运动控制器通常由微型计算机构成，它不但要完成位置控制，而且要设置好加速和减速过程的频率变化（即速度和加速度变化），以防止失步。脉冲分配器可设定多种不同的指令电流值，使步进电动机可实现整步、半步、$\frac{1}{4}$步、微步距控制。微步距控制技术（又称为细分技术）是步进电动机开环控制的最新技术之一，利用计算机数字处理技术和 D/A 转换控制技术，将步进电动机一个整步均分为若干个更细的微步。每个微步距可能是原来基本步距的几十分之一，甚至是数百分之一。微步距技术使步进电动机步距细化，振动、噪声和转矩波动问题得到很大改善，运转更为平稳，使步进电动机在高级控制系统中获得更大的竞争力。

4.3　同步电动机的应用

4.3.1　同步电动机的概述

1. 同步电动机的基本结构

同步电动机的基本结构模型图，如图 4-24 所示。

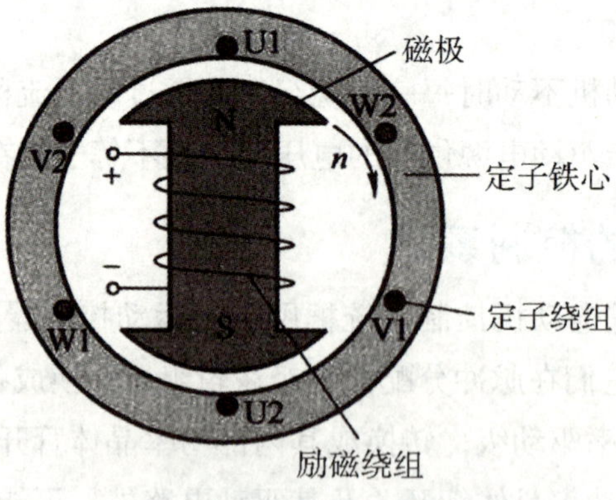

图 4-24　同步电动机的基本结构模型图

同步电动机由定子铁心、定子绕组、机座和转子中的磁极铁心与励磁绕组组成。根据励磁方式的不同又分为直流励磁和永磁式两种。直流励磁同步电动机的结构图，如图 4-25 所示。

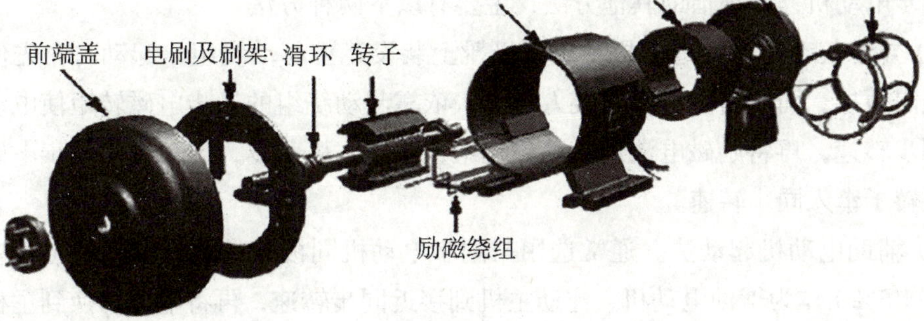

图 4-25 直流励磁同步电动机的结构图

2. 同步电动机的工作原理

大部分同步电动机的转子设计为凸极式，磁极铁心上的磁场线圈是相互串联的，并以交替相反的极性进行连接。这些线圈通过两根引线连接到轴上的两个集电环上。磁场线圈是由一台小型直流发电机或蓄电池来提供直流电源，在大多数同步电动机中，直流发电机是装在电动机轴上的，用以供应转子磁极线圈的励磁电流。由于这种同步电动机不能自动起动，所以在转子上还装有笼型绕组而作为电动机起动之用。笼型绕组放在转子的外圆上，结构与异步电动机相似。

当在定子绕组中通入三相交流电流时，电动机内就产生了一个旋转磁场，笼型绕组切割磁力线而产生感应电流，从而使电动机旋转起来。电动机旋转之后，其速度慢慢增高到稍低于旋转磁场的转速，此时转子磁场线圈经由直流电来激励，使转子上面形成一定的磁极，这些磁极就企图跟踪定子上的旋转磁极，这样就提高电动机转子的转速直至与旋转磁场同步旋转为止。

3. 同步电动机的主要运行方式

（1）发电机是最主要的运行方式。

（2）电动机是同步电机的另一种重要的运行方式。同步电动机的功率因数可以调节，在不要求调速的场合，应用大型同步电动机可以提高运行效率。近年来，小型同步电动机在变频调速系统中开始得到较多的应用。

（3）补偿机。同步电动机的电流在相位上是超前于电压的，即同步电动机是一个容性负载。为此，在很多时候，同步电动机是用以改进供电系统的功率因数的，接于电网作为同步补偿，这时电动机不带任何机械负载，靠调节转子中的励磁电流向电网发出所需的感性或者容性无功功率，以达到改善电网功率因数或者调节电网电压的目的。

4. 同步电动机的起动

同步电动机仅在同步转速下才能产生平均的转矩。如在起动时立即将定子接人电网而转子加直流励磁，则定子旋转磁场立即以同步转速旋转，而转子磁场因转子有惯性而暂时静止不动，此时所产生的电磁转矩将正负交变而其平均值为零，故电动机无法自行起动。要起动同步电动机，必须借助其他方法，主要有以下两种方法。

（1）异步起动法。在电动机主磁极极靴上装设笼型起动绕组。起动时，先使励磁绕组通过电阻短接，而后将定子绕组接人电网。依靠起动绕组的异步电磁转矩使电动机升速到接近同步转速，再将励磁电流通入励磁绕组，建立主极磁场，即可依靠同步电磁转矩，将电动机转子牵入同步转速。

（2）辅助电动机起动法。通常选用与同步电动机同极数的感应电动机（容量为主机的 10% ～ 15%）作为辅助电动机，拖动主机到接近同步转速，再将电源切换到主机定子，励磁电流通入励磁绕组，将主机牵入同步转速。

5. 型号参数

以 TDMK630-10/1180 为例，说明同步电动机型号的表示方法。

T：同步电动机。

D：电动机。

M：配套磨机。

K：配套矿山机械。

630：额定功率（kW）。

10：磁极数。

1180：定子铁心外径（mm）。

4.3.2 永磁同步电动机

1. 永磁同步电动机的结构

（1）永磁同步电动机的定子

永磁同步电动机的定子结构与工作原理和交流异步电动机一样，多为四极形式。图 4-26 为安装在机座内的定子铁心，有 24 个槽。

电动机绕组按三相四极布置，采用单层链式绕组，通电产生四极旋转磁场。图 4-27 为有绕组的定子。

图 4-26 安装在机座内的定子铁心

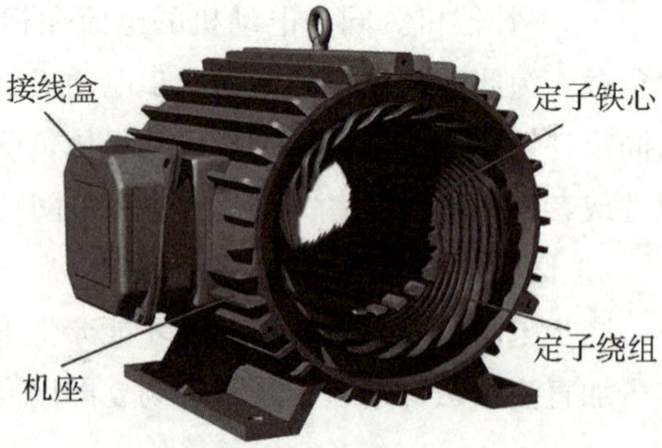

图 4-27 有绕组的定子

（2）永磁同步电动机的转子

永磁同步电动机与普通异步电动机的不同是转子结构，转子上安装有永磁体磁极，永磁体在转子中的布置位置有多种，下面介绍几种主要形式。

永磁体转子铁心仍需用硅钢片叠成，因为永磁同步电动机基本都采用逆变器电源驱动，即使产生正弦波的变频器输出都含有高频谐波，若用整体钢材会产生涡流损耗。

① 第一种形式。图 4-28（a）是一个安装有永磁体磁极的转子，永磁体磁极安装在转子铁心圆周表面上，称为表面凸出式永磁转子。磁极的极性与磁通走向如图 4-28（b）所示，这是一个四极转子。

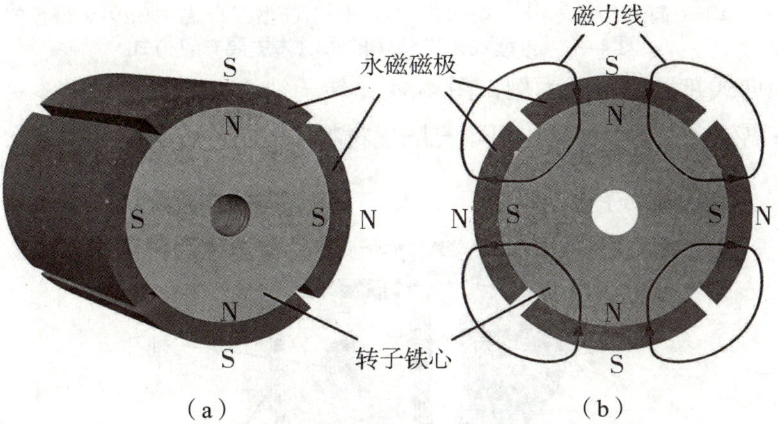

图 4-28　表面凸出式永磁转子

根据磁阻最小原理，也就是磁通总是沿磁阻最小的路径闭合，利用磁引力拉动转子旋转，于是永磁转子就会跟随定子产生的旋转磁场同步旋转。

② 第二种形式。图 4-29（a）是另一种安装有永磁体磁极的转子，永磁体磁极嵌装在转子铁心表面，称为表面嵌入式永磁转子。磁极的极性与磁通走向如图 4-29（b）所示，这也是一个四极转子。

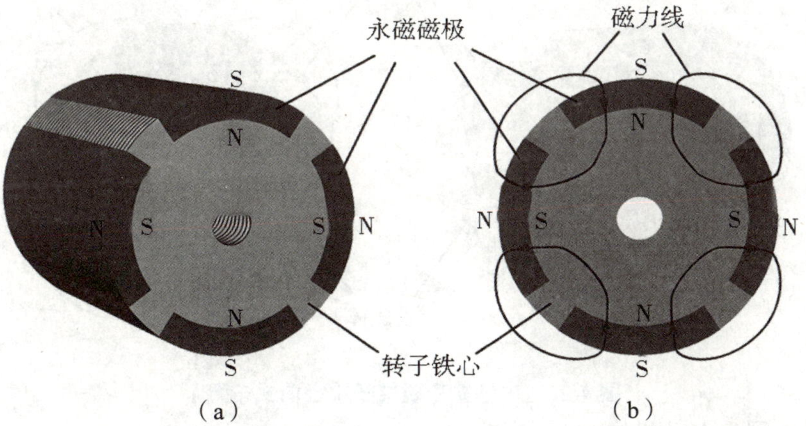

图 4-29　表面嵌入式永磁转子

③ 第三种形式。在较大的电机用得较多是在转子内部嵌入永磁体，称为内埋式永磁转子（或称为内置式永磁转子或内嵌式永磁转子），永磁体嵌装在转子铁心内部，铁心内开有安装永磁体的槽，永磁体的主要布置方式，如图 4-30 所示。在每一种形式中又有采用多层永磁体进行组合的方式。

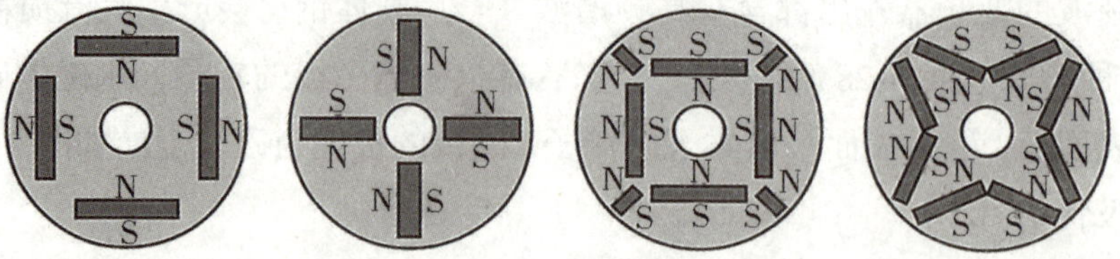

（a）径向式　（b）切向式　（c）U 型混合式　（d）V 型径向式

图 4-30　内埋式永磁转子的永磁体主要布置方式

下面以径向式布置的转子为例，图 4-31 是转子铁心，为防止永磁体磁通短路，在转子铁心还开有隔磁空气槽，槽内也可填充隔磁材料。

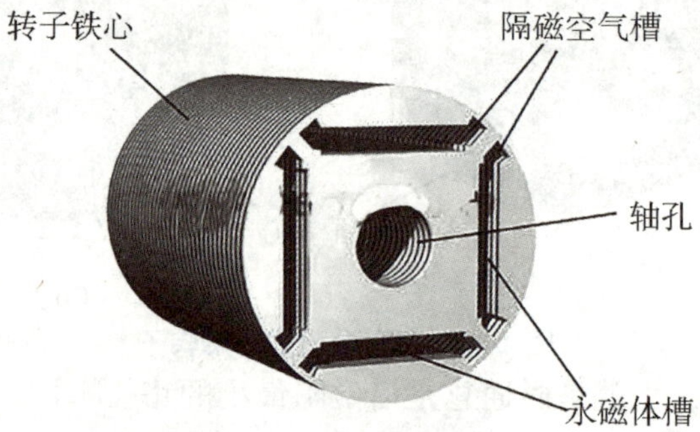

图 4-31　内埋式永磁转子（径向式布置）铁心

把永磁体插入转子铁心的安装槽内，如图 4-32（a）所示。磁极的极性与磁通走向如图 4-32（b）所示，可看出隔磁空槽减小漏磁的作用。这是一个四极转子。

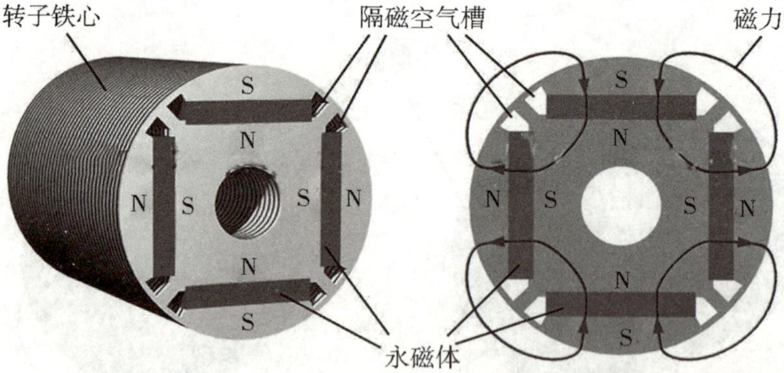

（a）　（b）

图 4-32　内埋式永磁转子（径向式布置）

（3）永磁同步电动机结构

将安装好永磁体的转子铁心插入转轴，并在转子铁心两侧安装好转子风扇，如图 4-33

所示。把转子插入定子内，安装好端盖，组装成整机，如图 4-34 所示。

图 4-33　内埋式永磁转子

图 4-34　永磁同步电动机剖视图

永磁同步电动机不能直接接通三相交流起动，因转子惯量大，磁场旋转太快，静止的转子根本无法跟随磁场起动旋转。永磁同步电动机的电源采用变频调速器提供，起动时变频器输出频率从 0 开始连续上升到工作频率，电动机转速则跟随变频器输出频率同步上升，改变变频器输出频率即可改变电动机转速，是一种很好的变频调速方式。

在电动汽车中广泛采用永磁同步电动机作为驱动动力，图 4-35 为比亚迪电动大巴的轮边电动机，这就是永磁同步电动机，最大功率为 90 kW。永磁同步电动机已在高铁动车组作为牵引电机使用，功率在 600 kW 以上。

图 4-35　比亚迪电动大巴的轮边电动机

（4）异步起动永磁同步电动机的结构

永磁同步电动机采用变频调速器，大大增加了电动机成本，在不需要调速的场合，直接用三相交流电供电的方法，在永磁转子上加装笼型绕组。有笼型绕组的永磁转子接通电源后，旋转磁场一建立，就会在笼型绕组产生感应电流，转子就会像交流异步电动机一样起动旋转，当转速接近旋转磁场的同步转速时，就会跟上同步旋转。这就是异步起动永磁同步电动机，是近些年开始普及的节能电动机。

为了安装笼型绕组，在转子铁心叠片圆周上冲有许多安装导电条的槽（孔），槽的形状可为方形、圆形或类似普通转子的嵌线槽，如图 4-36 所示。

转子铁心内部嵌装永磁体，永磁体安装方式为切向式，当然也可以采用其他形式安装。图 4-37（a）是切向安装永磁体的笼型绕组转子，这也是一个四极转子，为了防止永磁体的磁通通过转轴短路，在转轴与转子铁心间加装有隔磁材料，转子的磁通走向如图 4-37（b）所示。

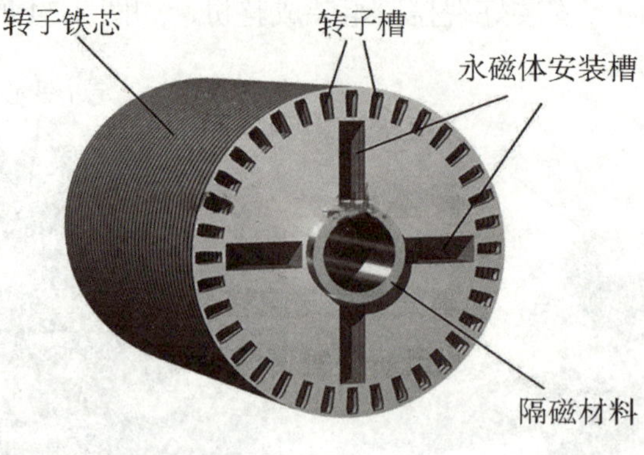

图 4-36　笼型绕组永磁转子铁心

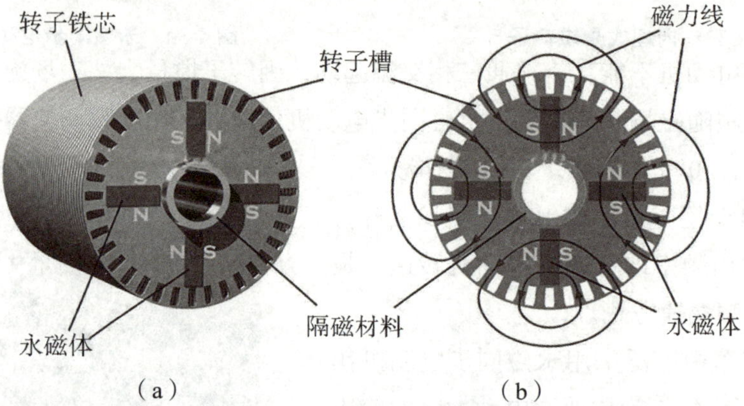

图 4-37　笼型绕组的永磁转子磁通

焊接式笼型转子在转子每个槽内插入铜条，铜条与转子铁心两端的铜端环焊接形成笼型转子。铸铝式笼型转子与普通交流异步电动机一样采用铸铝方式制作，将熔化的铝液直接注入转子槽内，并同时铸出端环与风扇叶片，在端环上要留插入永磁体的缺口，铸铝式笼型转子是廉价的做法，图 4-38 为铸铝式笼型转子。

把转子与定子、机座等部件进行组装，组装成的整机剖视图，如图 4-39 所示。

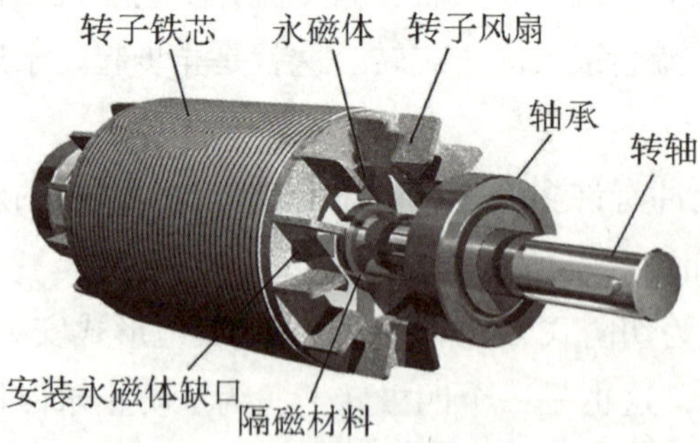

图 4-38　铸铝式笼型转子

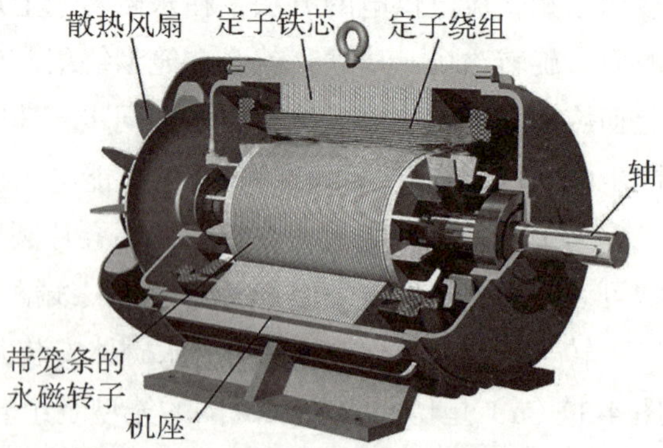

图 4-39　异步起动永磁同步电动机的整机剖视图

2. 永磁同步电动机的基本工作原理

（1）异步起动永磁同步电动机的工作原理

由电网供电（频率不变）的永磁同步电动机的转子会安装笼型绕组，在电动机的定子绕组中通入三相交流电后，就会在电动机的定子绕组中形成旋转磁场，从而在笼型绕组中产生感应电流、电磁转矩，转子就会像交流异步电动机一样起动旋转，当转速接近旋转磁场的转速时就会跟上同步旋转。所以可以把永磁同步电机的起动过程看成是由异步起动阶段和牵入同步阶段组成的。在异步起动的开始阶段，电动机的转速是从零开始逐渐增大的。

在起动过程中，只有异步转矩是驱动性质，电动机就是以这转矩来加速的，其他的转矩大部分以制动性质为主。电动机的速度由零增加到接近定子的磁场旋转转速时，在永磁体脉振转矩的影响下，永磁同步电机的转速有可能会超过同步转速而出现转速超调现象。但经过一段时间的转速振荡后，最终在同步转矩的作用下被牵入同步运行。

（2）无笼型起动绕组同步电动机的工作原理

现代变频调速用永磁同步电动机，通常不会在转子上安装笼型绕组。这种电动机不能直接通入工频的三相交流电起动，因转子惯量大，磁场旋转太快，静止的转子根本无法跟随磁场起动旋转，所以这种永磁同步电动机的电源采用变频调速器提供，起动时变频器输出频率从 0 开始连续升高到工作频率，电动机转速随着变频器输出频率的升高而同步升高。只要改变变频器输出频率即可改变电动机的转速，是一种很好的变频调速电动机。

3. 永磁同步电动机型号

以 TYC22-3000Z-180M-2 为例，说明同步电动机型号的表示方法。

TYC：永磁同步电动机。

22：额定功率（kW）。

3000：同步转速（r/min）。

Z：铸铝或铸铁机座。

180：中心高（mm）。

M：中号机座。

2：磁极数。

本章小结

伺服电动机的作用是将输入的电压信号转换为轴上的转速信号。在自动控制系统中，伺服电动机是作为执行元件来使用的。它具有服从控制信号的要求而动作的功能，在信号到来之前，转子静止不动；当信号到来后，转子立即转动；一旦信号消失，转子能快速地制动停转；若信号方向改变，转子也立即反转。由于这种“伺服”性能，因而把这类电动机称为伺服电动机。步进电动机的作用是将输入的电脉冲信号变换成输出的角位移。其运行特点是：每输入一个电脉冲，电动机就转动一个角度或前进一步。其输出的角位移与脉冲数成正比，转速与脉冲频率成正比。步进电动机在数控开环系统中作为执行元件。

步进电动机的种类很多，按工作原理的不同可分为反应式步进电动机、永磁式步进电动机和混合式步进电动机等。其中反应式步进电动机具有结构简单、反应灵敏及速度快等优点，故应用相对广泛。同步电机主要用作发电机，也可用作电动机和调相机。

在现代电力工业中，无论火力发电、水力发电，还是核能发电，几乎全部采用同步发电机。同步调相机专门用来改善电网的功率因数，以提高电网的运行经济性及电压的稳定性。永磁同步电机由于其同步特性，在控制领域中得到广泛应用。

技能实训

通电测试交流伺服电动机的工作性能

1. 接通励磁电源开关 S2，升高交流电源输出电压使励磁电压 U_F= 220 V。接通控制电源开关 S1，慢慢升高控制电压 U_C，注意观察并记录交流伺服电动机的始动电压。Ust=__________V

2. 继续升高交流伺服电动机的控制电压和转速，直至 U_C=220 V。

3. 逐渐减小控制电压使电动机减速，用手持式转速表测量交流伺服电动机对应于不同控制电压时的转速，记录对应的电压和转速，测取 7 ～ 8 组数据，记录于表 4-2 中。

4. 测试结果经指导教师确认后，依次断开开关 S2 和 S1。

表 4-2　交流伺服电动机的调速特性

u（V）								
n（r/min）								

提示

1. 控制绕组的调压器接到 U、V 相，引入线电压 UU_V，励磁绕组的变压器接到 W 相，引入相电压 U_W，这样才能使 U_F 与 U_C 相位差 90° 。

2. 测试过程中注意变压器和电动机的电压不能调得过高，以防事故。

思考练习

1. 简述宽调速直流伺服电动机的特点。
2. 简述三相单三拍步进电动机的工作方式。
3. 永磁式步进电动机有哪些特点？
4. 简述步进电动机的特性和参数。
5. 简述同步电动机的主要运行方式。

第 5 章 常用低压电气控制电路分析与设计

本章概述

低压电器是一种能根据外界的信号和要求，手动或自动地接通、断开电路，以实现对电路或非电对象的切换、控制、保护、检测、变换和调节的元件或设备。控制电器按其工作电压的高低，以交流 1 200 V、直流 1 500 V 为界，可划分为高压控制电器和低压控制电器两大类。总的来说，低压电器可以分为配电电器和控制电器两大类，是成套电气设备的基本组成元件。低压电气元件的质量将直接影响低压供电系统的可靠性。

学习目标

◎知识目标

1. 掌握常用低压电器的原理、分类、外形、结构，以及常见故障与处理方法。
2. 了解三相异步电动机的起动要求及直接起动的方法。
3. 掌握三相异步电动机的减压起动的方法、调速原理及调速方法。
4. 了解三相异步电动机的制动原理。
5. 掌握三相异步电动机能耗制动的原理及电源反接制动的原理。
6. 掌握电气控制电路设计的基本原则、基本规律。

◎能力目标

1. 能识读双速电动机控制电路原理图。
2. 能独立完成电动机的电源反接制动电路安装。

◎素质目标

1. 培养学生具有良好的安全生产意识，能够自觉按规程操作。
2. 培养学生具有环保意识，能够自觉保持工作场所的整洁。

◎思政目标

加强团队协作，培养学生严谨细致、精益求精的工匠精神和爱岗敬业的职业精神。

5.1　常用低压电器基本知识

5.1.1　低压电器的分类

低压电器

低压电器是一种能根据外界的信号和要求，手动或自动地接通、断开电路，以实现对电路或非电对象的切换、控制、保护、检测、变换和调节的元件或设备。

1. 按用途分

低压电器按用途分为控制电器、保护电器和执行电器。控制电器主要用于生产设备自动控制系统中对设备进行控制，如接触器、控制继电器、主令电器等。

保护电器主要用来保护受控对象和控制电路不受故障或事故危害，如对电动机进行短路、过载和失电压保护使其安全运行，如熔断器、电流继电器、热继电器等。

执行电器是用来带动生产机械运行或保持机械装置在固定位置上的一种执行元件，如电磁阀、电磁离合器等。

2. 按操作方式分

低压电器按操作方式分手动电器和自动电器。手动电器的动作是由工作人员手动操纵的，这类电器有刀开关、组合开关、按钮等。

自动电器的动作是根据指令、信号或某个物理量的变化自动进行的，这类电器有各种继电器、接触器、行程开关等。

随着电子技术、自动控制技术和计算机技术的飞速发展，自动电器越来越多，不少传统低压电器将被电子线路所取代。然而，即使是在以计算机为主的工业控制系统中，继电接触器控制技术仍占有相当重要的地位，因此低压电器是不可能完全被替代的。

3. 按工作环境分

低压电器按工作环境分一般用途低压电器和特殊用途低压电器。一般用途低压电器也称为基本系列低压电器，是在正常工作条件下工作的低压电器。这类电器常用于电力系统、冶金企业、机器制造业及其他工业的配电系统、电力拖动系统及自动控制系统。其他各类低压电器一般是在此类低压电器的基础上派生出来的。

特殊用途低压电器的分类如下。

（1）矿用低压电器：具有防爆功能，适用于含煤尘及甲烷等爆炸性气体的环境。

（2）化工用低压电器：具有防腐蚀功能，适用于有腐蚀性气体和粉尘的场所。

（3）船用低压电器：具有耐颠簸、振动和冲击功能，能在很大的倾斜条件下工作，而且耐潮湿、能抵抗盐雾和霉菌的侵蚀。

（4）牵引低压电器：常用于电力机车，其工作环境温度较高，能耐倾斜、振动和冲击。

（5）航空低压电器：能在任何位置上可靠地工作，体积小，重量轻，耐冲击和振动。

5.1.2　电磁式低压电器的基本结构

电磁式低压电器一般具有两个基本组成部分，即感受部分与执行部分。感受部分接受外界输入的信号，并通过转换、放大与判断做出有规律的反应；使执行部分动作，输出相应的指令，实现控制的目的。对于有触点的电磁式电器，感受部分是电磁机构，执行部分是触点系统。

1. 电磁机构

电磁机构将电磁能量转换成机械能，带动触点的闭合和分断。电磁机构由铁心、衔铁、线圈等部分组成，如图 5-1 所示。

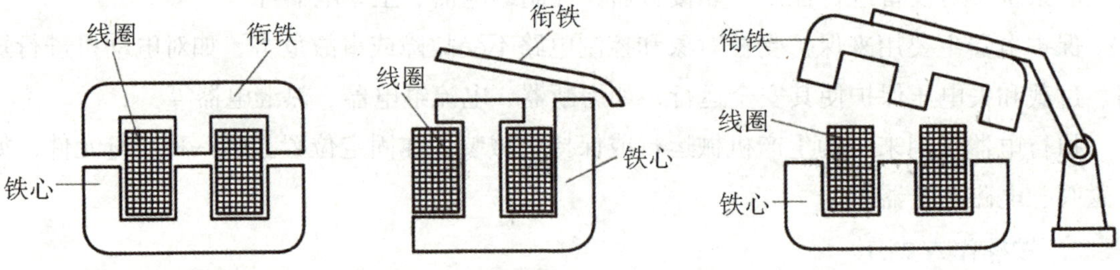

（a）直动式　（b）衔铁沿棱角转动式　（c）衔铁沿轴动动式

图 5-1　电磁机构

根据衔铁相对铁心的运动方式，电磁机构有直动式与拍合式，拍合式又有衔铁沿棱角转动和衔铁沿轴转动两种。

（1）线圈

线圈用以将电能转换为磁能。按吸引线圈通入电流性质不同，电磁机构分为直流电磁机构和交流电磁机构，其线圈称为直流电磁线圈和交流电磁线圈。直流电磁线圈一般做成无骨架、高而薄的瘦高型，线圈与铁心直接接触，易于线圈散热；交流电磁线圈由于铁心存在磁滞损耗和涡流损耗，造成铁心发热，铁心与衔铁用硅钢片叠制而成，且为改善线圈和铁心的散热，线圈设有骨架，使铁心和线圈隔开，并将线圈做成短而厚的矮胖型。另外，根据线圈在电路中的连接方式，又有串联线圈和并联线圈。串联线圈粗导线、匝数少，其又称为电流线圈；并联线圈匝数多，线径较细，又称为电压线圈。

（2）电磁机构工作原理

当吸引线圈通入电流后，产生磁场，磁通经铁心、衔铁和工作气隙形成闭合回路，产生电磁吸力，将衔铁吸向铁心。与此同时，衔铁还受到反作用弹簧的拉力，只有当电磁吸力大于弹簧反力时，衔铁才可靠地被铁心吸住。而当吸引线圈断电时，电磁吸力消失，在弹簧作用下，衔铁与铁心脱离，即衔铁释放。

（3）直流电磁机构的特点

直流电磁机构衔铁吸合前后吸引线圈励磁电流不变，但衔铁吸合前后吸力变化很大，气隙越小，吸力越大。所以，直流电磁机构适用于动作频繁的场合，且由于衔铁吸合后电磁吸力大，工作可靠。

直流电磁机构吸引线圈断电时，由于电磁感应，将在吸引线圈中产生很大的感应电动势，其值可达线圈额定电压的十几倍，将使线圈因过电压而损坏。为此，常在吸引线圈两端并联由电阻与一个硅二极管串联组成的放电回路，正常励磁时，因二极管处于截止状态，放电回路不起作用，而当吸引线圈断电时产生的感应电动势经放电回路将其能量释放出来并消耗在电阻上，起到过电压保护的作用。

（4）交流电磁机构的特点

由于交流电磁机构的电磁吸引力是脉动的，在 50 Hz 的工频下，1 s 内有 100 次过零点，因而引起衔铁的振动，产生机械噪声和机械损坏，应加以克服。

交流电磁机构中，当电压一定时，主磁通也一定。不管有无气隙，主磁通基本保持不变。所以，交流电磁机构电磁吸力平均值基本不变，即平均吸力与气隙的大小无关。实际上，考虑到漏磁通的影响，吸力随气隙的减小而略有增大。

交流电磁机构在衔铁未吸合时，磁路中因气隙磁阻较大，维持同样的磁通所需的励磁电流即线圈电流，比吸合后无气隙时所需的电流大得多。对于 *U* 形交流电磁机构的励磁电流在线圈已通电，但衔铁尚未动作时的电流为衔铁吸合后的额定电流的 5 ～ 6 倍；对于 *E* 型电磁机构则高达 10 ～ 15 倍。所以，交流电磁机构的线圈通电后，衔铁因卡住而不能吸合，或交流电磁机构频繁工作，都将因线圈励磁电流过大而烧坏线圈。为此，交流电磁机构不适用于可靠性要求高与频繁操作的场合。

（5）交流电磁机构消除振动的方法

为了避免衔铁振动，通常在铁心端面开一小槽，在槽内嵌入铜质短路环，如图 5-2 所示。短路环把端面 S 分成两部分，即环内部分 S_1 与环外部分 S_2、短路环仅包围了磁路磁通的一部分。这样，铁心端面处就有两个不同相位的磁通 1 和 2，它们分别产生电磁吸力 F_1 和 F_2，而且这两个吸力之间存在一定的相位差。虽然这两部分电磁吸力各自都有到达零值的时候，但到零值的时刻已错开，二者的合力大于零，只要总吸力始终大于反力，衔铁便被吸牢，也就能消除衔铁的振动。

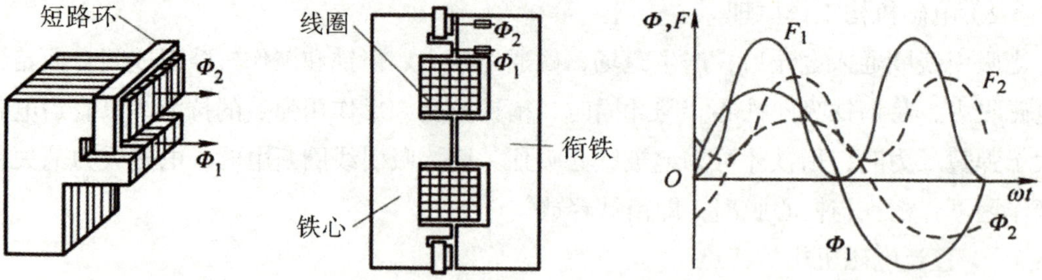

（a）点接触　（b）线接触　（c）面接触

图 5-2　交流电磁机构短路环

2. 触点系统

触点系统是一切有触点电器的执行部件，用来接通和断开电路。触点在接触时，要求其接触电阻尽可能小，为使触点接触更加紧密以减小接触电阻，同时消除开始接触时产生的振动，在触点上装有接触弹簧，使触点刚刚接触时产生初压力，随着触点闭合逐渐增大触点互压力。

（1）按接触形式分类。触点的接触形式有点接触、线接触和面接触三种，如图 5-3 所示。

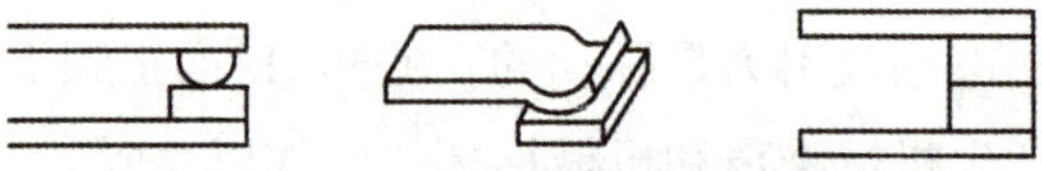

（a）点接触　（b）线接触　（c）面接触

图 5-3　触点的接触形式分类

点接触由两个半球形触点或一个半球形与一个平面形触点构成，常用于小电流的电器中，如接触器的辅助触点和继电器触点。线接触常做成指形触点结构，它们的接触区是一条直线，触点通、断过程是滚动接触并产生滚动摩擦，适用于通电次数多、电流大的场合，多用于中等容量电器。面接触触点一般在接触表面镶有合金，允许通过较大电流，中小容量的接触器的主触点多采用这种结构。

（2）按其原始状态分类。触点按其原始状态可分为常开触点（动合触点）和常闭触点（动断触点）。原始状态（吸引线圈未通电）时触点断开，线圈通电后闭合的触点叫常开触点。原始状态闭合，线圈通电断开的触点叫常闭触点。线圈断电后所有触点恢复到原始状态。

（3）按触点控制的电路分类。按触点控制的电路可分为主触点和辅助触点。主触点用于接通或断开主电路，允许通过较大的电流；辅助触点用于接通或断开控制电路，只能通过较小的电流。

（4）按触点的结构形式分类。触点的结构形式主要有桥式触点和指形触点，如图 5-4 所示。

桥式触点在接通与断开电路时由两个触点共同完成，对灭弧有利，形式一般是点接触和面接触。指形触点在接通或断开时产生滚动摩擦，这类结构触点的接触能去掉触点表面的氧化膜，从而减小触点的接触电阻。指形触点的接触形式一般采用线接触。

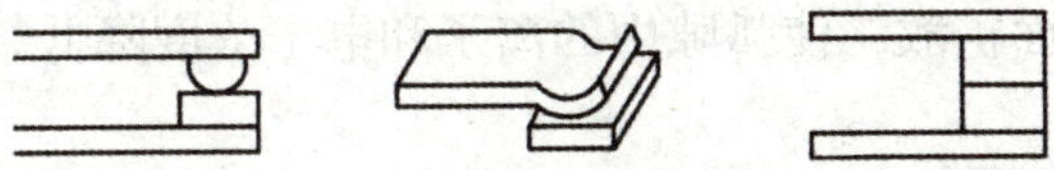

图 5-4　触点的结构形式分类

3. 电弧的产生和灭弧方法

（1）电弧的产生

在自然环境下断开电路时，如果被断开电路的电流（电压）超过某一数值时，在触点间隙中就会产生电弧。电弧实际上是触点间气体在强电场作用下产生的放电现象。这时触点间隙中的气体被游离产生大量的电子和离子，在强电场作用下，大量的带电粒子做定向运动，使绝缘的气体变成了导体。电流通过这个游离区时所消耗的电能转换为热能和光能，由于光和热的效应，产生高温并发出强光，使触点烧蚀，并使电路切断时间延长，甚至不能断开，造成严重事故。为此，必须采取措施熄灭或减小电弧。

（2）电弧产生的原因

电弧产生主要经历以下四个物理过程。

① 强电场放射。触点在通电状态下开始分离时，其间隙很小，电路电压几乎全部降落在触点间很小的间隙上，使该处电场强度很高，强电场将触点阴极表面的自由电子拉出到气隙中，使触点间隙的气体中存在较多的电子，这种现象称为强电场放射。

② 撞击电离。触点间的自由电子在电场作用下，向正极加速运动，经一定路程后获得足够大的动能，在其前进途中撞击气体原子，将气体原子分裂成电子和正离子。电子在向正极运动过程中将撞击其他原子，使触点间隙中气体电荷越来越多，这种现象称为撞击电离。

③ 热电子发射。撞击电离产生的正离子向负极运动，撞击在负极上使负极温度逐渐升高，并使负极金属中电子动能增加，当负极温度达到一定程度时，一部分电子有足够动能将从负极表面逸出，再参与撞击电离。由于高温使电极发射电子的现象称为热电子发射。

④ 高温游离。电弧间隙中的气体温度升高，使气体分子热运动速度加快，当电弧温度达到或超过 3 000 ℃时，气体分子发生强烈的不规则热运动并造成相互碰撞，使中性分子游离成为电子和正离子。这种因高温使分子撞击所产生的游离称为高温游离。

由以上分析可知，在触点刚开始分断时，首先是强电场放射。当触点完全打开时，由于触点间距离增加，电场强度减弱，维持电弧存在主要靠热电子发射、撞击电离和高温游离，其中高温游离作用最大。但是在气体分子电离的同时，还存在消电离作用。消电离是指正、负带电粒子结合成为中性粒子。复合消电离只有在带电粒子运动速度较低时才有可能。因此，冷却电弧或将电弧挤入绝缘的窄缝里，迅速导出电弧内部热量，降低温度，减小离子的运动速度，以便加强复合过程。同时，高度密集的高温离子和电子，要向周围密度小、温度低的介质表面扩散，使弧隙中的离子和电子浓度降低，电弧电流减小，使高温游离大为减弱。

（3）低压控制电器中常用的灭弧方法（图 5-5）

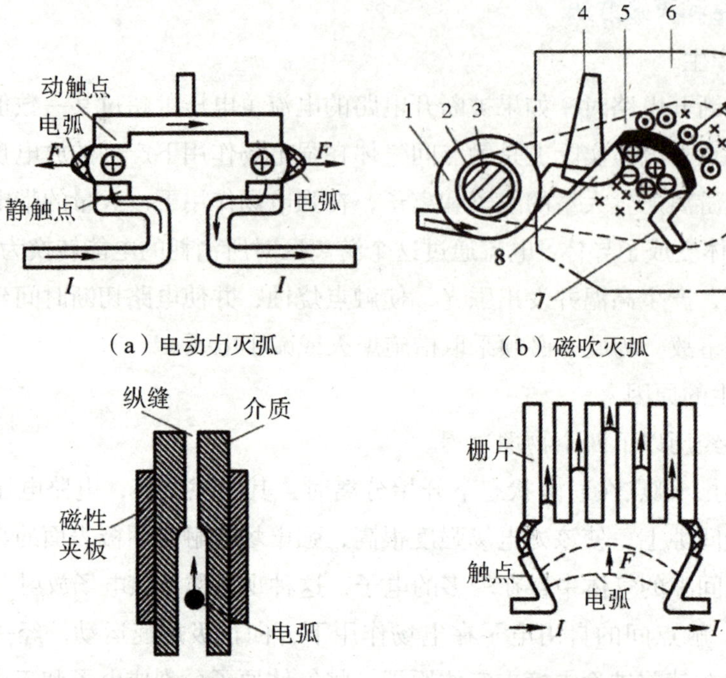

（a）电动力灭弧　（b）磁吹灭弧

（c）纵缝灭弧　（b）栅片灭弧

1- 磁吹线圈；2- 绝缘线圈；3- 铁心；4- 引弧角；

5- 导磁夹板；6- 灭弧罩；7- 动触点；8- 静触点。

图 5-5　低压控制电器中常用的灭弧方法

① 电动力灭弧法。通过机械装置将电弧迅速拉长。这种方法多用于开关电器中。

② 磁吹灭弧法。在一个与触点串联的磁吹线圈产生的磁场作用下，电弧受电磁力的作用而拉长，被吹入由固体介质构成的灭弧罩内，与固体介质相接触，电弧被冷却而熄灭。

③ 纵缝（窄缝）灭弧法。在电弧所形成的磁场电动力的作用下，可使电弧拉长并进入灭弧罩的纵缝中，几条纵缝可将电弧分割成数段且与固体介质相接触，电弧便迅速熄灭。这种结构多用于交流接触器中。

④ 栅片灭弧法。当触点分开时，产生的电弧在电动力作用下被推入一组金属栅片中而被分割成数段，彼此绝缘的金属栅片的每一片都相当于一个电极，因而就有许多个正负极电压降。对交流电弧来说，近负极处，在电弧过零时就会出现一个 150 ～ 250 V 的介质强度，使电弧无法继续维持而熄灭。由于栅片灭弧效应在交流时要比直流时强得多，因此交流电器常常采用栅片灭弧。

4. 低压电器的主要性能参数

（1）额定电压（额定工作电压）。额定电压是低压电器在规定条件下长期工作时，能保证电器正常工作的电压值，通常是指主触点的额定电压。有电磁机构的控制电器还规定了吸引线圈的额定电压。

（2）额定电流（额定工作电流）。额定电流是根据电器在具体的使用条件下，能保证电器正常工作时的电流值。它与规定的使用条件（电压等级、电网频率、工作制、使用类别等）有关，同一电器在不同的使用条件下，有不同的额定电流等级。

（3）通断能力。通断能力是指低压电器在规定的条件下，能可靠接通和分断的最大电流。通断能力与电器的额定电压、负载性质、灭弧方法等有很大关系。

（4）电气寿命。电气寿命是指低压电器在规定条件下，在不需维修或更换零件时的负载操作循环次数。

（5）机械寿命。机械寿命是指低压电器在需要维修或更换机械零件前所能承受的无载操作次数。

此外，低压电器的参数还有线圈的额定参数、辅助触点的额定参数等。

5.1.3　电气制图与识图基础知识

1. 电气控制系统图中的图形符号和文字符号

中国国家标准化管理委员会规定的图形符号基本与国际电工委员会（IEC）标准相同。中国国家标准化管理委员会对文字符号也详细的进行说明，必须遵照执行。

2. 电工图的种类

电工图的种类有许多，如电气原理图、电气安装接线图、电器布置图、端子排图和展开图等。其中，电气原理图、电气安装接线图和电器布置图是最常见的三种。

（1）电气原理图

电气原理图是采用国家标准规定的图形符号与文字符号代表的各种元件，按需要的控制要求与动作原理，用线条代表导线连接关系，但不按元件的实际位置、大小、安装方式，仅表示工作原理的图形。电气原理图包括主电路和辅助电路两大部分。电气原理图的基本规则与要求如下。

① 主电路一般绘制在电气原理图的左侧，辅助电路放在电气原理图的右侧。动力电路、控制和信号电路应分别绘出。动力电路电源绘成水平线，接受电的动力装置及其保护电器支路应垂直电源电路画出。各个接线端子都要用数字编号，动力电路的接线端子用一个字母后面附一位或二位数字的编号表示，如 U_{11}、V_{11}、W_{11}。

② 控制和信号电路应垂直地绘在两条水平电源线之间。耗能元件（如线圈、电磁铁、信号灯等）应直接连接在接地的水平电源线上，控制触点连接在上方水平线与耗能元件之间。辅助电路的接线端子只用数字编号。

③ 电气原理图上各电路的安排应便于分析、维修和寻找故障，按动作顺序和信号流自上而下和自左到右的原则绘制。功能相关的电气元件应绘在一起，使它们之间关系明确。

④ 各个电气元件在电气原理图中的位置，一般根据便于阅读的原则，按照其动作顺序从上到下、从左至右依次排列，可以水平布置，也可以垂直布置。

⑤ 同一电气元件的各个部分可以不画在一起，但文字符号必须相同，用导线将电气元件各导电部件连接起来。

⑥ 所有电器元件的触点，都按“平常”状态画出，即均按线圈没有通电或不受外力作用时的状态画出。对于主令开关是指手柄置于“零位”时各触点位置；电器应是未通电时的状态；二进制元件应是置零时的状态；机械开关应是循环开始前的状态。

⑦ 有直接电联系的交叉导线连接点要用实心黑圆点表示。

（2）电气安装接线图

电气安装接线图主要用来表示电气控制系统中各种电气设备之间的实际接线关系，它是根据电器元件的布置合理、经济等原则来安排的。它可以清楚地表明各电器元件之间的电气连接，是实际安装接线的重要依据。

绘制时应把各电器元件的各个部分（如接触器的线圈和触点）画在一起，文字符号、元件连接顺序、线路号码都必须与电气原理图一致。不在同一控制箱和配电屏上的各电气元件都必须经接线端子板连接。电气安装接线图中的电气连接关系用线束来表示，连接导线应注明导线规范（数量、截面积等），一般不表明实际走线途径，施工时根据实际情况选择最佳走线方式。对于控制装置的外部连接线应在图上或用接线表示清楚，并标明电源的引入点。

（3）电器布置图

电器布置图用来表明电气设备上所有电动机和各电器元件的实际位置，如电动机要和被拖动的机械部件在一起、行程开关应放在要取得信号的地方、操作元件放在操作方便的地方、一般电器元件应放在控制柜内，从而为生产机械上电气控制设备的安装和维修提供必备的资料。

电器布置图主要由机床电气设备布置图、控制柜及控制板电气设备布置图、操纵台及悬挂操纵箱电气设备布置图等组成。在图中各代号应和相关电路图及其清单上的代号保持一致，电器元件之间还应留有导线槽的位置。

3. 识图的基本方法

（1）结合电工基础知识识图。在实际生产的各个领域中，所有电路（如输变配电、电力拖动和照明等）都是建立在电工基础理论之上的。因此，要想准确、迅速地看懂电气图，必须具备一定的电工基础知识。例如，三相笼型异步电动机的正转和反转控制，就是利用三相笼型异步电动机的旋转方向是由电动机三相电源的相序来决定的原理，用倒顺开关或两个接触器进行切换，改变输入电动机的电源相序，以改变电动机的旋转方向。

（2）结合电器元件的结构和工作原理识图。电路中有各种电器元件，如配电电路中的负荷开关、断路器、熔断器、互感器、仪表等，电力拖动电路中常用的各种继电器、接触器和各种控制开关等，电子电路中常用的各种二极管、三极管、晶闸管、电容器、电感器及各种集成电路等。因此，在识读电气图时，首先应了解这些元器件的性能、结构、工作原理、相互控制关系及在整个电路中的地位和作用。

（3）结合典型电路识图。典型电路就是常见的基本电路，如电动机的起动、制动、正反转控制、过载保护电路，时间控制、顺序控制、行程控制电路等。不管多么复杂的电路，都是由若干基本电路组成的。因此，熟悉各种典型电路，在识图时就能迅速地分清主次环节，抓住主要矛盾，从而看懂较复杂的电路图。

（4）结合有关图样说明识图。凭借所学知识阅读图样说明，有助于了解电路的大体情况，便于抓住看图的重点，达到顺利识图的目的。

（5）结合电气图的制图要求。绘制电气原理图的规则和要求是为了加强图样的规范性、通用性和示意性，可以利用这些识图知识准确识读电气图样。

5.2　常用低压电器

低压电器通常是指在交流 1 200 V 及以下或直流 1 500 V 及以下电路中，起通断、控制、保护和调节作用的电气设备。其主要作用是接通或断开电路中的电流，因此，“开”和“关”是低压电器最基本和最典型的功能。

5.2.1　刀开关

1. 刀开关的用途

刀开关是一种结构简单且应用广泛的手控电器，一般用来不频繁地接通和分断容量不太大的低压供电线路，也可作为电源的隔离开关，并可对小容量异步电动机做不频繁的全压起动和停止的控制。

2. 刀开关的结构及工作原理

如图 5-6 所示为刀开关的典型结构。推动手柄使触刀紧紧插入静夹座中，电路即被接通。刀开关的图形符号和文字符号，如图 5-7 所示。

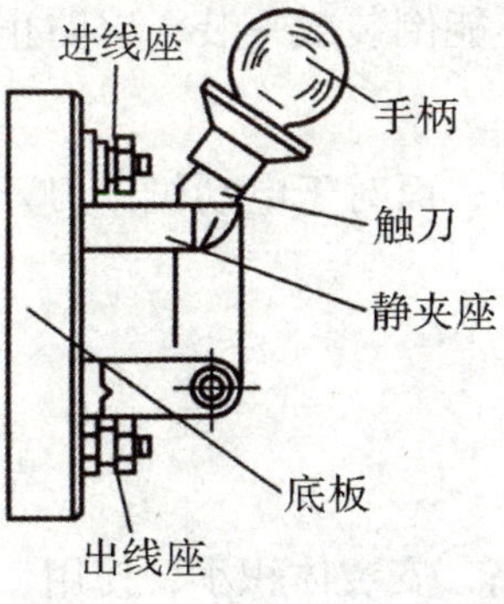

图 5-6　刀开关的典型结构

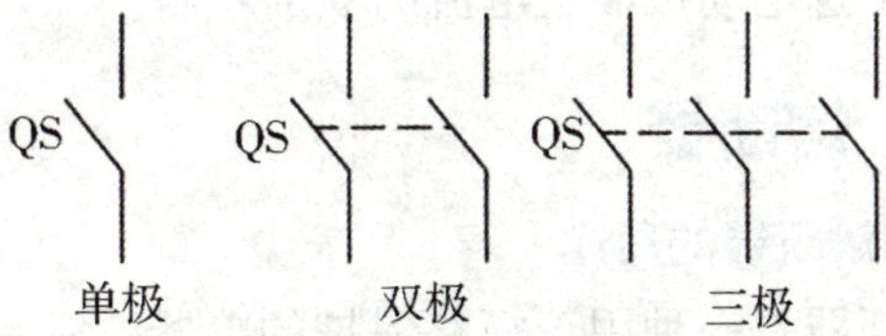

图 5-7　刀开关的图形符号和文字符号

3. 刀开关的种类

刀开关的种类很多。按刀的极数可分为单极、双极和三极；按刀的转换方向可分为单投（HD）系列和双投（HS）系列。

为了使刀开关分断时加快分断速度，有利于灭弧，在刀开关的基础上加装速断装置，再与熔断器组合就形成了封闭式负荷开关，俗称铁壳开关，其常用型号有 HH4 系列。

刀开关加装简易灭弧罩和熔丝就形成开启式负荷开关，俗称瓷底胶盖刀开关，其常用型号有 HK 系列，如图 5-8 所示。这种开关结构简单，价格低廉，常用作照明电路的电源开关．也可用来控制 5.5 kW 以下异步电动机的起动和停止。

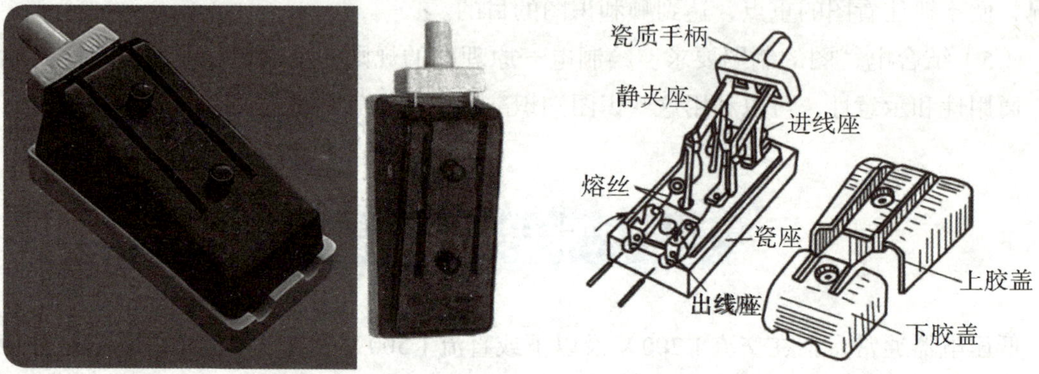

图 5-8　HK 系列刀开关

4. 刀开关的型号含义

刀开关的图形符号和文字符号，如图 5-9 所示。

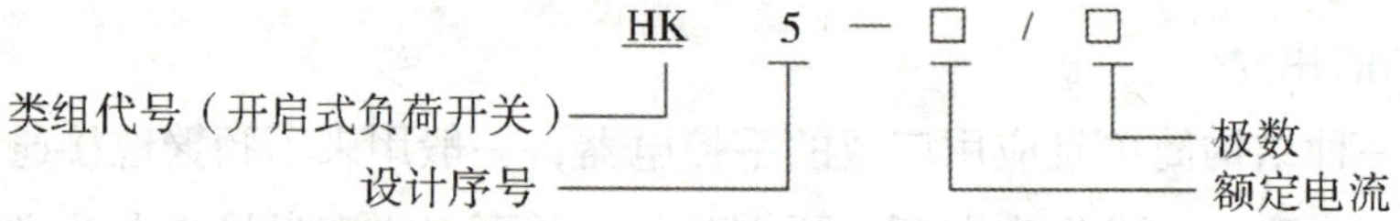

图 5-9　刀开关的图形符号和文字符号

5. 刀开关的使用注意事项

（1）电源进线应接在静触点一边的进线端（进线座应在上方），用电设备应接在动触点一边的出线端。这样当开关断开时，触刀和熔丝均不带电，可以保证更换熔丝时的安全。

（2）安装时，刀开关在合闸状态下手柄应该向上，不能倒装或平装，以防止触刀松动落下时误合闸。

（3）对于普通负载，刀开关可以根据额定电流来选择；而对于电动机，刀开关的额定电流可选电动机额定电流的 3 倍左右。

5.2.2　熔断器

1. 熔断器的用途

熔断器是一种用于短路保护的电器，它具有分断能力高，安装体积小，使用、维护方便等优点，还可以起到使电路与电源隔离的作用。

2. 熔断器的结构及工作原理

熔断器主要由熔体和安装熔体的熔管或熔座两部分组成。熔体由易熔金属——铅锡合金制成丝状或片状。熔管由陶瓷、绝缘钢纸或玻璃纤维制成，在熔体熔断时兼有熄弧作用。

熔断器的熔体与被保护电路串联。正常情况下，熔断器的熔体相当于一段导线，当电路发生短路时，熔体中流过很大的短路电流，电流产生的热量达到熔体的熔点时，熔体熔断切断电路，达到保护目的。

3. 熔断器的种类

常用的熔断器有 RCIA 系列瓷插式熔断器、RL1 和 RL5 系列（矿用）螺旋式熔断器、RM7 系列无填料封闭管式熔断器、RT0 系列有填料封闭管式熔断器等。此外，还有 RS0 系列有填料快速熔断器，主要用于半导体整流元件的短路保护。图 5-10 为几款低压熔断器的外形。熔断器的图形符号和文字符号，如图 5-11 所示。

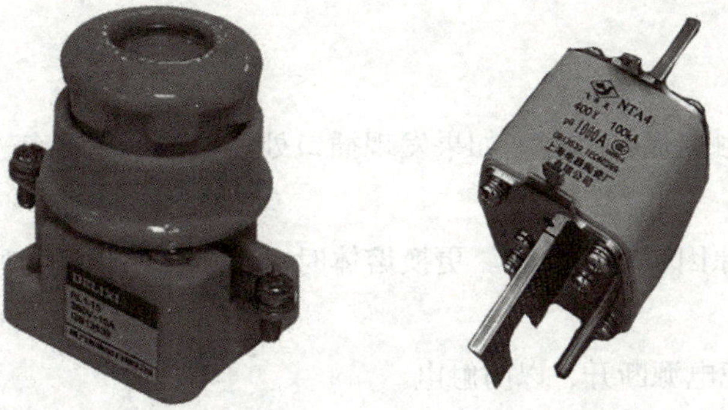

（a）　　（b）

图 5-10　低压熔断器的外形

图 5-11　熔断器的图形符号和文字符号

4. 熔断器的型号含义

熔断器的型号含义，如图 5-12 所示。

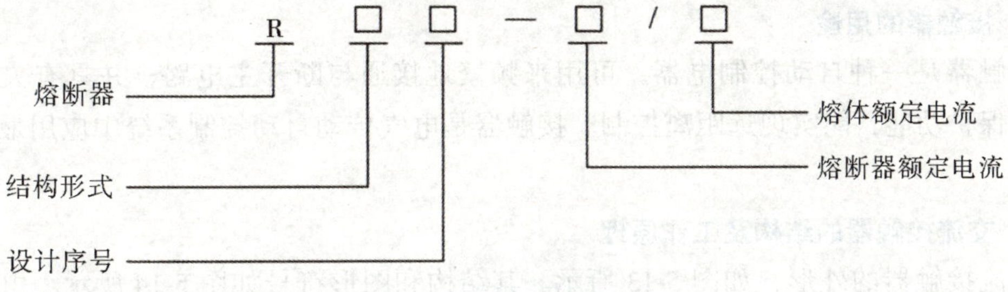

图 5-12　熔断器的型号含义

5. 熔断器的选用

熔断器在使用中应选用恰当，才能既保证电路正常工作，又起到保护作用。熔断器的额定电压应大于或等于被保护线路的工作电压，熔断器额定电流应大于或等于所装熔体的额定电流。熔体的额定电流是指相当长时间流过熔体而不熔断的电流。

熔体额定电流 I_N 可按以下几种情况选择。

（1）电炉和照明等电阻性负载，熔断器可用作过载保护和短路保护，I_N 应稍大于或等于电路的工作电流。

（2）一台电动机起动

$$I_N=(1.5\sim2.5)I'_N \tag{5-1}$$

式（5-1）中的 I'_N 是电动机的额定电流。这里考虑了电动机起动电流的短时（如 8 s）冲击影响。

（3）多台电动机不同时起动

$$I_N=(1.5\sim2.5)I'_{Nmax}+\sum I'_N \tag{5-2}$$

式（5-2）中的 I'_{Nmax} 是最大的一台电动机的额定电流，$\sum I'_N$是其余电动机额定电流的总和。

6. 熔断器的使用注意事项

（1）熔断器的插座与插片的接触要保持良好。如果发现插口处过热或触头变色，则说明插口处接触不良，应及时修复。

（2）熔体烧断后，应首先查明原因，排除故障。更换熔体时，新熔体的规格与原来的要一致。

（3）更换熔体或熔管时，必须把电源断开，以防触电。

（4）对于有指示器的熔断器，应注意经常观察。若发现熔体已烧断，要及时更换。

（5）安装螺旋式熔断器时，熔断器下接线板的接线端子应安装在上方，并与电源线连接；连接金属螺纹壳体的上接线端子应装于下方，并与用电设备的导线连接。

5.2.3 接触器

1. 接触器的用途

接触器是一种自动控制电器，可用来频繁地接通与断开主电路，并具有欠压和零压释放保护功能，能实现远距离控制。接触器是电气传动自动控制系统中应用最广泛的电器。

2. 交流接触器的结构及工作原理

交流接触器的外形，如图 5-13 所示。其结构和图形符号如图 5-14 所示。由电磁系统、触头系统、灭弧装置等部分组成。

（1）电磁系统。用来操纵触头的闭合与分断，由铁心、线圈和衔铁 3 部分组成。当线圈通电后，衔铁在电磁吸力的作用下，克服反力弹簧的拉力与铁心吸合，带动触头动作，从而接通或断开相应电路；当线圈断电后，动作过程与上述相反。交流接触器为了减小其吸合时产生的振动和噪声，在铁心上装设了短路环。

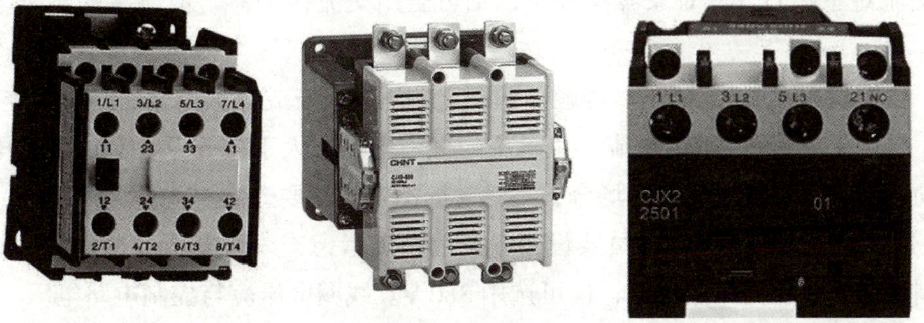

（a）CJ20 系列交流接触器　（b）CJ40 系列交流接触器　（c）CJX2 系列交流接触器

图 5-13　交流接触器的外形

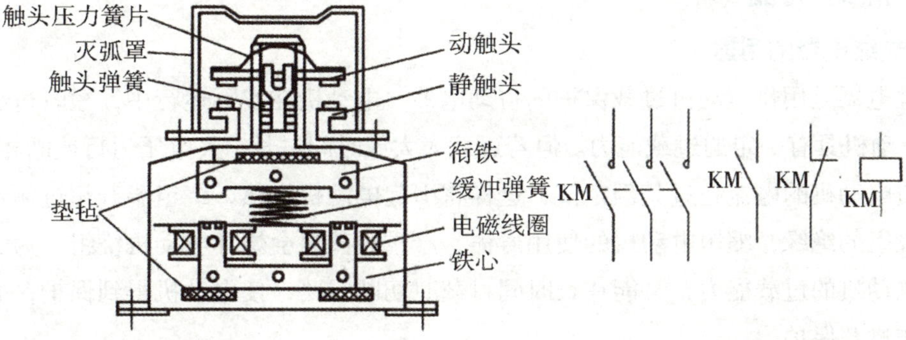

（a）结构　（b）图形符号

图 5-14　交流接触器的结构和图形符号

（2）触头系统。是接触器的执行元件，用以接通或分断所控制的电路，必须工作可靠、接触良好。根据用途不同，可分为主触头和辅助触头。主触头用以通断电流较大的主电路，一般由三对动合触头组成；辅助触头由动合触头和动断触头成对组成，用于通断小电流的控制电路，常起自锁和电气联锁作用。

（3）灭弧装置。主触头额定电流在 10 A 以上的接触器都有灭弧装置，在断开主电路的大电流时，迅速消除电弧。交流接触器通常采用电动力、纵缝和金属栅片等方式进行灭弧。

3. 交流接触器的型号含义

交流接触器的型号含义，如图 5-15 所示。

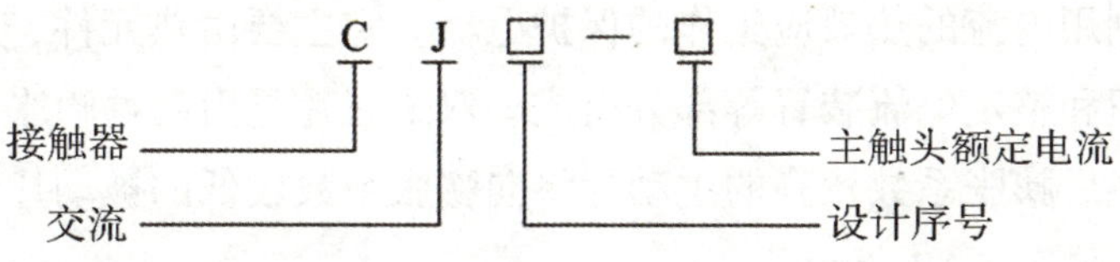

图 5-15　交流接触器的型号含义

4. 接触器的选用

（1）选择类型。根据控制对象的电流类型来选用交流或直流接触器。如控制系统中主要是交流对象，而直流对象容量较小，则可全用交流接触器，但触头的额定电流要选大些。

（2）选择触头的额定电压。接触器的额定电压应大于或等于负载回路的额定电压。

（3）选择主触头的额定电流。主触头的额定电流应大于或等于负载的额定电流。在频繁起动、制动和频繁正反转的场合，主触头的额定电流要选大一些。

（4）选择线圈电压。从人员及设备安全的角度考虑，线圈电压可选择低一些。但从简化控制线路、节省变压器考虑，也可选用 380 V。线圈电压应与控制电路电压一致。

（5）接触器的触头数量和种类应满足控制电路要求。

5.2.4 热继电器

1. 热继电器的用途

热继电器是用作电动机过载保护的自动电器。电动机在实际运行中，短时过载是允许的，即电动机具有一定的过载能力。但若过载太大或时间过长、欠电压运行或断相运行等，都可能使电动机的电流超过其额定值，这样将引起电动机发热，绕组温升超过额定温升，将损坏绕组的绝缘，缩短电动机的使用寿命，严重时甚至会烧坏电动机绕组。为了最大限度发挥电动机的过载能力，又能在长时间过载时切断线路，使电动机得到保护，而采用热继电器作过载保护。

2. 热继电器的结构

热继电器的外形，如图 5-16 所示。

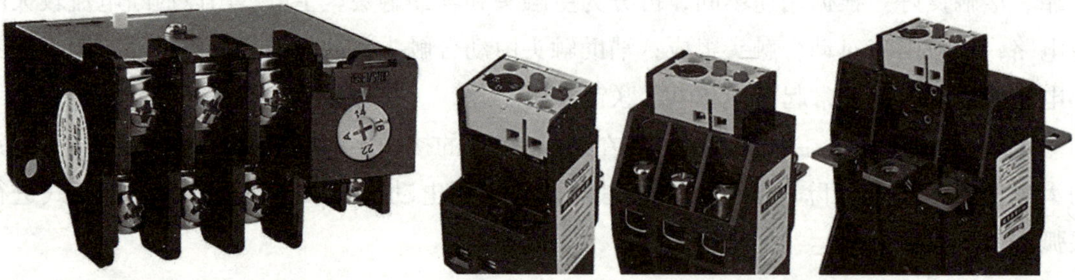

（a）JR36 系列热继电器　　（b）JR20 系列热继电器

图 5-16　热继电器的外形

热继电器是利用电流的热效应工作的保护电器。它主要由热元件、双金属片、触头、动作机构复位按钮和整定电流装置等部分组成。双金属片是由两种膨胀系数不同的金属片碾压而成的，受热后膨胀系数较高的主动片将向膨胀系数较低的被动片弯曲。热继电器的结构及图形符号，如图 5-17 所示。

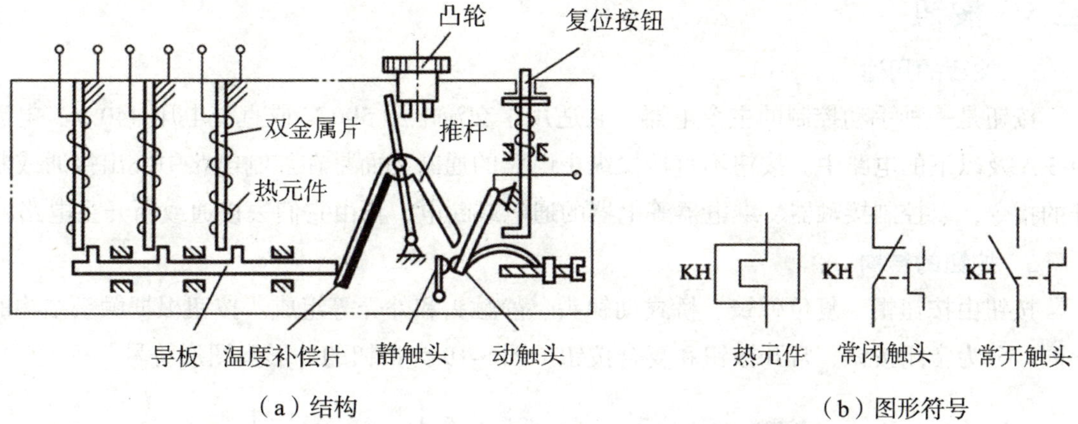

图 5-17 热继电器的结构及图形符号

3. 热继电器的工作原理

热继电器的三相热元件串接在电动机定子绕组中，绕组电流即为流过热元件的电流，常闭触头串接在控制电路中。当电动机正常工作时，热元件产生的热量虽能使双金属片弯曲，但不足以使其触头动作。当过载时，流过热元件的电流增大，其产生的热量增加，使双金属片产生的弯曲位移增大，从而推动导板，带动温度补偿双金属片和与之相连的动作机构使热继电器触头动作，切断了电动机的控制电路。

4. 热继电器的型号含义

热继电器的型号含义，如图 5-18 所示。

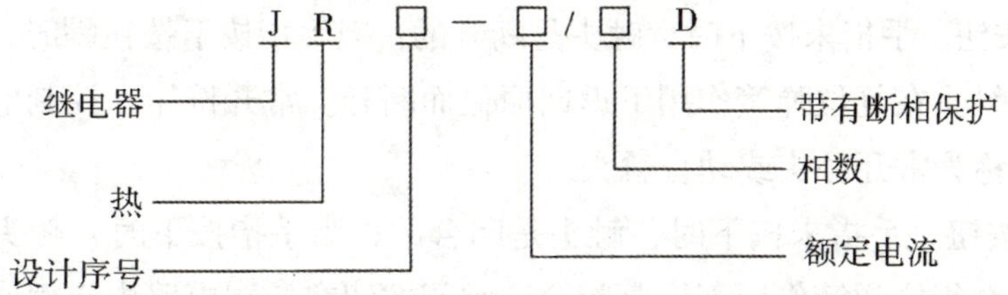

图 5-18 热继电器的型号含义

5. 热继电器的选用

热继电器由于其热惯性，当电路短路时不能立即动作切断电路，因此，不能用作短路保护。同理，当电动机处于重复短时工作时，也不适宜用热继电器作过载保护，而应选择能及时反应电动机温升变化的温度继电器作为过载保护。

对于 Y 形连接的电动机选择两相或三相结构的热继电器均可；而对于 Δ 形连接的电动机，则应选择三相带缺相保护的热继电器。

热继电器的主要技术数据是整定电流。所谓整定电流，是指长期通过发热元件而不会动作的最大电流。电流超过整定电流 20% 时，热继电器应当在 20 min 内动作，超过的数值越大，则发生动作的时间越短。整定电流的大小在一定范围内可以通过旋转凸轮来调节。选用热继电器时应取其整定电流等于电动机的额定电流。

5.2.5 按钮

1. 按钮的用途

按钮是一种手动控制的主令电器。它适用于交流电压 500 V 或直流电压 440 V、电流为 5 A 及以下的电路中。按钮不直接操纵主电路的通断，而是在控制电路中发出接通或断开的指令，以控制接触器、继电器等电器的通电或断电，再由它们去接通或断开主电路。

2. 按钮的结构

按钮由按钮帽、复位弹簧、桥式动触头、静触头和外壳等组成。按钮根据触头结构的不同，分为常闭按钮、常开按钮和复合按钮。图 5-19 为按钮的外形及图形符号。

（a）外形

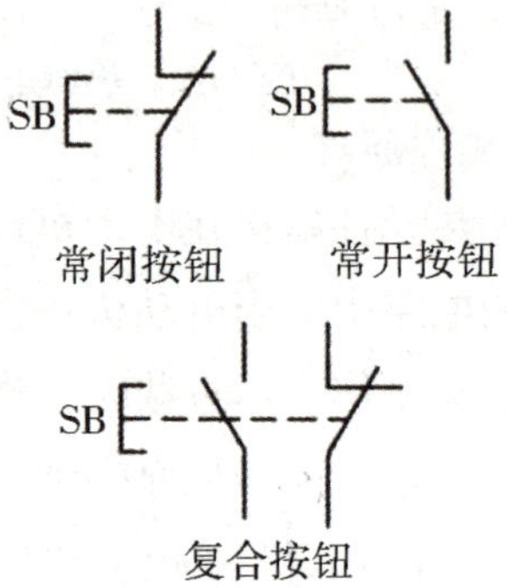

（b）图形符号

图 5-19 按钮的外形及图形符号

3. 按钮的工作原理

（1）常开按钮。手指未按下时，触头是断开的；当手指按下按钮帽时，触头被接通，而手指松开后，触头在复位弹簧作用下返回原位而断开。常开按钮在控制电路中常用作起动按钮，其触头称为常开触头或动合触头。

（2）常闭按钮。手指未按下时，触头是闭合的；当手指按下时，触头被断开，而手指松开后，触头在复位弹簧作用下恢复闭合。常闭按钮在控制电路中常用作停止按钮，其触头称为常闭触头或动断触头。

（3）复合按钮。当手指未按下时，常闭触头是闭合的，常开触头是断开的；当手指按下时，先断开常闭触头，后接通常开触头，而手指松开后，触头在复位弹簧作用下常开触头先复位，常闭触头后复位。复合按钮在控制电路中常用于电气联锁。

4. 按钮的型号含义

按钮的型号含义，如图 5-20 所示。

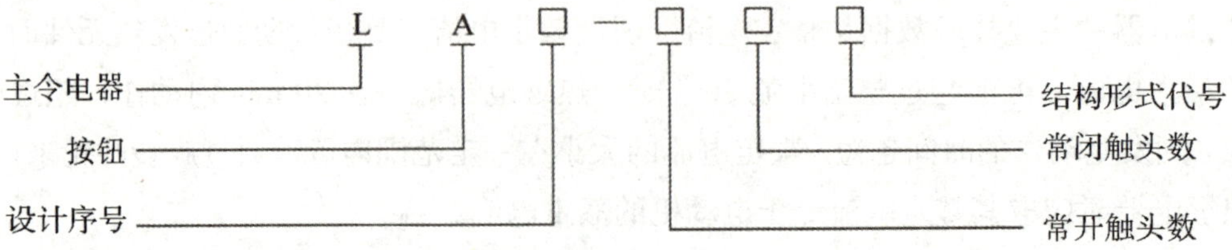

图 5-20 按钮的型号含义

5. 按钮的选用

按钮的选择主要依据是使用场合、触头数量和颜色等。通常选用交流额定电压 500 V、允许持续电流 5 A 的按钮。按钮的颜色有红、绿、黑、黄以及白、蓝等几种，供不同场合选用。全国统一设计的按钮新型号为 LA25 系列，其他常用的有 LA2、LA10、LA18、LA19、LA20 等系列。

为了便于识别各个按钮的作用，避免误操作，通常在按钮帽上做出不同标记或涂上不同的颜色。例如，蘑菇形按钮表示急停；一般红色表示停止按钮；绿色表示起动按钮。按钮必须有金属的防护挡圈，且挡圈必须高于按钮帽，这样可以防止意外触动按钮产生误动作。

5.2.6　断路器

1. 断路器的用途

断路器又称自动空气开关或低压断路器。集控制和多种保护功能于一体，在正常情况下可用于不频繁地接通和分断电路；当电路中发生短路、过载或失压等故障时，能自动切断故障电路，保护线路和电气设备。

断路器具有操作安全、安装及使用方便、工作可靠、动作值可调、分断能力较强、兼作多种保护、动作后不需要更换元件等优点，因此得到广泛应用。

2. 断路器的结构

图 5-21 为常用的单相、三相断路器的外形结构。它们主要由动触头、静触头、灭弧装置、操作机构、热脱扣器、电磁脱扣器及外壳等部分组成。

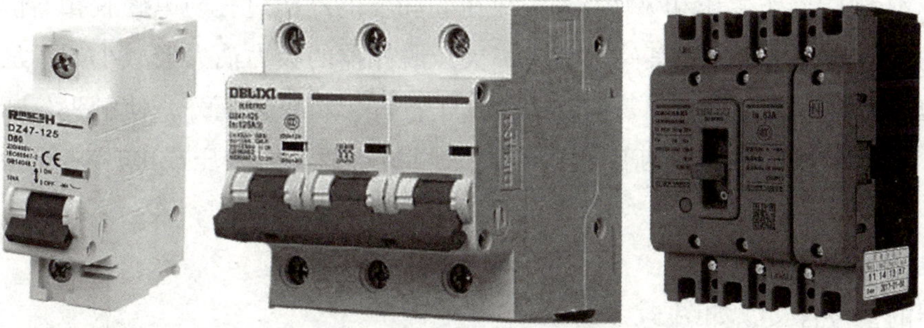

（a）单相断路器的外形结构　　（b）、（c）三相断路器的外形结构

图 5-21　断路器的外形结构

3. 断路器的工作原理

断路器的工作原理如图 5-22 所示。断路器有三组主触头，使用时串联在被控制的三相电路中，按下接通按钮时，外力使锁扣克服反作用弹簧的反力，将固定在锁扣上面的动触头与静触头闭合，并由锁扣锁住搭钩，使动、静触头保持闭合，开关处于接通状态。

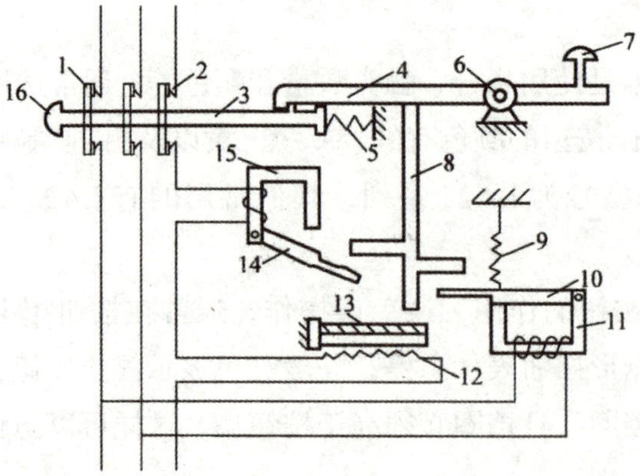

1- 动触头；2- 静触头；3- 锁扣；4- 搭钩；5- 反作用弹簧；6- 转轴座；7- 分断按钮；
8- 杠杆；9- 拉力弹簧；10- 欠压脱扣器衔铁；11- 欠压脱扣器；12- 热元件；13- 双金属片；
14- 电磁脱扣器衔铁；15- 电磁脱扣器；16- 接通按钮。

图 5-22　断路器的工作原理图

（1）热脱扣器作过载保护。当线路发生过载时，过载电流流过热元件产生一定的热量，使双金属片受热向上弯曲，通过杠杆推动搭钩与锁扣脱开，在反作用弹簧的推动下，动、静触头分开，从而切断电路，使线路或用电设备不致因过载而烧坏。整定电流的大小由电流调节装置调节。

（2）电磁脱扣器作短路保护。当线路发生短路故障时，短路电流超过电磁脱扣器的瞬时脱扣整定电流，电磁脱扣器产生足够大的吸力将衔铁吸合，通过杠杆推动搭钩与锁扣分开，从而切断电路实现短路保护。瞬时脱扣整定电流由电流调节装置调节，出厂时，电磁脱扣器的瞬时脱扣整定电流一般整定为 $10I_N$（I_N 为自动开关的额定电流）。

（3）欠压脱扣器作零压和欠压保护。欠压脱扣器的动作过程与电磁脱扣器恰好相反。当线路上的电压消失或下降到某一数值时，欠压脱扣器的吸力消失或减小到不足以克服拉力弹簧的拉力时，衔铁在拉力弹簧的作用下撞击杠杆，将搭钩顶开，使触头分断。由此也可以看出，具有欠压脱扣器的断路器，在欠压脱扣器两端无电压或电压过低时不能接通电路。

4. 断路器的型号含义

断路器的型号含义，如图 5-23 所示。

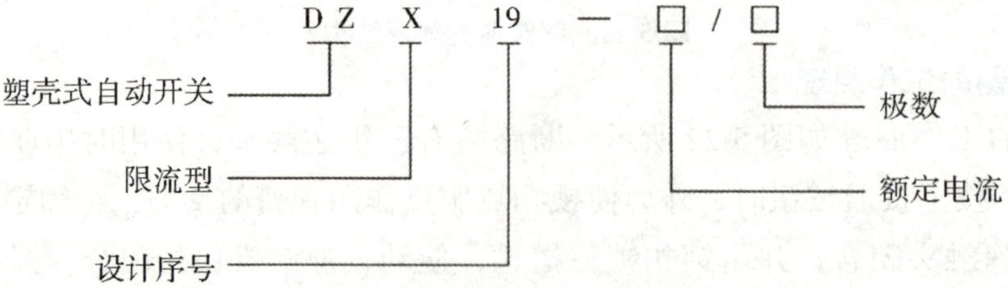

图 5-23　断路器的型号含义

5. 断路器的选用

（1）断路器的额定电压和额定电流应不小于电路正常工作电压和电流。

（2）热脱扣器的整定电流应与所控制的电动机额定电流或负载额定电流相等。

（3）电磁脱扣器的瞬时脱扣整定电流应大于负载电路正常工作时的尖峰电流。

（4）极限分断能力应不小于线路中最大短路电流。

5.2.7　转换开关

1. 转换开关的特点和用途

转换开关又称组合开关。转换开关是刀开关的一种发展，区别是刀开关操作时是上下的平面动作，转换开关则是左右旋转的平面动作。同时，转换开关还具有多触点、多位置、体积小、性能可靠、操作方便、安装灵活等优点，可制成多触头、多挡位的开关，多用于机床电气控制线路中电源的引入开关，起着隔离电源作用，还可作为直接控制小容量异步电动机不频繁起动和停止的控制开关。转换开关的外形结构，如图 5-24 所示，常见的有单极、双极和三极。

图 5-24　转换开关的外形结构

2. 转换开关的结构原理

转换开关的接触系统是由数个装嵌在绝缘壳体内的静触头座和可动支架中的动触头构成。动触头是双断点对接式的触桥，在附有手柄的转轴上，随转轴旋至不同位置使电路接通或断开。定位机构采用滚轮卡棘轮结构，配置不同的限位件，可获得不同挡位的开关。转换开关由多层绝缘壳体组装而成，可立体布置，减小了安装面积，结构简单、紧凑，操作安全可靠。

转换开关可以按线路的要求组成不同接法的开关，以适应不同电路的要求。在控制和测量系统中，采用转换开关可进行电路的转换。例如，电工设备供电电源的切换，电动机的正反转切换，测量回路中电压、电流的换相等。用转换开关代替刀开关使用，不仅可使控制回路或测量回路简化，并能避免操作上的差错，还能够减少使用元件的数量。

3. 转换开关的型号和符号

以 LW12-16 系列小型万能转换开关为例，其型号的含义如图 5-15 所示，该开关约定发热电流为 16 A，可用于交流 50 Hz，电压至 500 V 及直流电压到 440 V 的电路中，作电气控制线路的转换之用和电压 380 V、5.5 kW 及以下的三相电动机的直接控制之用，品种有普通型基本式，防护型组合式。转换开关的符号，如图 5-26 所示。

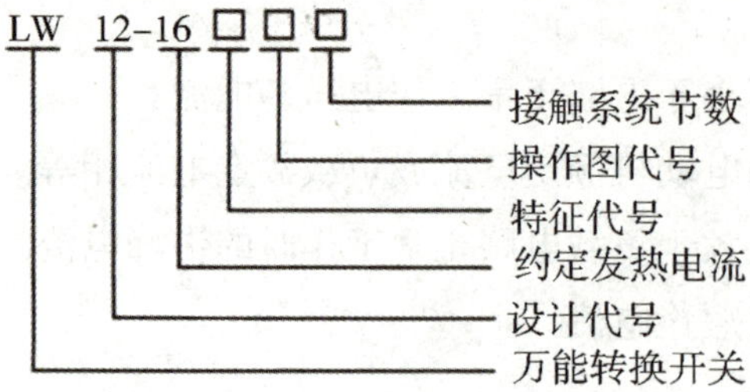

图 5-25 转换开关的型号的含义

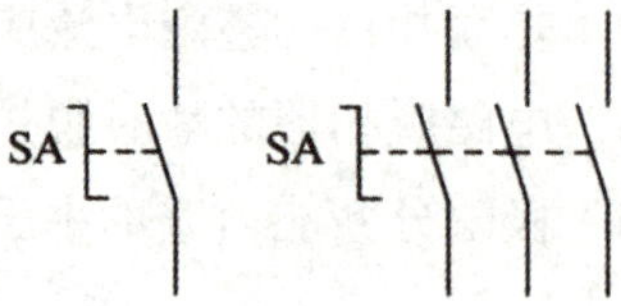

图 5-26 转换开关的符号

4. 转换开关的选用

按额定工作电压和工作电流选用合适的系列；按操作需要选定手柄形式和定位特征；按用途选择是主令控制用还是控制电动机用；转换开关的触头和操动器位置较多，其触头开闭和操动器位置之间的对应关系常用操作图来表示，有些转换开关是按标准操作图制造的，选用时应注意核对，当标准操作图不能满足要求时，可设计新的操作图进行改装。

5.3 三相异步电动机的起动

直流电动机接入电源后转速从零逐渐上升到稳定转速的过程称为起动过程，简称起动。

由直流电动机的电压方程式可知，正常工作时的电枢电流为

$$I_a=\frac{U_N-E_a}{R_a} \tag{5-3}$$

因为电枢回路电阻 R_a 很小，所以电源电压 U_N 与反电动势 E_a 接近。

在电动机起动的瞬间，n=0，所以 $E_a=C_e\Phi_N n=0$，这时的电枢电流（即直接起动时的电枢电流）为

$$I_{st}=\frac{U_N}{R_a} \tag{5-4}$$

由于 R_a 很小，直接加额定电压起动，起动电流很大，可达额定电流的 10～20 倍。这么大的起动电流，会使电动机的换向恶化，产生严重的火花。又由于电磁转矩与电枢电流成正比，所以电动机的起动转矩也非常大，会产生机械冲击，损坏传动机构。另外，大电流还会使电网的电压波动，将影响同一电网上其他用电设备的正常运行。例如，Z_2-22 型直流电动机，P_N=0.8 kW，U_N=220 V，I_N=5 A，R_a=4 Ω。如将电动机直接接入电网起动，起动瞬间电流 $I_{st}=\frac{U_N}{R_a}=\frac{220}{4}$=55 A，是额定电流的 11 倍。大型直流电动机由于电枢电阻更小，起动电流更大，这么大的电枢电流显然是不允许的。

这种直接加额定电压起动的方法称为直接起动。除个别容量极小的电动机可以采用直接起动外，一般直流电动机是不允许直接起动的。

直流电动机起动的基本要求是：有足够的起动转矩，一般为额定转矩的 2 ～ 2.5 倍，以便缩短起动时间，快速起动；起动电流不能过大，要在一定范围内，一般规定起动电流不超过额定电流的 2 ～ 2.5 倍，以确保起动设备安全、可靠、经济。

除微型直流电动机采用直接起动外，由式（5-4）可知，直流他励电动机的起动方法有电枢回路串电阻起动和减压起动两种。

5.3.1　电枢回路串电阻起动

起动时，电枢回路串接可变电阻 R_{st}，称为起动电阻。电动机加额定电压，这时的起动电流减小到

$$I_{st}=\frac{U_N}{R_{st}+R_a} \tag{5-5}$$

对应的起动电阻为

$$R_{st}=\frac{U_N}{I_{st}}-R_a \tag{5-6}$$

选择合适的起动电阻阻值，使起动电流 I_{st} 限制在电动机允许的范围内。

由起动电流产生的起动转矩使电动机开始旋转并加速，随着转速的升高，电枢反电动势增大，电枢电流减小，转速上升速度慢下来。为了缩短起动时间，保证起动过程中维持电枢电流在一个较大的范围内，因此，随着转速的升高应把起动电阻 R_{st} 平滑地减小，直到电动机稳定运行时全部切除。但是实际上要随着转速升高，平滑切除 R_{st} 是难以做到的，一般是把起动电阻分为若干段逐段加以切除。电枢回路串电阻起动的电路图和机械特性，如图 5-27 所示，图中 $R_1=R_a+R_{st1}$，$R_2=R_a+R_{st1}+R_{st2}$。

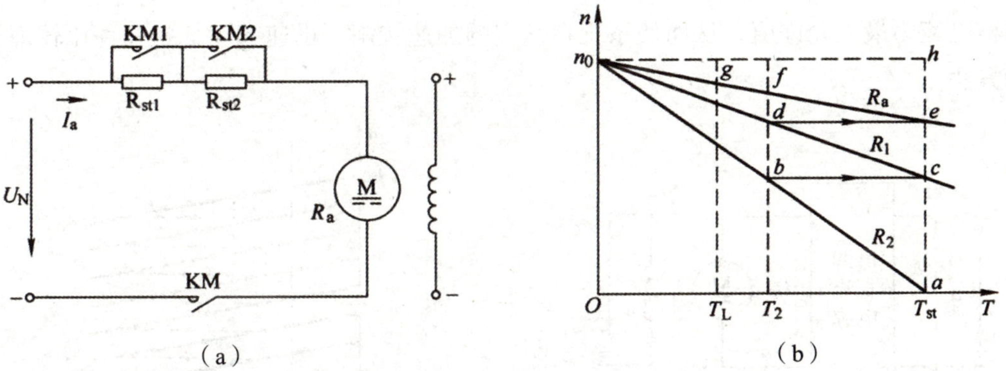

图 5-27　电枢回路串电阻起动的电路图和机械特性

起动过程：在电动机励磁绕组中加上额定励磁电流，主电路触头 KM 接通，KM1 和 KM2 断开，电枢回路串电阻 R_{st1} 和 R_{st2} 起动，起动电流 $I_{st}=\frac{U_N}{R_a+R_{st1}+R_{st2}}$，产生起动转矩 T_{st}，由于 $T_{st}>T_L$，电动机开始旋转，随着转速上升，电磁转矩下降，如图 5-21 中起动特

性 $a \to b$，加速度逐渐减小。为了得到较大的加速度，到达 b 点时，触点 KM2 接通，将 R_{st2} 切除，电枢总电阻变为 R_a+R_{st1}。由于机械惯性，切换瞬间电动机的转速不变，电枢反电动势也不变，电枢电流增大，电磁转矩增大，如电阻值设计合适，可使这时的电流等于 I_{st}，电磁转矩等于 T_{st}，如图 5-21 中特性 $b \to c$，电动机又获得较大的加速度，从 c 点加速到 d 点。到达 d 点时，触点 KM1 接通，切除 R_{st1}，由于机械惯性，电动机工作点由 d 点到固有机械特性 e 点，电流又一次回升到 Ist，电磁转矩又到了 T_{st}，电动机加速到固有机械特性 g 点，$T=T_L$，稳定运转时 $n=n_N$。

电枢回路串电阻起动，设备简单、初始投资较小，但在起动过程中能量消耗较多，常用于中小容量起动不频繁的直流电动机。根据国家标准，额定功率小于 2 kW 的直流电动机，允许采用一级起动电阻起动，额定功率大于 2 kW 的直流电动机，应采用多级电阻起动或降低电枢电压起动。

5.3.2 减压起动

当直流他励电动机的电枢回路由专用可调直流电源供电时，可用降低电压的方法来限制起动电流，由式 $I_{st}=\dfrac{U_N}{R_a}$ 可知，起动电流的减小将与电枢电压降低的程度成正比。电动机起动前先调好励磁电流，然后将电源电压由低向高调节，最低电压所对应的人为机械特性上的起动转矩 $T_{st} > T_L$ 时，电动机就开始起动。

电动机起动后，随着转速的上升相应地提高电源电压，使电枢电流和电磁转矩维持在一定的数值范围内，电动机获得一定的加速转矩，按需要的加速度升速，直到额定转速。直流他励电动机减压起动过程的电路和机械特性，如图 5-28 所示。在手动调节电源电压起动时应注意电压不能升得太快，否则会产生较大的冲击电流。在实际的驱动系统中，电压的升高是由自动控制环节自动调节的，它能保证电压连续升高，并在整个起动过程中保持电枢电流为最大允许值，从而使系统在恒定的加速转矩下迅速起动，是一种比较理想的起动方法。

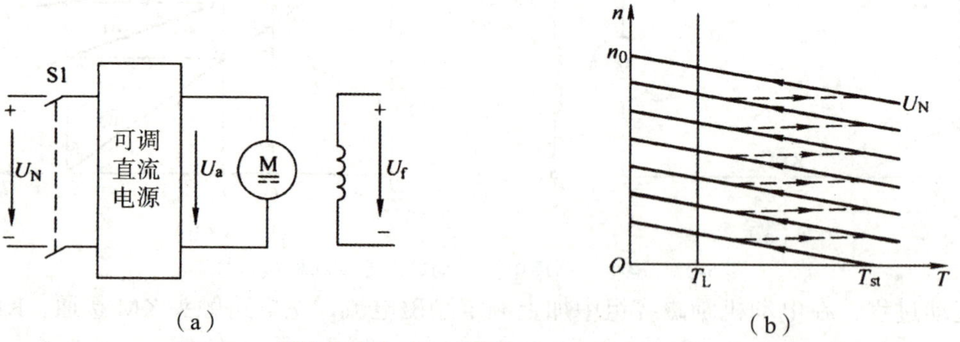

图 5-28 直流他励电动机减压起动过程的电路和机械特性

减压起动过程中能量损耗很少，由于电压连续可调，所以电动机起动平滑；但采用减压起动时，需要专用可调压的直流电源，设备投资较大。因此，减压起动常用于要求经常起动的场合，以及大中型直流电动机的起动。

【例 5.1】一台直流他励电动机 P_N=60 kW，U_N=440 V，I_N=150 A，n_N=1 000 r/min，R_a=0.156 Ω，驱动额定恒转矩负载。

（1）若采用电枢回路串电阻起动，最大起动电流，$I_{st}=2I_N$，计算串入的总电阻 R_{st}。

（2）若采用减压起动，条件同上，初始起动电压 U_{st} 应降至多少？

解：（1）电枢回路串电阻起动

$$R_{st}=\frac{U_N}{I_{st}}-R_a=\frac{440}{2\times150}-0.156\approx1.31\ \Omega$$

（2）减压起动

$$U_{st}=I_{st}R_a=2\times150\times0.156=46.8\ \text{V}$$

5.4　三相异步电动机的调速

电动机的调速是指人为地改变电动机的相应电气参数，从而达到改变电动机转速的目的，这种调速方式又称为电动机的电气调速。三相交流异步电动机的电气调速根据式（5-7）又可分为改变磁极对数调速、改变电源频率调速及改变转差率调速。

$$n=n_1(1-s)=\frac{60f_1}{p}(1-s) \tag{5-7}$$

5.4.1　调速的技术指标

1. 调速范围

调速范围是指电动机在额定负载时（电动机的定子电流保持在额定值不变）允许达到的最高转速与最低转速之比，即

$$D=\frac{n_{max}}{n_{min}} \tag{5-8}$$

2. 调速的平滑性

常用电动机的两个相邻调速级的转速之比来衡量调速的平滑性，即

$$k=\frac{n_i}{n_{i-1}} \tag{5-9}$$

式中，k 为平滑系数，k 越小，平滑性越好；当为无级调速时，k=1；n_i 为某一调速级转速；n_{i-1} 为相邻下一调速级转速。

3. 调速的稳定性

调速的稳定性是指负载转矩发生变化时，电动机的转速随之变化的程度，工程上通常

用静差度来衡量。它是指电动机运行于某一机械特性上时由空载增至满载时的转速降与理想空载转速之比，即

$$\sigma = \frac{\Delta n_N}{n_1} \times 100\% = \frac{n_1 - n_N}{n_1} \times 100\% \tag{5-10}$$

4. 调速的经济性

调整的经济性主要由调速设备的投资、电动机运行时的能量损耗来决定。

5. 调速时电动机的允许输出

调速时电动机的允许输出是指电动机得到充分利用的情况下，在调速过程中所能输出的功率和转矩。

5.4.2 变极调速

改变电动机的磁极对数，就可以改变电动机的同步转速，从而达到调速的目的。常用的方法是通过改变定子绕组的接法，从而改变绕组内电流的方向，达到变磁极对数的目的。

变极电动机多采用笼型电动机，转子磁极数会随着定子磁极数的改变而改变。如图 5-29 所示，此时，两组绕组为正向串联，磁极对数 p=2（$2p$=4）。

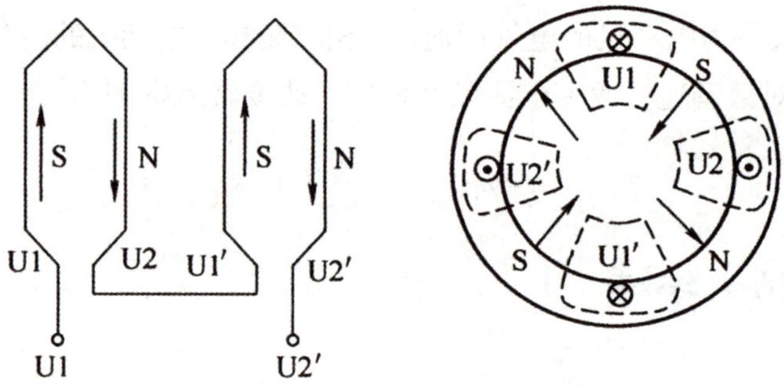

（a）　　（b）

图 5-29　两组绕组为正向串联

当将两组绕组接成如图 5-30 所示的反向并联时，此时磁极对数 p=1（$2p$=2）。

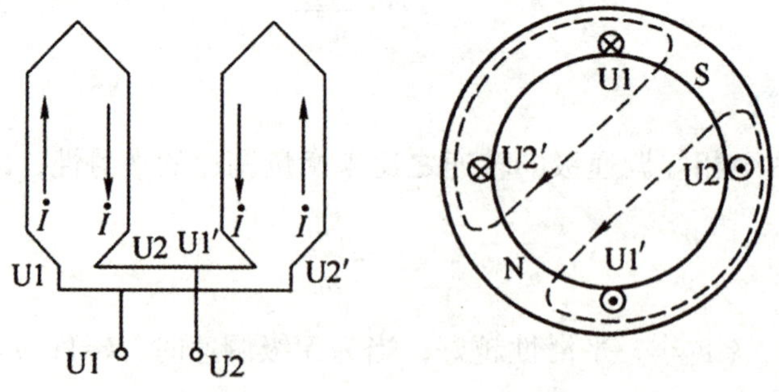

（a）　　（b）

图 5-30　两组绕组为反向串联

仅改变绕组的接线方式，电动机的磁极对数就相应发生了变化，从而使电动机的转速发生改变。

5.4.3　常用的变极调速方式

1. Y-YY 的调速接线方式

三相定子绕组接成Y时，相当于各相绕组中的两个线圈正向串联，此时磁极对数较多，为低速挡；当三相定子绕组接成Y–Y时，相当于各相绕组中的两个线圈反向并联，此时磁极对数减少了一半，为高速挡。这两种接线方式如图5-31所示，图中箭头方向表示绕组中电流方向。

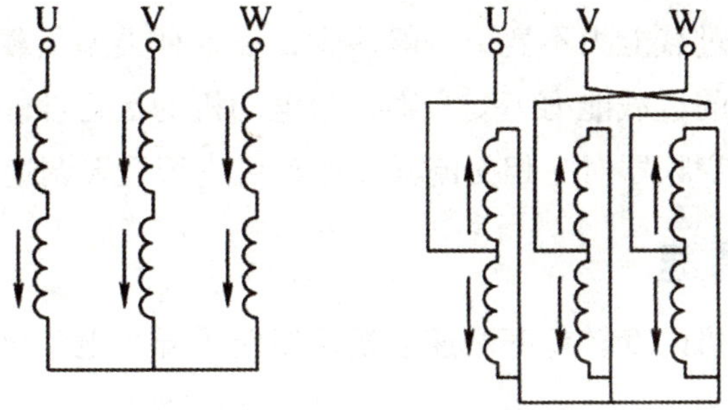

（a）　（b）

图 5-31　Y-Y 的调速接线方式

2. Δ-YY 变极调速接线方式

三相定子绕组接成Δ时，各相定子绕组中的两个线圈正向串联，此时磁极对数较多，为低速挡；当三相定子绕组接成Y–Y时，相当于各相定子绕组中的两个线圈反向串联，磁极对数减少了一半，为高速挡。这两种接线方式如图5-32所示。

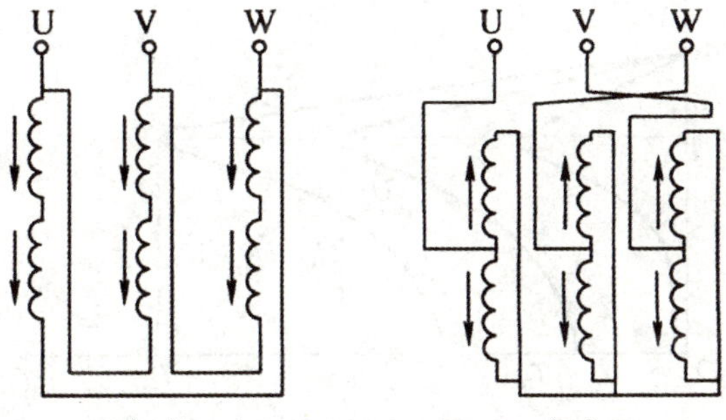

（a）　（b）

图 5-32　Δ-YY 变极调速接线方式

注意：在变极调速中需将定子绕组接成Y–Y时，为了不改变定子绕组原先的相序，保持电动机转速方向不变，就必须交换相序，即将定子绕组任意两个接线端交换。

5.4.5　变频调速

当转差率 s 变化不大时，转速 n 基本上与电源频率 f_1 成正比。连续调节电源频率，就可以平滑地改变电动机的转速。但是，单一地调节电源频率，将导致电动机的运行性能恶化，其原因可分析如下。

电动机正常运行时，定子漏阻抗的压降很小，可以认为

$$U_1=4.44f_1N_1K_w\Phi \tag{5-11}$$

式中，U_1 为定子绕组电压；N_1 为导体总数；K_w 为绕组系数；Φ 为主磁通。

若定子绕组电压不变，则当电源频率 f_1 减小时，主磁通 Φ 将增加，这将导致磁路过分饱和，励磁电流增大，功率因数降低，铁心损耗增大；而当 f_1 增大时，Φ 将减小，电磁转矩及最大转矩下降，过载能力降低，电动机的功率得不到充分利用。因此，为了使电动机能保持较好的运行性能，要求在调节 f_1 时，同时改变定子绕组的电压 U_1，从而确保 Φ 不变，以保证电动机的过载能力不变。一般认为，在各种类型负载下对电动机进行变频调速时，若能保持电动机的过载能力不变，则认为电动机的运行性能较为理想。为了实现以上功能，实际中专门用变频器对三相交流异步电动机进行变频调速。

5.4.6 变转差率调速

三相交流异步电动机的变转差率调速包括绕线转子异步电动机的定子调压调速、转子串电阻调速和串级调速等。

1. 定子调压调速

定子调压调速方法主要用于笼型异步电动机。由于最大转矩和起动转矩与电压的二次方成正比，如当电压降到额定电压的 50% 时，最大转矩和起动转矩则降到了降压之前的 25%。所以这种调速方式的起动能力与带负载能力都是较低的，其调速的机械特性曲线，如图 5-33 所示。

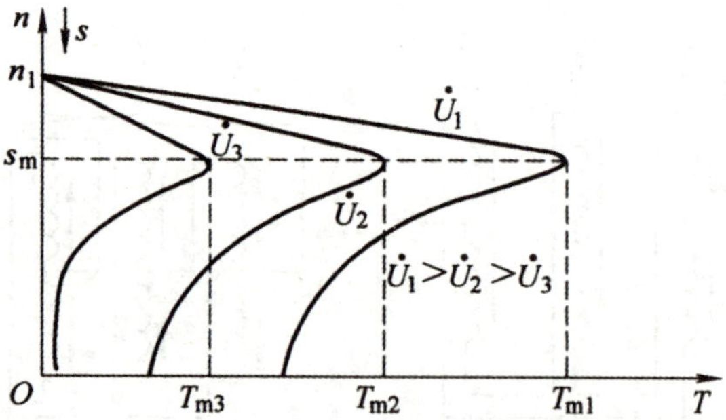

图 5-33　定子调压调速的机械特性曲线

如图 5-33 所示，随着加在定子绕组上电压的降低，最大转矩、起动转矩都会减小，电动机的带负载能力因此减弱，所以调压调速适用于转矩随转速降低而减小的负载（如通风机负载）。

2. 绕线转子异步电动机转子串电阻调速

绕线转子异步电动机转子串电阻调速机械特性曲线，如图 5-34 所示，当负载转矩一

定，转子串入附加电阻时，n_1、T_m 不变，但 s_m 增大，机械特性曲线的斜率增大，工作点的转差率随着转子串接电阻阻值的增大而增大，电动机的转速随转子串接电阻阻值的增大而降低。

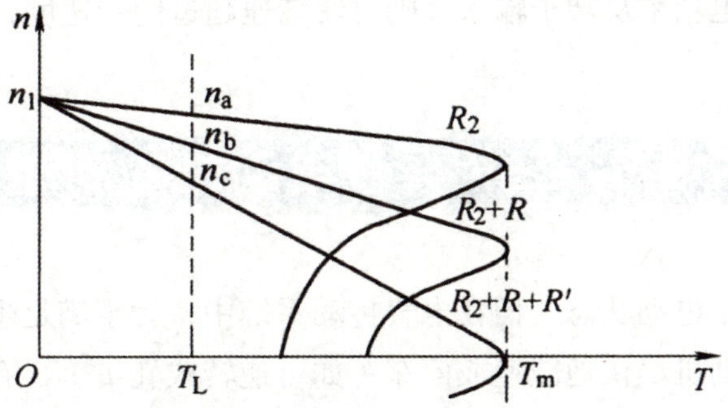

图 5-34　绕线转子异步电动机转子串电阻调速机械特性曲线

绕线转子异步电动机转子串接附加电阻的阻值与转差率的关系如下。

$$\frac{R_2}{S_a}=\frac{R_2+R}{S_b} \tag{5-12}$$

$$R=\left(\frac{S_b}{S_a}-1\right)R_2 \tag{5-13}$$

式中，R_2 为转子回路电阻；s_a 为电动机固有特性时的转差率；s_b 为电动机转子串入电阻 R 后的转差率；R 为转子回路串联电阻。

3. 串级调速

串级调速就是指在转子回路串接与转子电动势同频率的附加电动势，通过改变附加电动势的幅值成相位来实现调速的方式。串级调速完全克服了转子串电阻调速的缺点，它具有高效率、无级平滑调速及低速时机械特性较硬等优点。串级调速原理图，如图 5-35 所示。

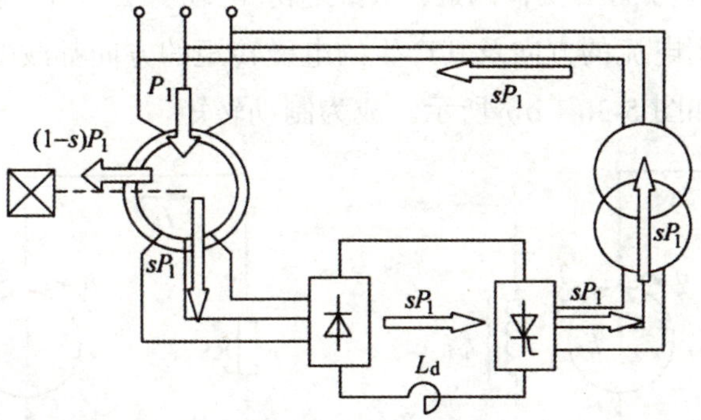

图 5-35　串级调速原理图

当调节串接在转子回路中附加电动势的幅值或相位时，转子回路的电流发生了变化，从而改变了电动机的电磁转矩，最终使电动机的转速发生改变。

因为输入功率 P_1 基本不变，当要降低转速时，则将较大的转差功率 sP_1 通过晶闸管逆变回送电网，使输出机械功率降低，从而使转速下降。

当要升高转速时，则将回送的转差功率 sP_1 减小，使输出机械功率变大，转速增加。若通过转子变流器将电功率从转子输入，则可使转速超过同步速度，实现超同步调速。

5.5 三相异步电动机的制动

电动机大多运行于电动状态，但在电气传动系统中，为了满足生产工艺的要求或者为了安全，有时需要电动机尽快地减速或停车（如可逆转式轧机），有时为了限制电动机转速的升高（如电车下坡），以及紧急停车等，需要对电动机进行制动。

制动的方式很多，最简单的方法就是用机械制动，即依靠摩擦力使电动机制动。本节主要讨论电气制动，即通过电动机产生与旋转方向相反的电磁转矩达到制动的目的。电气制动的优点是制动转矩大，制动强度比较容易控制。在电气传动系统中多采用这种方法，或者与机械制动器配合使用。

直流电动机的电气制动有四种方法：能耗制动、电枢反接制动、倒拉反接制动和回馈制动。这四种制动方法的共同点是：在保持原来磁场大小和方向不变的情况下，使电动机电磁转矩方向与旋转方向相反，使电动机产生制动效果。

5.5.1 能耗制动

直流电动机原先处于电动工作状态（电磁转矩的方向与旋转方向相同），如图 5-36（a）所示。制动时，保持励磁电流不变，即励磁磁通 Φ 不变，把电枢两端从电源立即切换到电阻 R_b 上，此电阻称为制动电阻。由于生产机械和电动机的惯性，电动机将继续按原来的方向旋转。由于磁通方向不变，因此产生的感应电动势 E_a 方向也不变。此时电动机变成了发电机运行，电枢电流的方向及其产生的电磁转矩的方向都改变了，使电磁转矩的方向与旋转方向相反，如图 5-36（b）所示，成为制动转矩。

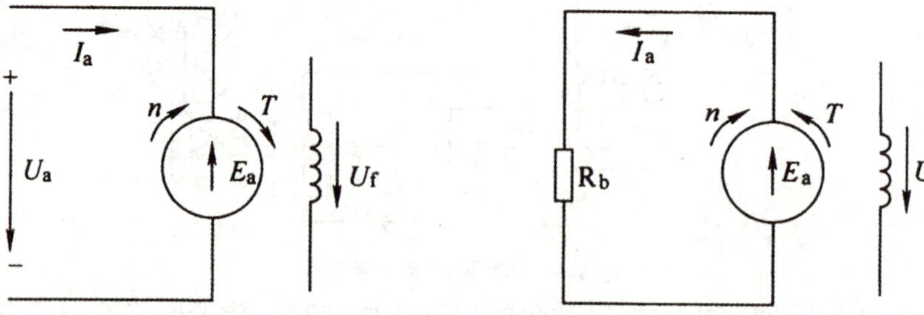

（a）电动状态　　（b）能耗制动状态

图 5-36　电动机运行状态原理图

能耗制动过程的物理意义是：电动机由生产机械和自身惯性的作用而驱动发电，把生产机械和电动机储存的动能转换为电能，再消耗在电枢回路的电阻上，所以称为能耗制动。

在能耗制动时，因为 U=0，n_0=0，电枢回路串入制动电阻 R_b，所以电动机能耗制动的机械特性方程式变为

$$n=-\frac{R_a+R_b}{C_eC_T\Phi_N^2}T \tag{5-14}$$

可见，直流电动机能耗制动时的机械特性是一条过原点的直线，它是与电枢回路串电阻 R_b 的人为机械特性平行的一条直线，如图 5-32 所示。

如果制动前，电动机工作在电动状态，在固有机械特性曲线上的 A 点，开始制动时，n 来不及改变，工作点过渡到能耗制动机械特性上的 B 点。在电磁制动转矩及负载转矩的共同作用下，电动机很快减速。当转速下降时，电动机的电动势 E_a 减小，制动电流 I_a 随之减小，电磁制动转矩也随之减小。当转速减小至零时，电动势、电流和电磁制动转矩也减小至零。如果电动机驱动阻力矩负载，则可使电动机迅速停转；如果电动机驱动位势负载（起重机），要想迅速停车，在转速接近零时必须用机械制动器将电动机转轴止住，否则在位势负载转矩作用下，电动机将被驱动反方向旋转，此时 n、E_a、I_a 及 T 的方向均与图 5-36（b）所示的方向相反，机械特性延伸到第Ⅳ象限（图 5-37 中虚线表示）。转速稳定在 C 点时，电动机运行在反向能耗制动状态下，等速下放重物。

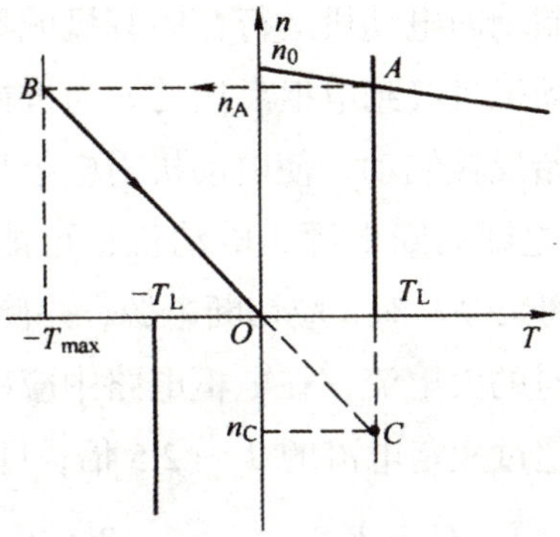

图 5-37 直流电动机能耗制动的机械特性

能耗制动时，制动电阻越小，制动时的电枢电流越大，产生的制动转矩也越大，制动效果越强烈。为了避免制动转矩和电枢电流过大给传动机构和电动机带来不利影响，通常选择电枢回路串电阻，使最大制动电流不超过电动机额定电流的 2 ~ 2.5 倍，即：

$$R_b \geqslant \frac{E_a}{(2\sim2.5)I_N}-R_a \approx \frac{U_N}{(2\sim2.5)I_N}-R_a \tag{5-15}$$

由上可见，能耗制动适用于要求迅速停车的场合。

5.5.2 电枢反接制动

电枢反接制动的电路，如图 5-38 所示，当电动机工作在电动状态下，以转速 n 稳定

运行时，维持励磁电流不变，即磁通 Φ 不变，突然改变外加电枢电压的极性，即电枢电压由正变负，与电枢电动势 E_a 同向，这时作用在电枢电路的电压（U_N+E_a）≈$2U_N$，电枢电流增大到$I_a=\frac{-U_N-E_a}{R_a}=\frac{U_N+E_a}{R_a}$，与原来方向相反，数值很大，产生一个很大的电磁制动转矩，使电动机很快停转。因此必须在电枢反接的同时，在电枢电路串入制动电阻，以限制过大的制动电流。电枢反接制动的机械特性，如图 5-39 所示。

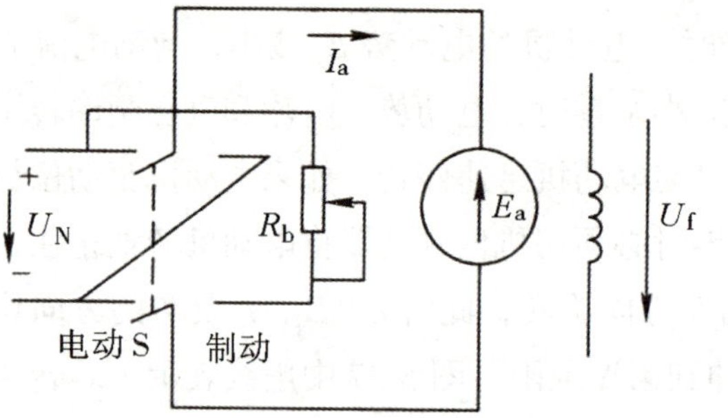

图 5-38 电枢反接制动的电路

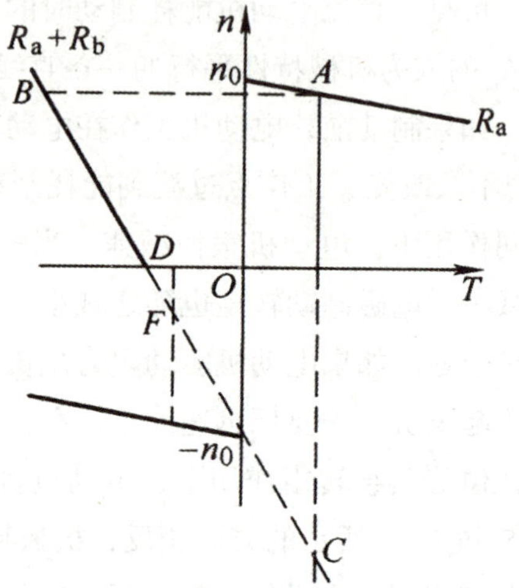

图 5-39 电枢反接制动的机械特性

电枢反接制动的过程：在制动前电动机运行在固有机械特性曲线上的 A 点。当串入电阻并将电枢电源反接瞬间，电动机过渡到电枢反接的人为机械特性曲线上的 B 点。电动机的电磁转矩变为制动转矩，开始反接制动，使电动机沿电枢反接的机械特性曲线减速。如果电动机在 n=0 时（D 点）不立即切断电源，电动机很可能会反向起动，加速到 C 点。为了防止电动机反转，在制动到快停车时，应切断电源，并使用机械制动器将电动机止住。

为了限制电枢制动刚开始时的大电流，在电枢电路中应串入制动电阻，电阻大小的选择应使反接制动时电枢电流不超过额定电流的 2 ～ 2.5 倍，即

$$R_b \geqslant \frac{U_N+E_a}{(2\sim2.5)\ I_N}-R_a \approx \frac{2U_N}{(2\sim2.5)\ I_N}-R_a \qquad (5\text{-}16)$$

电枢反接制动时，电动机变为发电机运行，电源供给的电能和驱动系统动能转换出来的电能全部消耗在电枢回路的电阻 R_a+R_b 上。因此，电枢反接制动时，能量消耗很多。

由上可见，电枢反接制动适用于要求迅速反转的场合。

5.5.3 倒拉反接制动

当直流电动机驱动位势负载，电枢串入大电阻时，电动机会被外力驱动向着与它接线应有的旋转方向相反的方向旋转，这时电动机便工作在倒拉反接制动状态。例如，驱动起重装置的直流电动机，当电枢回路不串电阻时，电动机正向旋转提升负载，电动机稳定运

行于固有机械特性曲线上的 A 点，如图 5-35 所示。

若将大电阻 R_b 串联到电枢电路中，使电枢电流大大减小，电动机便转到对应于该电阻的人为机械特性曲线上的 B 点。由于这时电动机的电磁转矩小于负载转矩，电动机的转速下降，转速与转矩沿该电阻的人为机械特性曲线箭头所示方向变化。

当转速降至零时，如电动机的电磁转矩仍小于负载转矩，则在位势负载转矩作用下，将电动机倒拉而开始反转，其旋转方向变为下放重物的方向。

在此情况下，电动机的电动势方向也随之改变，与电源电压方向相同。由于电枢电流方向未变，因此电动机的电磁转矩方向也不变，但因旋转方向已改变，所以电磁转矩便成为阻碍反向运动的制动转矩，当 $T=T_L$ 时，电动机的转速最终稳定运行在 C 点。电枢回路串入的电阻越大，下放重物的速度越快，图 5-40 中 C′ 点的速度大于 C 点的速度。

倒拉反接制动时，直流电源仍然向电机供给电能，而下放重物的势能也变为电能，这两部分电能都消耗在电枢电阻 R_a 和制动电阻 R_b 上。由此可知，倒拉反接制动在电能利用方面很不经济。从图 5-40 中可以看出，电动机是正转还是反转，是提升重物还是下放重物，完全取决于电枢回路电阻的大小，电阻大小合适时，可以让重物悬在空中。

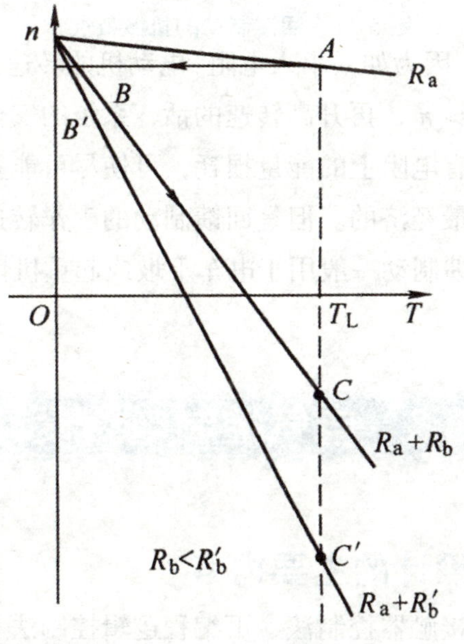

图 5-40　倒拉反接制动的机械特性曲线

由上可见，倒拉反接制动一般用于慢速下放重物的场合。

5.5.4　回馈制动

回馈制动又称再生制动或发电制动。电动机在运行过程中，由于某种客观原因，负载转矩由制动性质变成驱动性质，使电动机转速 n 高于理想空载转速 n_0，如电车下坡、起重机下放重物等情况，势能转换所得的动能使电动机加速，电动机就处于发电状态，并对电气传动系统的运动机构起制动作用。因为当 $n > n_0$ 时，电动机的感应电动势 $E_a > U_N$ 电枢电流$I_a=\frac{U_N-E_a}{R_a}=-\frac{E_a-U_N}{R_a}$。电流的方向与原来相反，磁场没有变，电磁转矩随电枢电流反向而反向，成为制动转矩。此时电动机处于发电状态，把势能转变为电能，并回馈到电网，所以称为回馈制动。直流电动机回馈制动的机械特性，如图 5-41 所示，工作在第Ⅱ象限的 B 点。

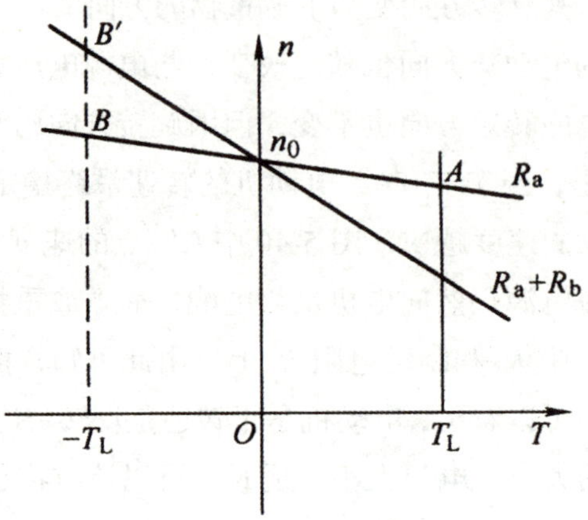

图 5-41　回馈制动的机械特性

回馈制动一般不串电阻，因为如果串入电阻，电动机的转速会升得更高，工作于B' 点。回馈制动的最低转速已经 $n>n_0$，再升高转速的话，系统的安全、力学强度、换向等方面是不允许的。不串电阻，没有电阻上的能量损耗，可使尽可能多的电能回馈电网，所以从节能的角度看，回馈制动是最经济的。但是回馈制动的工作转速必须大于理想空载转速，因此使用场合受到限制。回馈制动一般用于电车下坡或起重机快速下放重物的场合。

5.6　电气控制电路设计

5.6.1　电气控制电路设计的主要内容

电气控制的方法有继电接触器控制法、可编程逻辑控制法和计算机（单片机、可编程序控制器等）控制法等，其中继电接触器控制法仍是最基本、应用最广泛的方法，也是其他控制方法的基础。

继电接触器控制法是由各种开关电器经导线的连接来实现各种逻辑控制的方法。其优点是电路图直观形象、控制装置结构简单、价格便宜、抗干扰能力强，广泛应用于各类生产设备的控制中。其缺点是由于采用固定的接线方式，其通用性、灵活性较差，难以实现系列化生产；由于采用的是有触点的开关电器，触点易发生故障，维修量大。尽管如此，目前继电接触器控制仍是各类机械设备最基本的电气控制形式。

电气控制电路设计包括为满足生产机械及工艺要求进行的电气控制电路的设计和为电气控制装置的制造、使用、运行、维修的需要进行的生产施工设计。

1. 电气原理图设计内容

（1）拟定电气设计任务书。

（2）选择电力拖动方案和控制方式。

（3）确定电动机的类型、型号、容量、转速。

（4）设计电气原理图。

（5）选择电气元件及清单。

（6）编写设计说明书。

2. 电气工艺设计内容

（1）设计电气设备的总体配置，绘制总装配图和总接线图。

（2）绘制各组件电气元件布置图与安装接线图，标明安装方式和接线方式。

（3）编写使用维护说明书。

5.6.2　电气控制电路设计的方法与步骤

电气原理图设计是电气控制电路设计的核心内容。在总体方案确定之后，具体设计是从电气原理图开始，其他各项设计指标也是通过电气原理图来实现，同时它又是工艺设计和编制各种技术资料的依据。

1. 电气控制电路的基本设计方法

电气控制电路设计的方法有分析设计法和逻辑设计法。

（1）分析设计法

分析设计法是根据生产工艺要求选择适当的基本控制环节（单元电路）或将比较成熟的电路按其联锁条件组合起来，并经补充和修改，将其综合成满足控制要求的完整电路。当没有现成的典型环节时，可根据控制要求边分析边设计。

① 分析设计法优点是设计方法简单，无固定的设计程序，它容易为初学者所掌握，在电气设计中被普遍采用。

② 分析设计法缺点是设计出的方案不一定是最佳方案，当经验不足或考虑不周全时会影响电路工作的可靠性。

（2）逻辑设计法

逻辑设计法是利用逻辑代数来进行电路设计，从生产机械的拖动要求和工艺要求出发，将控制电路中的接触器、继电器线圈的通电与断电，触点的闭合与断开，主令电器的接通与断开看成逻辑变量，根据控制要求将它们之间的关系用逻辑关系式来表达，然后化简，做出相应的电路图。

① 逻辑设计法优点是能获得理想、经济的方案。

② 逻辑设计法缺点是这种方法设计难度较大，整个设计过程较复杂，还要涉及一些新概念，因此在一般常规设计中，很少单独采用。

2. 电气原理图设计的基本步骤

（1）根据确定的拖动方案和控制方式设计系统的原理框图。

（2）设计出原理框图中各个部分的具体电路。设计时按主电路、控制电路、辅助电路、联锁与保护、总体检查反复修改与完善的顺序进行。

（3）绘制总原理图。

（4）恰当选用电气元件，并制订元器件明细表。

对于比较简单的控制电路，如普通机械或非标准设备的电气配套设计，可以省略前两步直接进行原理图设计和选用电气元件。但对于比较复杂的自动控制电路，生产机械或者采用微机或电子控制的专用检测与控制系统，要求有程序预选和一定的加工精度、生产效率、自动显示、各种保护、故障诊断、报警等。应按上述四个步骤进行设计，以保证总装调试的顺利进行。

3. 电气原理图设计的一般要求

（1）电气控制原理应满足工艺的要求

在设计之前必须对生产机械的工作性能、结构特点和实际加工情况有充分的了解，并在此基础上来考虑控制方式，起动、反向、制动及调速的要求，设置各种联锁及保护装置。

（2）控制电路电源种类与电压数值的要求

对于比较简单的控制电路，往往直接采用交流 380 V 或 220 V 电源，不用控制电源变压器。对于比较复杂的控制电路，应采用控制电源变压器，将控制电压降到 110 V 或 48 V、24 V。对于操作比较频繁的直流电力传动的控制电路，常用 220 V 或 110 V 直流电源供电。直流电磁铁及电磁离合器的控制电路，常采用 24 V 直流电源供电。

交流控制电路的电压必须是规定电压的一种或几种：6 V、24 V、48 V、110 V（优选值）、220 V、380 V。

直流控制电路的电压必须是规定电压的一种或几种：6 V、12 V、24 V、48 V、110 V、220 V。

（3）确保电气控制电路工作的可靠性、安全性

① 可靠性电气元件的工作要稳定可靠，符合使用环境条件，并且动作时间的配合不致引起竞争。复杂控制电路中，在某一控制信号作用下，电路从一种稳定状态转换到另一种稳定状态，常常有几个电气元件的状态同时变化，考虑到电气元件总有一定的动作时间，对时序电路来说，就会得到几个不同的输出状态。这种现象称为电路的“竞争”。而对于开关电路，由于电气元件的释放延时作用，也会出现开关元件不按要求的逻辑功能输出的可能性，这种现象称为“冒险”。

"竞争"与"冒险"现象都将造成控制电路不能按照要求动作。当电气元件的动作时间可能影响到控制电路的动作时，需要用能精确反映元件动作时间及其互相配合的方法（如时间图法）来准确分析动作时间，从而保证电路正常工作。

② 安全性电气元件的线圈和触点的连接应符合国家有关标准规定。电气元件图形符号应符合 GB/T 4728—2018 ～ 2022《电气简图用图形符号》中的规定，绘制时要合理安排版面。例如，主电路一般安排在左面或上面，控制电路或辅助电路排在右面或下面，元器件目录表安排在标题上方。

• 正确连接电器线圈。交流电压线圈通常不能串联使用，即使是两个同型号电压线圈也不能采用串联，并接在两倍线圈额定电压的交流电源上，以免电压分配不均引起工作不可靠。如图 5-42 所示。

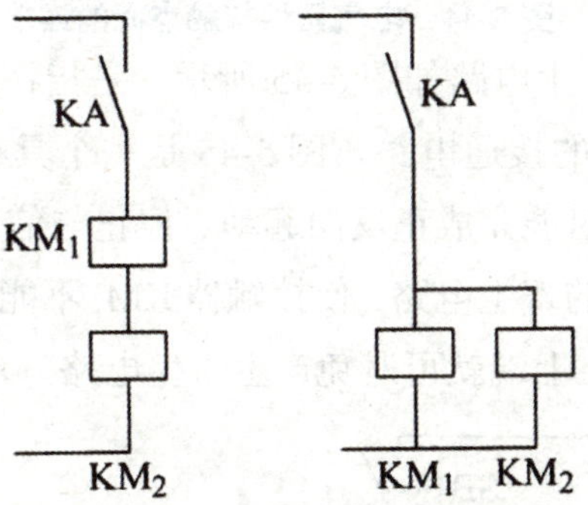

（a）不正确　　（b）正确

图 5-42　线圈连接

在直流控制电路中，对于电感较大的电器线圈，如电磁阀、电磁铁或直流电机励磁线圈等，不宜与同电压等级的接触器或中间继电器直接并联使用。如图 5-43（a）所示，当 KM 触点断开时，电磁铁 YA 线圈两端产生较大的感应电动势，加在中间继电器 KA 的线圈上，造成 KA 的误动作。为此在 YA 线圈两端应并联放电电阻 R，并在 KA 支路串入 KM 常开触点，如图 5-43（b）所示，就能可靠工作。

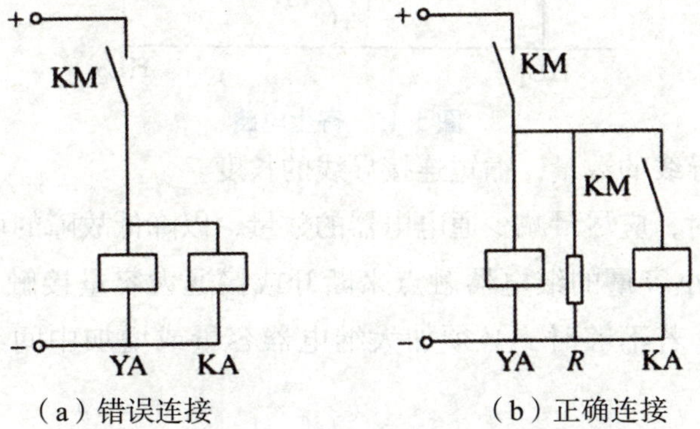

（a）错误连接　　（b）正确连接

图 5-43　大电感线圈与直流继电器线圈的连接

• 合理安排电气元件和触点的位置。对于某些回路，电气元件或触点位置互换时，并不影响其工作原理，但在实际运行中，影响电路安全并关系到导线长短，如图 5-44（a）接法既不安全又浪费导线，如图 5-44（b）所示的接法较为合理。

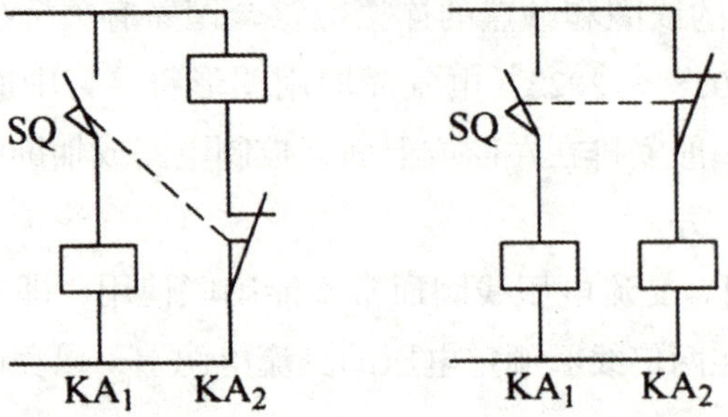

（a）不合理连接　　（b）合理连接

图 5-44　电气元件与触点间的连接

• 防止出现寄生电路。寄生电路如图 5-45 所示，是指在控制电路的动作过程中，意外出现不是由于误操作而产生的接通电路。图 5-45 是一个具有指示灯和过载保护的电动机正反转控制电路。正常工作时能完成正反向起动、停止与信号指示。但当 FR 动作断开后，电路出现了如图中虚线所示的寄生电路，使接触器 KM_1 不能可靠释放而得不到过载保护。如果将 FR 触点位置移到 SB_1 上端就可避免产生寄生电路。

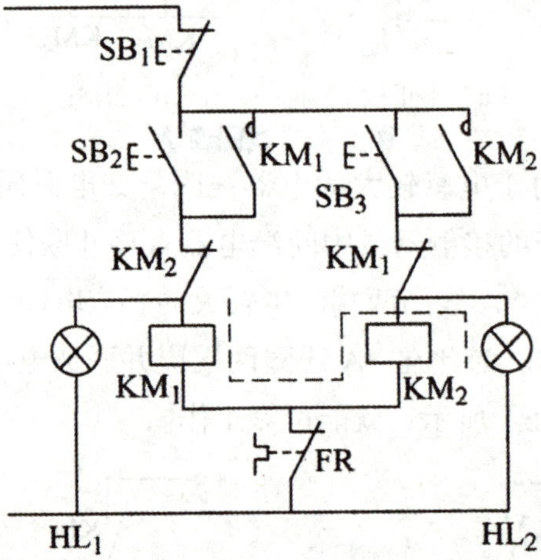

图 5-45　寄生电路

• 尽量减少连接导线的数量，缩短连接导线的长度。

• 控制电路工作时，应尽量减少通电电器的数量，以降低故障的可能性并节约电能。

• 在电路中采用小容量的继电器触点来断开或接通大容量接触器线圈回路时，要分析触点容量的大小，若不够时，必须加大继电器容量或增加中间继电器，否则工作不可靠。

（4）应具有必要的保护环节

控制电路在事故情况下，应能保证操作人员、电气设备、生产机械的安全，并能有效地防止事故的扩大。为此，在控制电路中应采取一定的保护措施，必要时还可设置相应的指示信号。

（5）操作、维修方便

控制电路应从操作与维修人员的工作出发，力求操作简单、维修方便。

（6）控制电路力求简单、经济

在满足工艺要求的前提下，控制电路应力求简单、经济。尽量选用标准电气控制环节和电路，缩减电器的数量，采用标准件和尽可能选用相同型号的电器。

4. 绘制电气原理图的原则

在电气技术中所绘制的控制电路图为电气原理图。绘制电气原理图时不考虑电气的实际位置和结构，但必须遵循以下原则。

（1）绘制电气原理图时必须使用国家规定的电工图形符号和文字符号绘图。

（2）电气控制电路由主电路（被控制负载所在电路）和控制电路（控制主电路状态）两部分组成。

（3）同一电气元件的不同部分（如接触器的触点和线圈）按功能和所接电路的不同而分别绘制在不同电路中，但必须标注相同的文字符号。

（4）所有电气元件的图形符号均按没通电、无外力作用下的状态绘制。

（5）在绘制电气原理图时，与电路无关的电气元件部件（如接触器的铁心和弹簧等）在控制电路中不画出。

5.6.3　电力拖动方案的确定和电动机的选择

1. 电力拖动方案的确定

（1）拖动方式的选择。

（2）调速方案的选择。

（3）电动机调速性质应与负载特性相适应。

2. 拖动电动机的选择

（1）电动机选择的基本原则。

① 电动机的机械特性应满足生产机械的要求，与负载的特性相适应。

② 电动机的容量要得到充分的利用。

③ 电动机的结构形式要满足机械设计的安装要求，适合工作环境。

④ 在满足设计要求前提下，优先采用三相异步电动机。

（2）根据生产机械调速要求选择电动机。

① 一般选择三相笼型异步电动机、双速电动机。

② 调速、起动转矩大时，选择三相笼型异步电动机。

③ 调速高时，选择直流电动机、变频调速交流电动机。

（3）电动机结构形式的选择。根据工作性质、安装方式及工作环境选择电动机的结构形式。

（4）电动机额定电压的选择。电动机的电压等级、相数、频率都要与供电电源一致。因此，电动机的额定电压应根据其运行场所的供电电源的电压等级来确定。

（5）电动机额定转速的选择。对电动机本身来说，额定功率相同的电动机，额定转速越高，体积就越小，造价就越低，效率也越高，转速较高的异步电动机的功率因数也较高。所以，选用额定转速较高的电动机可能是较好的。但是，如果生产机械要求的转速较低，那么选用较高转速的电动机时，就需要增加一套传动比较大、体积较大且价格昂贵的减速传动装置。因此，在选择电动机的额定转速时，应根据机械的要求和传动装置的具体情况加以选定。

（6）电动机容量的选择。可用分析计算法选择电动机的容量。此外，还可通过对长期运行的同类生产机械的电动机容量进行调查，并对机械主要参数、工作条件进行类比。然后再确定电动机的容量。

5.6.4 常用电气元件的选择方法

1. 接触器的选择

（1）接触器种类的选择。根据接触器控制的负载性质来相应选择直流接触器还是交流接触器；一般场合选用电磁式接触器，对频繁操作的带交流负载的场合，可选用带直流电磁线圈的交流接触器。

（2）接触器使用类别的选择。根据接触器所控制负载的工作任务来选择相应使用类别的接触器。例如，负载是一般任务则选用 AC-3 类别；负载为重任务则应选用 AC-4 类别；负载为一般任务与重任务混合时，则可根据实际情况选用 AC-3 或 AC-4 类接触器，如选用 AC-3 类时，应降级使用。

（3）接触器额定电压的确定。接触器主触点的额定电压应根据主触点所控制负载电路的额定电压来确定。

（4）接触器额定电流的选择。一般情况下，接触器主触点的额定电流应大于或等于负载或电动机的额定电流。当接触器用于电动机频繁起动、制动或正反转的场合，一般可将其额定电流降一个等级来选用。

（5）接触器线圈额定电压的确定。接触器线圈的额定电压应等于控制电路的电源电压。为保证安全，一般接触器线圈选用 110 V、127 V，并由控制变压器供电。但如果控制电路比较简单，所用接触器的数量较少时，为省去控制变压器，可选用 380 V、220 V 电压。

（6）接触器触点数目。在三相交流系统中一般选用三极接触器，即 3 个常开主触点，当需要同时控制中性线时，则选用四极交流接触器。在单相交流和直流系统中常用两极或三极接触器。交流接触器通常有 3 个常开主触点和 4 ～ 6 个辅助触点，直流接触器通常有 2 个常开主触点和四个辅助触点。

（7）接触器额定操作频率。交、直流接触器额定操作频率一般有 600 次 /h、1 200 次 /h 等。一般说来，额定电流越大，则操作频率越低，可根据实际需要选择。

2. 电磁式继电器的选择

应根据继电器的功能特点、适用性、使用环境、工作制、额定工作电压及额定工作电流来选择电磁式继电器。

（1）电磁式电压继电器的选择

根据在控制电路中的作用，电压继电器有过电压继电器和欠电压继电器两种类型。

交流过电压继电器选择的主要参数是额定电压和动作电压，其动作电压按系统额定电压的 1.1 ～ 1.2 倍整定。

交流欠电压继电器常用一般交流电磁式电压继电器，其选用只要满足一般要求即可，对释放电压值无特殊要求。而直流欠电压继电器吸合电压按其额定电压的 30% ～ 50% 整定，释放电压按其额定电压的 7% ～ 20% 整定。

（2）电磁式电流继电器的选择

根据负载所要求的保护作用，电流继电器分为过电流继电器和欠电流继电器两种类型。

过电流继电器分为交流过电流继电器、直流过电流继电器。欠电流继电器只有直流欠电流继电器，用于直流电动机及电磁吸盘的弱磁保护。

过电流继电器的主要参数是额定电流和动作电流，其额定电流应大于或等于被保护电动机的额定电流；动作电流应根据电动机工作情况按其起动电流的 1.1 ～ 1.3 倍整定。一般绕线转子异步电动机的起动电流按 2.5 倍额定电流考虑，笼型异步电动机的起动电流按 4 ～ 7 倍额定电流考虑。直流过电流继电器动作电流按直流电动机额定电流的 1.1 ～ 3.0 倍整定。

欠电流继电器选择的主要参数是额定电流和释放电流，其额定电流应大于或等于直流电动机及电磁吸盘的额定励磁电流；释放电流整定值应低于励磁电路正常工作范围内可能出现的最小励磁电流，一般释放电流按最小励磁电流的 85% 整定。

（3）电磁式中间继电器的选择

中间继电器应使线圈的电流种类和电压等级与控制电路一致。同时，触点数量、种类及容量应满足控制电路要求。

3. 热继电器的选择

热继电器主要用于电动机的过载保护，因此应根据电动机的形式、工作环境、起动情况、负载情况、工作制及电动机允许过载能力等综合考虑。

（1）热继电器结构形式的选择

对于星形联结的电动机，使用一般不带断相保护的三相热继电器，能反映一相断线后的过载，对电动机断相运行能起保护作用。

对于三角形联结的电动机，则应选用带断相保护的三相热继电器。

（2）热继电器额定电流的选择

原则上按被保护电动机的额定电流选取热继电器。对于长期正常工作的电动机，热继电器中热元件的整定电流值为电动机额定电流的 95% ～ 105%；对于过载能力较差的电动机，热继电器热元件整定电流值为电动机额定电流的 60% ～ 80%。

对于不频繁起动的电动机，应保证热继电器在电动机起动过程中不产生误动作，若电动机起动电流不超过其额定电流的 6 倍，并且起动时间不超过 6 s，可按电动机的额定电流来选择热继电器。

对于重复短时工作制的电动机，首先要确定热继电器的允许操作频率，然后再根据电动机的起动时间、起动电流和通电持续率来选择。

4. 时间继电器的选择

（1）电流种类和电压等级。电磁阻尼式和空气阻尼式时间继电器，其线圈的电流种类和电压等级应与控制电路的相同；电动式或晶体管式时间继电器，其电源的电流种类和电压等级应与控制电路的相同。

（2）延时方式。根据控制电路的要求来选择延时方式，即通电延时型和断电延时型。

（3）触点形式和数量。根据控制电路要求来选择触点形式（延时闭合型或延时断开型）及触点数量。

（4）延时精度。电磁阻尼式时间继电器适用于延时精度要求不高的场合，电动式或晶体管式时间继电器适用于延时精度要求高的场合。

（5）延时时间。应满足电气控制电路的要求。

（6）操作频率。时间继电器的操作频率不宜过高，否则会影响其使用寿命，甚至会导致延时动作失调。

5. 熔断器的选择

（1）一般熔断器的选择

根据熔断器类型、额定电压、额定电流及熔体的额定电流来选择熔断器。

① 熔断器类型。熔断器类型应根据电路要求、使用场合及安装条件来选择，其保护特性应与被保护对象的过载能力相匹配。对于容量较小的照明电路和电动机，一般是考虑它们的过载保护，可选用熔体熔化系数小的熔断器；对于容量较大的照明和电动机，除过载保护外，还应考虑短路时的分断短路电流能力，若短路电流较小时，可选用低分断能力的熔断器，若短路电流较大时，可选用高分断能力的 RLI 系列熔断器，若短路电流相当大

时，可选用有限流作用的 Rh 及 RT12 系列熔断器。

② 熔断器额定电压和额定电流。熔断器的额定电压应大于或等于电路的工作电压，额定电流应大于或等于所装熔体的额定电流。

③ 熔断器熔体额定电流。

• 对于照明电路或电热设备等没有冲击电流的负载，应选择熔体的额定电流等于或稍大于负载的额定电流，即

$$IR_N \geqslant I_N \tag{5-17}$$

式中，IR_N 为熔体额定电流（A）；

I_N 为负载额定电流（A）。

• 对于长期工作的单台电动机，要考虑电动机起动时不应熔断，即 $IR_N \geqslant (1.5 \sim 2.5) I_N$，轻载时系数取 1.5，重载时系数取 2.5。

• 对于频繁起动的单台电动机，在频繁起动时，熔体不应熔断，即 $IR_N \geqslant (3 \sim 3.5) I_N$。

• 对于多台电动机长期共用一个熔断器，熔体额定电流为

$$IR_N \geqslant (1.5 \sim 2.5) I_{NMmax}+\sum I_{NM} \tag{5-18}$$

式中，I_{NMmax} 为容量最大电动机的额定电流（A）；$\sum I_{NM}$ 为除容量最大电动机外，其余电动机额定电流之和（A）。

④ 适用于配电系统的熔断器。在配电系统多级熔断器保护中，为防止越级熔断，使上、下级熔断器间有良好的配合，选用熔断器时应使上一级（干线）熔断器的熔体额定电流比下一级（支线）的熔体额定电流大 1 ～ 2 个级差。

（2）快速熔断器的选择

① 快速熔断器的额定电压。快速熔断器额定电压应大于电源电压，且小于晶闸管的反向峰值电压，因为快速熔断器分断电流的瞬间，最高电弧电压可达电源电压的 1.5～2 倍。因此，整流二极管或晶闸管的反向峰值电压必须大于此电压值才能安全工作，即

$$U_F \geqslant KIU_{RE} \tag{5-19}$$

式中，U_F 为整流二极管或晶闸管的反向峰值电压（V）；URE 为快速熔断器额定电压（V）；K_1 为安全系数，一般取 1.5 ～ 2。

② 快速熔断器的额定电流。快速熔断器的额定电流是用有效值表示的，而整流二极管和晶闸管的额定电流是用平均值表示的。当快速熔断器接入交流侧时，熔体的额定电流为

$$IR_N \geqslant K_1 I_{Zmax} \tag{5-20}$$

式中，I_{Zmax} 为可能使用的最大整流电流（A）；K_1 为与整流电路形式及导电情况有关的系数。

当快速熔断器接入整流桥臂时，熔体额定电流为

$$I_{RN} \geqslant 1.5 I_{GN} \quad (5\text{-}21)$$

式中，I_{GN} 为整流二极管或晶闸管的额定电流（A）。

6. 开关电器的选择

（1）刀开关的选择。刀开关主要根据使用的场合、电源种类、电压等级、负载容量及所需极数来选择。

① 根据刀开关在电路中的作用和安装位置选择其结构形式。若用于隔断电源，则选用无灭弧罩的产品；若用于分断负载，则应选用有灭弧罩且用杠杆来操作的产品。

② 根据电路电压和电流来选择。刀开关的额定电压应大于或等于所在电路的额定电压；刀开关额定电流应大于负载的额定电流，当负载为异步电动机时，其额定电流应为电动机额定电流的 1.5 倍以上。

③ 刀开关的极数应与所在电路的极数相同。

（2）组合开关的选择。组合开关主要根据电源种类、电压等级、所需触点数及电动机容量来选择。选择时应掌握以下原则。

① 组合开关的通断能力并不是很高，因此不能用它来分断故障电流。对用于控制电动机可逆运行的组合开关，必须在电动机完全停止转动后才允许反方向接通。

② 组合开关接线方式多种，使用时应根据需要正确选择相应产品。

③ 组合开关的操作频率不宜太高，一般不宜超过 300 次 /h，所控制负载的功率因数也不能低于规定值，否则组合开关要降低容量使用。

④ 组合开关本身不具备过载、短路和欠电压保护，如需这些保护，必须另设其他保护电器。

（3）低压断路器的选择。低压断路器主要根据保护特性要求、分断能力、电网电压类型及等级、负载电流、操作频率等方面进行选择。

① 额定电压和额定电流。低压断路器的额定电压和额定电流应大于或等于电路的额定电压和额定电流。

② 热脱扣器。热脱扣器整定电流应与被控制电动机或负载的额定电流一致。

③ 过电流脱扣器。过电流脱扣器瞬时动作整定电流由式（5-22）确定

$$I_Z \geqslant K I_S \quad (5\text{-}22)$$

式中，I_Z 为瞬时动作整定电流（A）；I_S 为电路中的尖峰电流。若负载是电动机，则 I_S 为起动电流（A）；K 为考虑整定误差和起动电流允许变化的安全系数。当动作时间大于 20 ms 时，取 K=1.35；当动作时间小于 20 ms 时，取 K=1.7。

④ 欠电压脱扣器。欠电压脱扣器的额定电压应等于电路的额定电压。

（4）电源开关联锁机构。电源开关联锁机构与相应的断路器和组合开关配套使用，

用于接通电源、断开电源和柜门开关联锁，以达到在切断电源后才能打开门，将门关闭好后才能接通电源的效果，实现安全保护。

7. 控制变压器的选择

控制变压器用于降低控制电路或辅助电路的电压，以保证控制电路的安全可靠。控制变压器主要根据一次电压和二次电压等级及所需要的变压器容量来选择。

（1）控制变压器一、二次电压应与交流电源电压、控制电路电压与辅助电路电压相符合。

（2）控制变压器容量按下列两种情况计算，依计算容量大者决定控制变压器的容量。

① 变压器长期运行时，最大工作负载时变压器的容量应大于或等于最大工作负载所需要的功率，计算公式为

$$ST \geqslant K_T \sum P_{XC} \tag{5-23}$$

式中，S_T 为控制变压器所需容量（V·A）；$\sum P_{XC}$ 为控制电路最大负载时工作的电器所需的总功率，其中 P_{XC} 为电磁器件的吸持功率（W）；K_T 为控制变压器容量储备系数，一般取 1.1 ~ 1.25。

② 控制变压器容量应使已吸合的电器在起动其他电器时仍能保持吸合状态，而起动电器也能可靠地吸合，其计算公式为

$$S_T \geqslant 0.6\sum P_{XC} + 1.5\sum P_{st} \tag{5-24}$$

式中，$\sum P_{st}$ 为同时起动的电器总吸持功率（W）。

8. 电气设备总体配置设计

（1）组件的划分原则。

① 将功能类似的元件组在一起，构成控制面板组件、电气控制盘组件、电源组件等。

② 将接线关系密切的电气元件置于同一组件中，以减少组件之间的连线数量。

③ 强电与弱电控制相分离，以减少干扰。

④ 为求整齐美观，将外形尺寸相同、重量相近的电气元件组合在一起。

⑤ 为便于检查与调试，将需经常调节、维护和易损元件组合在一起。

（2）电气设备的各部分及组件之间的接线方式。

① 电器控制盘、机床电器的进出线一般采用接线端子。

② 被控制设备与电气箱之间为便于拆装、搬运，尽可能采用多孔接插件。

③ 印制电路板与弱电控制组件之间宜采用各种类型接插件。

9. 电器布置图的设计

电器布置图是指将电气元件按一定原则组合的安装位置图。电气元件布置的依据是各部件的原理图，同一组件中的电气元件的布置应按国家标准执行。

电柜内的电器可按以下原则布置。

（1）体积大或较重的电器应置于控制柜下方。

（2）发热元件安装在柜的上方，并将发热元件与感温元件隔开。

（3）强电、弱电应分开，弱电部分应加屏蔽隔离，以防强电及外界的干扰。

（4）电器的布置应考虑整齐、美观、对称。

（5）电器元件间应留有一定间距，以利布线、接线、维修和调整操作。

（6）接线座的布置：用于相邻柜间连接用的接线座应布置在柜的两侧；用于与柜外电气元件连接的接线座应布置在柜的下部，且不得低于 200 mm。

一般通过实物排列来确定各电气元件的位置，进而绘制出控制柜的电器布置图。电器布置图根据电器元件的外形尺寸按比例绘制，并标明各元件间距尺寸，同时还要标明进出线的数量和导线规格，选择适当的接线端子板和接插件并在其上标明接线号。

5.6.5 电气安装接线图的绘制

根据电气原理图和电器布置图来绘制电气控制装置的接线图。接线图应按以下原则来绘制。

（1）接线图的绘制应符合《电气技术用文件的编制第 1 部分：规则》GB/T 6988.1—2008 中的规定。

（2）电气元件相对位置与实际安装位置一致。

（3）接线图中同一电气元件中各带电部件，如线圈、触点等的绘制采用集中表示法，且在一个细实线框内。

（4）所有电气元件的文字符号及其接线端钮的线号标注均与电气原理图完全相符。

（5）接线图一律采用细实线绘制，应清楚表明各电气元件的接线关系和接线去向，其连接关系应与电气原理图完全相符。连接导线的走线方式有板前走线与板后走线两种，一般采用板前走线。对于简单电气控制装置，电气元件数量不多、接线关系较简单，可在接线图中直接画出元件之间的连线。对于复杂的电气装置，电气元件数量多、接线较复杂时、一般采用走线槽走线、此时只要在各电气元件上标出接线号，不必画出各元件之间的连接线。

（6）接线图中应标明连接导线的型号、规格、截面积及颜色。

（7）进出控制装置的导线，除大截面动力电路导线外，都应经过接线端子板。端子板上各端钮按接线号顺序排列，并将动力线、交流控制线、直流控制线、信号指示线分类排。

本章小结

低压电器指用于交流 50 Hz（或 60 Hz）、额定电压为 1 000 V 及以下，直流额定电压为 1 500 V 及以下的电路中起通断、保护、控制或调节作用的电器。低压电器是电气控制系统中的基本组成元件，控制系统的优劣与低压电器的性能有直接的关系。

作为电气工程技术人员，应熟悉低压电器的结构、工作原理和使用方法。电动机的转速在供电电源一定的情况下是一定的，但在实际使用过程中设备转速需求不同，可能需要使用的转速不是额定转速，此时就需要对电动机的转速进行调节。

三相异步电动机切除电源后依靠惯性还要转动一段时间（或距离）才能停下来，而生产中起重机的吊钩或卷扬机的吊篮要求准确定位，万能铣床的主轴要求能迅速停下来，升降机在突然停电后需要安全保护和准确定位控制等。这些都需要对拖动的电动机进行制动。

电气控制电路用开关电器按一定逻辑规律组合而成。不同生产机械的控制要求是不同的，其相应的控制电路也各不相同。但是，这些控制电路都是由一些具有基本功能的基本环节或基本单元，按一定的控制原则和逻辑规律组合而成。

技能实训

检修三相异步电动机的常见故障

在图 5-46 三相异步电动机调速的工作电路中，由一位同学设置若干隐蔽故障，例如，电源线开路，转子电路开路，熔断器开路，熔断器熔丝过细，定子绕组缺相，电源电压过低，定子绕组接法错误、绕组与机壳短接等。由另外一位同学根据故障现象判断原因，修复故障，实现三相异步电动机的正常运行。两位同学交换角色后，再重复一遍。

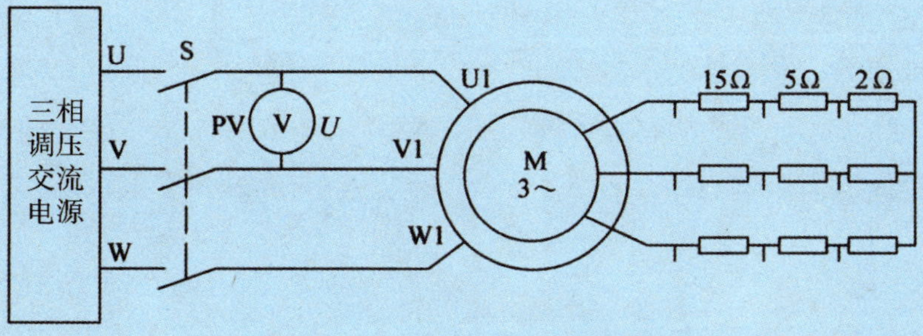

图 5-46　三相异步电动机调速的工作电路

提示

1. 三相异步电动机的使用和检修过程中严禁带电作业，务必注意用电安全。
2. 注意兆欧表的工作电压很高，务必防止人员触电。
3. 电动机故障运行时间不可过长，防止烧坏电动机。
4. 检查三相异步电动机的工作电路时，务必注意万用表的挡住和量程。
5. 在修复故障前，一定要征得设置故障同学的认可，才能操作。

思考练习

1. 低压电器如何分类？
2. 简述刀开关的使用注意事项。
3. 简述三相异步电动机调速的技术指标。
4. 直流电动机的电气制动有几种方式？它们的共同点是什么？
5. 简述电气原理图设计的基本步骤。
6. 如何绘制电气安装接线图？

第 6 章　桥式起重机电气控制系统分析

本章概述

桥式起重机是现代工业生产和起重运输中实现生产过程机械化、自动化的重要工具和设备，其在室内外工矿企业、钢铁化工、铁路交通、港口码头及物流周转等部门和场所均得到广泛应用。桥式起重机桥架沿铺设在两侧高架上的轨道纵向运行，起重小车沿铺设在桥架上的轨道横向运行，构成矩形的工作范围，充分利用了桥架下面的空间吊运物料，不受地面设备的阻碍。普通桥式起重机主要采用电力驱动，一般在司机室内操纵，也可远距离控制。

学习目标

◎知识目标

1. 熟悉凸轮控制器的结构及其控制原理。
2. 了解起重机的供电特点。
3. 掌握 5 ～ 10 t 桥式起重机电气控制电路的工作原理。

◎能力目标

1. 能识读交流桥式起重机电气控制电路的原理图。
2. 学会分析电路组成和功能。
3. 能对电气控制系统电路简单故障进行维修。

◎素质目标

1. 培养学生树立工具、设备使用的安全意识。

2. 培养学生养成精益求精、关注细节的良好习惯。

◎思政目标

培养学生安全意识，遵守操作规范，强化职业素养。

6.1 凸轮控制器识别与控制原理分析

6.1.1 凸轮控制器的结构

凸轮控制器是一种具有多挡位、多触点，利用手动操作，转动凸轮去接通和分断通过大电流的大型手动控制电器，也称接触器式控制器，因为它的动、静触点的动作原理与接触器极其类似。不同之处是凸轮控制器凭借人工操纵，并且能换接较多数目的电器，而接触器是利用电磁吸引力实现驱动的远距离操作方式，触点数目较少。

凸轮控制器用以直接操作与控制绕线转子异步电动机的正反转、调速、起动与停止。应用凸轮控制器控制绕线转子异步电动机的电路简单、维修方便，广泛应用于中、小型起重机上。凸轮控制器外形图，如图 6-1 所示。

图 6-1 凸轮控制器外形图

凸轮控制器从外部看，由机械、电气、防护 3 部分组成，如图 6-2 所示。其中，手轮、转轴、凸轮、杠杆、弹簧、定位棘轮为机械结构，触点、接线柱等为电气结构，而外罩及灭弧罩等为防护结构。其转轴上套着很多凸轮片（一般为 12 片），当手轮经转轴带动凸轮片转位时，使触点断开或闭合。

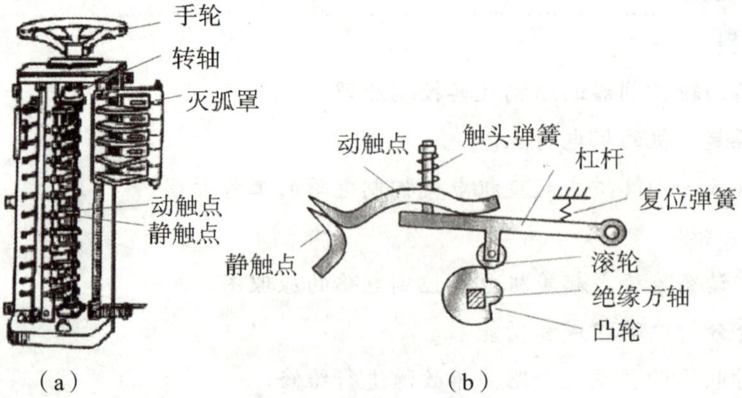

图 6-2 凸轮控制器结构原理

例如，当凸轮处于一个位置时（滚子在凸轮的凹槽中），触点是闭合的；当凸轮转位而使滚子处于凸缘时，触点断开。由于这些凸轮片的形状不相同，因此触点的闭合规律也不相同，因而实现了不同的控制要求。

6.1.2　凸轮控制器的型号与主要技术参数

常用的国产凸轮控制器有 KT10、KT12、KT14、KT16，以及 KTJ1-50/1、KTJ1-50/5、KTJ1-80/1 等型号。凸轮控制器的型号及含义，如图 6-3 所示。

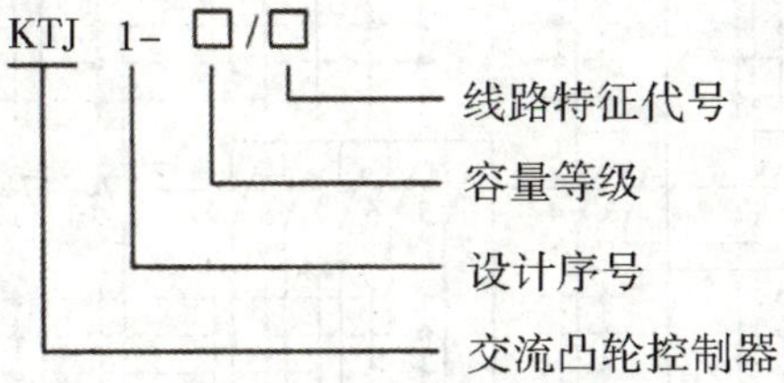

图 6-3　凸轮控制器的型号及含义

凸轮控制器按重复短时工作制设计，其暂载率 JC=25%。KT14 系列凸轮控制器的主要技术参数，见表 6-1。其中 KT14-25J/1、KT14-60J/1 型可用于同时控制两台绕线转子三相异步电动机，并带有控制定子电路的触点；KT14-25J/3 型可用于控制一台笼型三相异步电动机的正反转；KT14-60J/4 型可用于同时控制两台绕线转子三相异步电动机，定子电路由接触器控制。

表 6-1　KT14 系列凸轮控制器的主要技术参数

型号	额定电压 /V	额定电流 /A	工作位置		JC=25% 时所控制的电动机最大功率 /kW	额定操作频率 /（次 / h）	最大工作周期 /min
			右旋	左旋			
KT14-25J/1	380	25	5	5	11.5	600	10
KT14-25J/2			5	5	26.3		
KT14-25J/3			1	1	8		
KT14-60J/1		60	5	5	32		
KT14-60J/2			5	5	216		
KT14-60J/4			5	5	225		

6.1.3　凸轮控制器控制电路

图 6-4 所示为采用凸轮控制器控制的 10 t 桥式起重机小车控制电路。凸轮控制器控制电路的特点是原理图以其圆柱表面的展开图来表示。

由图 6-4 可见，凸轮控制器有编号为 1 ～ 12 的 12 对触点，以竖画的细实线表示；而凸轮控制器的操作手轮右旋（控制电动机正转）和左旋（控制电动机反转）各有 5 个挡位，加上一个中间位置（称为“零位”）共有 11 个挡位，用横画的细虚线表示；每个触点在各挡位是否接通，则以在横竖线交点处的黑圆点表示。有黑点的表示接通，无黑点的则表示断开。

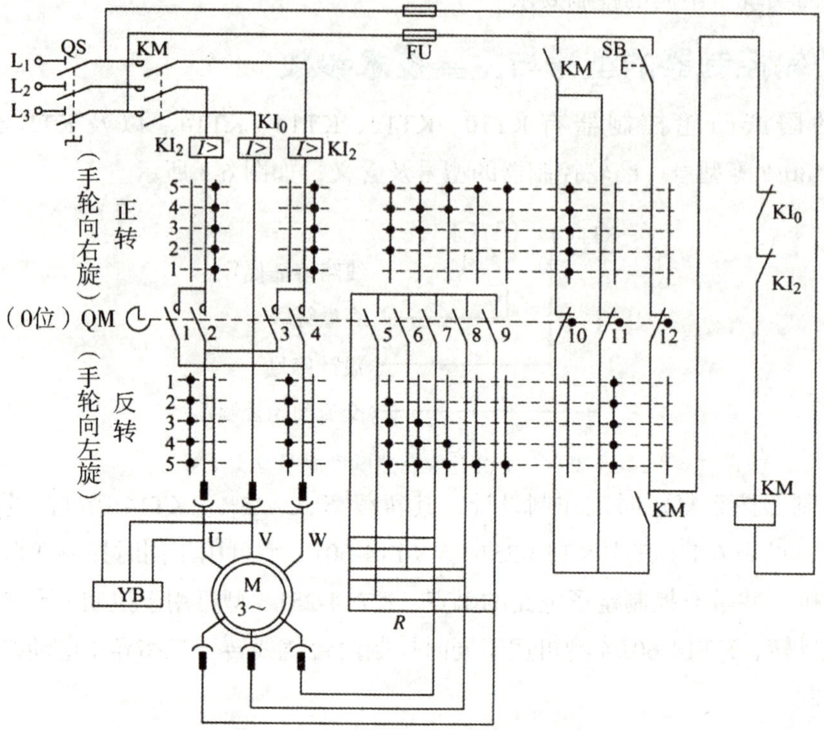

图 6-4　采用凸轮控制器控制的 10 t 桥式起重机小车电路

图 6-4 中 M 为小车驱动电动机，采用绕线转子三相异步电动机，在转子电路中串入三相不对称电阻器 R，用作起动及调速控制。YB 为制动电磁铁，其三相电磁线圈与 M（定子绕组）并联。QS 为电源引入开关，KM 为控制电路电源的接触器。KI_0 和 KI_2 为过电流继电器，其线圈（KI_0 为单线圈，KI_2 为双线圈）串联在 M 的三相定子电路中，而其常闭触点则串联在 KM 的线圈支路中。

1. 电动机定子电路

在每次操作之前，应先将凸轮控制器 QM 置于零位，由图 6-4 可见 QM 的触点 10 ～ 12 在零位接通；然后闭合电源开关 QS，按下起动按钮 SB，接触器 KM 线圈通过 QM 的触点 12 通电，KM 的三个主动触点闭合，接通电动机 M 的电源，然后可以用 QM 操纵 M 的运行。QM 的触点 10、11 与 KM 的常开触点一起构成正转和反转时的自锁电路。

凸轮控制器 QM 的触点 1 ～ 4 控制 M 的正反转，由图 6-4 可见触点 2、4 在 QM 右旋的 5 挡均接通，M 正转；而左旋 5 挡则是触点 1、3 接通，M 为反转；在零位时 4 个触点均断开。

2. 电动机转子电路

凸轮控制器 QM 的触点 5 ～ 9 用以控制 M 转子外接电阻器 *R*，以实现对 M 起动和转速的调节。由图 6-4 可见，这 5 个触点在中间零位均断开，而在左、右旋各 5 挡的通断情况是完全对称的：在（左、右旋）第一挡触点 5 ～ 9 均断开，三相不对称电阻 *R* 全部串入 M 的转子电路，此时 M 的机械特性最软；置第 2 ～ 5 挡时触点 5 ～ 7 依次接通，将 *R* 逐级不对称地切除，对应的电动机的转速逐渐升高；当置第 5 挡时触点 5 ～ 9 全部接通，*R* 全部被切除，M 运行在自然特性曲线上。

由以上分析可见，用凸轮控制器控制小车及大车的移行，凸轮控制器是用触点 1 ～ 9 控制电动机的正反转起动，在起动过程中逐段切断转子电阻，以调节电动机的起动转矩和转速。第 1 ～ 5 挡电阻逐渐减小至全部切除，转速逐渐升高。

3. 保护电路

图 6-4 所示的电路有欠电压、零电压、零位、过电流、行程终端限位保护和安全保护共 6 种保护功能。

（1）欠电压保护。接触器 KM 本身具有欠电压保护的功能，当电源电压不足（低于额定电压的 85%）时，KM 因电磁吸力不足而复位，其主触点和自锁触点都断开，从而切断电源。

（2）零电压保护与零位保护。采用按钮 SB 起动，SB 常开触点与 KM 的自锁常开触点相并联的电路，都具有零电压（失电压）保护功能，在操作中一旦断电，必须再次按下 SB 才能重新接通电源。由图 6-4 可见，采用凸轮控制器控制的电路在每次重新起动时，还必须将凸轮控制器旋回中间的零位，使触点 12 接通，才能按下 SB 接通电源，这就防止在控制器还置于左右旋的某一挡位、电动机转子电路串入的电阻较小的情况下起动电动机，造成较大的起动转矩和电流冲击，甚至造成事故。这一保护作用称为“零位保护”。触点 12 只有在零位才接通，而其他 10 个挡位均断开，称为零位保护触点。

（3）过电流保护。起重机的控制电路通常采用过电流继电器做过电流（包括短路、过载）保护，过电流继电器 KI_0、KI_2 的常闭触点串联在 KM 线圈支路中，一旦出现过电流便切断 KM，从而切断电源。此外，KM 的线圈支路采用熔断器 FU 做短路保护。

6.2　桥式起重机电气控制电路分析

6.2.1　起重机分类

起重机根据结构和性能不同分为轻小型起重设备、桥架类起重机、臂架类起重机和缆索式起重机。

起重机分类

轻小型起重设备又称为简单起重设备，一般只有单一的起升或牵引机构，大多数为人力驱动，这类起重机械具有自重轻、体积小、起重能力大等特点，易于更换作业地点，便于搬运和使用，如千斤顶、气动葫芦、电动葫芦、平衡葫芦（又名平衡吊）及卷扬机等。

桥架类起重机都是以桥形主梁的金属结构作为主要承载构件，通过起升机构、小车运行机构、大车运行机构的组合运动，使起重机在固定跨度的盒形空间内完成物料搬运作业任务，广泛用于车间、仓库或露天堆料场地，如桥式起重机、门式起重机和装卸桥等。

臂架类起重机是通过臂架承载货物的重量，在一个圆形场地以及上空，通过臂架移动来完成物料的移动和运送。与轻小型起重机在厂房室内作业不同，臂架类起重机多用于露天装卸及安装工作，如塔式起重机、门座式起重机、轮式起重机、汽车式起重机及浮式起重机等。

缆索式起重机又叫作走线滑车，是挂有取物装置的起重小车沿架空承载索运行的起重机，常用在其他吊装方法不便或不经济的场合，以及吊重量不大、跨度和高度较大的场合，如桥梁建造、电视塔顶设备吊装等。

6.2.2 桥式起重机的主要结构和运动形式

1. 桥式起重机的主要结构

图 6-5 为桥式起重机的主要结构，桥式起重机主要由桥架（又称大车）、大车移行机构、装有提升机构的小车、操纵室、小车导电装置（辅助滑线）、起重机总电源导电装置（主滑线）等部分组成。

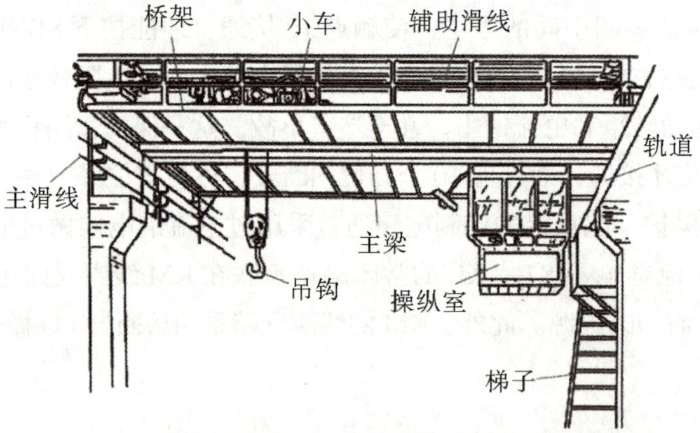

图 6-5 桥式起重机的主要结构

（1）桥架。桥架是桥式起重机的基本构件，它由主梁、端梁、走台等部分组成，主梁横跨在车间中间。主梁两端连有端梁，在两主梁外侧安有走台。在一侧的走台上装有大车移行机构，使桥架可沿车间长度方向的导轨移动。在另一侧走台上装有小车的电气设备，即辅助滑线。在主梁上方铺有导轨，供小车移动。

（2）大车移行机构。大车移行机构由大车驱动电动机、传动轴、联轴节、减速器、车轮及制动器等部件构成。拖动方式有集中拖动与分别拖动两种。集中拖动是由一台电动机经减速机构驱动两个主动轮，分别拖动则由两台电动机分别驱动两个主动轮。分贝拖动自重轻，安装调试方便，实践证明使用效果良好。目前我国生产的桥式起重机大多采用分别拖动。

（3）小车。小车安放在桥架导轨上，可顺车间宽度方向移动。小车主要由小车架、小车移行机构和提升机构等组成。小车移行机构由小车电动机、制动器、联轴节、减速器及车轮等组成。小车电动机经减速器驱动小车主动轮，拖动小车沿导轨移动，由于小车主动轮相距较近，故由一台电动机驱动。

（4）提升机构。提升机构由提升电动机、减速器、卷筒、制动器及吊钩等组成。提升电动机经联轴节、制动轮与减速器连接，减速器的输出轴与缠绕钢丝绳的卷筒相连接，钢丝绳的另一端装有吊钩，当卷筒转动时，吊钩就随钢丝绳在卷筒上的缠绕或放开而上升与下降。对于起重量在 15 t 及以上的起重机，备有两套提升机构，即主钩与副钩。

（5）操纵室。操纵室是操纵起重机的吊舱，又称驾驶室。操纵室内有大、小车移行机构控制装置、提升机构控制装置及起重机的保护装置等。操纵室一般固定在主梁的一端，也有少数装在小车下方随小车移动。操纵室上方开有通向走台的舱口，供检修大车与小车机械及电气设备时人员上下。

2. 桥式起重机的运动形式

桥式起重机可以实现重物在垂直、横向、纵向 3 个方向的运动，从而把重物移至车间任一位置，完成车间内的起重运输任务。

（1）起重机由大车电动机驱动沿车间两边的轨道做纵向前后运动。

（2）小车及提升机构由小车电动机驱动沿桥架上的轨道做横向左右运动。

（3）在升降重物时由起重电动机驱动做垂直上下运动。

6.2.3　桥式起重机主要技术参数

桥式起重机的主要技术参数有以下几点。

（1）起重量。指被起升物的重量，有额定起重量和最大起重量两个参数。

（2）跨度。起重机两端车轮中心线间的距离，即大车轨道中心线间的距离。

（3）起升高度。吊具或抓取装置的上极限位置与下极限位置之间的距离。

（4）工作速度。吊物（或其他取物装置）在稳定运动状态下，额定载荷时的垂直位移速度，包括起升速度及大、小车运行速度。

（5）工作级别。是根据起重机利用等级和载荷状态划分的，反映了起重机的工作特性。

6.2.4　桥式起重机电力拖动系统的构成

桥式起重机的电力拖动系统一般由 3 ～ 5 台电动机组成，具体内容如下。

（1）小车驱动电动机一台。

（2）大车驱动电动机一台或两台：大车如果采用集中驱动，则只有一台大车电动机；如果采用分别驱动，则由两台相同的电动机分别驱动左、右两边的主动轮。

（3）起重电动机一台或两台：单钩的小型起重机只有一台起重电动机；对于 15 t 以上的中型和重型起重机，则有两台（主钩和副钩）起重电动机。

6.2.5 起重机的供电特点

起重机的供电特点，具体如下。

1. 供电要求

由于起重机的工作是经常移动的，因此起重机与电源之间不能采用固定连接方式。小型起重机采用软电缆供电，随着大车或小车的移动，供电电缆随之伸展和叠卷。中小型起重机常用滑线和电刷供电，即将三相交流电源接到沿车间长度方向架设的 3 根主滑线上，并刷有黄、绿、红三种颜色，再通过电刷引到起重机的电气设备上，首先进入操纵室中保护盘上的总电源开关，然后向起重机各电气设备供电。对于小车及其上的提升机构等电气设备，则由位于桥架另一侧的辅助滑线来供电。

2. 起动要求

提升第一挡的作用是为了消除传动间隙，将钢丝绳张紧，称为预备级。这一挡的电动机要求起动转矩不能过大，以免产生过强的机械冲击，一般在额定转矩的一半以下。

3. 调速要求

（1）在提升开始或下降重物至预定位置前，需低速运行，一般在 30% 额定转速内分几挡。

（2）具有一定的调速范围，普通起重机调速范围为 3∶1，也有要求为（5 ～ 10）∶1 的起重机。

（3）轻载时，要求能快速升降，即轻载提升速度应大于额定负载的提升速度。

4. 下降要求

根据负载的大小，提升电动机可以工作在电动、倒拉制动、回馈制动等工作状态下，以满足对不同下降速度的要求。

5. 制动要求

为了安全，起重机要采用断电制动方式的机械抱闸制动，以避免因停电造成无制动力矩，导致重物自由下落引发事故，同时也还要具备电气制动方式，以减小机械抱闸的磨损。

6. 控制方式

桥式起重机常用的控制方式有两种：一种是用凸轮控制器直接控制所有的驱动电动机，这种方法普遍用于小型起重设备；另一种是采用主令控制器配合磁力控制屏控制主卷扬电动机，而其他电动机采用凸轮控制器，这种方法主要用于中型以上起重机。

除了上述要求外，桥式起重机还应有完善的保护和联锁环节。

6.2.6　10 t 桥式起重机控制原理

图 6-6 为凸轮控制器直接控制的 10 t 桥式起重机电路。由图可见，各凸轮控制左、右 5 挡位置，分别控制电动机的正反转、起动及调速，中间为零位停车位置。图中 YB_1 ～ YB_5 为电力液压驱动式机械抱闸制动器，在起重机接通电源的同时，液压泵电动机通电，通过液压缸使机械抱闸放松。当电动机切断电源时，液压泵电动机也失电，机械抱闸制动，从而避免了吊钩上的重物自由下降、大车因货物摇动而移动等造成的不安全事故。

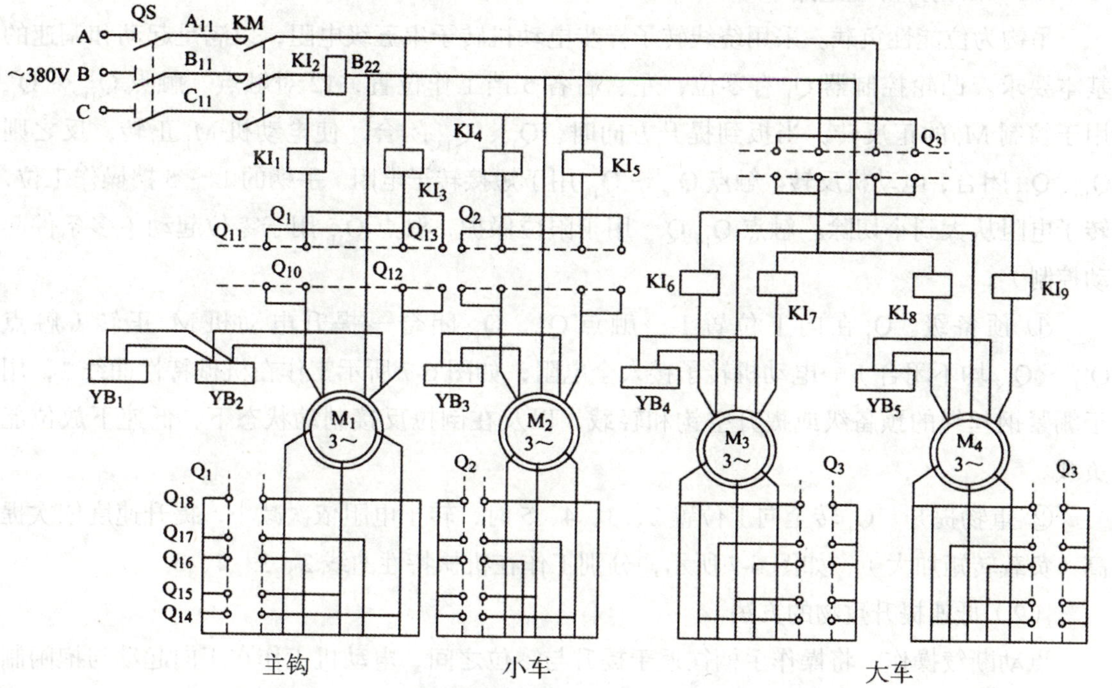

图 6-6　凸轮控制器直接控制的 10 t 桥式起重机电路

凸轮控制器直接控制的 10 t 桥式起重机电路主要元器件表见表 6-2。

表 6-2　凸轮控制器直接控制的 10 t 桥式起重机电路主要元器件表

符号	名称及用途	符号	名称及用途
M_1	吊钩驱动电动机	KM	电源接触器
M_2	小车驱动电动机	KI_1 ～ KI_9	过电流继电器
M_3	大车左端轮驱动电动机	YB_1 ～ YB_5	电力液压驱动式机械抱闸制动器
M_4	大车右端轮驱动电动机	SB_1	起动按钮
Q_1	吊钩凸轮控制器	SB	手动操作停止按钮
Q_2	小车凸轮控制器	SQ_1	操纵室门安全开关
Q_3	大车凸轮控制器	SQ_2、SQ_3	仓门开关
Qs	电源开关	SQ_4、SQ_5	栏杆门开关

1. 主电路分析

图 6-6 中 YB_1 ～ YB_5 为断电抱闸制动装置电磁铁线圈；KM 用于电路保护；合上 QS →凸轮控制器 Q_1 ～ Q_3 均在零位时，按动起动按钮 SB_1 → KM 线圈通电、触点闭合；通过操作 Q_1 ～ Q_3 可分别驱动电动机 M_1 ～ M_4 工作，实现大、小车的移动和吊钩的提升 / 下降。图中各电动机采用转子回路串电阻来调速，且直接由凸轮控制器来控制。

（1）吊钩升降主电路

吊钩为位能性负载。采用绕线转子异步电动机转子串五级电阻，以满足起动和调速的基本要求。凸轮控制器 Q_1 有零位，左、右各 5 挡工作位置，12 对触点。触点 Q_{11} ～ Q_{13} 用于控制 M_1 的正反转，当扳到提升方向时，Q_{11}、Q_{13} 闭合，使电动机 M_1 正转，反之则 Q_{10}、Q_{12} 闭合，电动机反转。触点 Q_{14} ～ Q_{18} 用于短接转子电阻。手柄的 1 ～ 5 挡操作工位，转子电阻从大到小切除。触点 Q_{19} Q_{1A} 用于限位保护，触点 Q_{1B} 用于零位起动（多条件起动控制）。

① 预备级。Q_1 在向上位置 1 →触点 Q_{11}、Q_{13} 闭合→提升电动机 M_1 正转（触点 Q_{14} ～ Q_{18} 均不闭合）→电动机转子接入全电阻，如图 6-7 所示工作在机械特性曲线 1，用于绷紧钢丝绳的预备级或提升空钩和轻载，以及在倒拉反接制动状态下，低速下放位能负载。

② 重物提升。Q_1 转至向上位置 2、3、4、5 时，转子电阻依次减小，提升速度依次提高（负载转矩加大），如图 6-7 所示，分别工作在机械特性曲线 2、3、4、5。

（2）低速提升重物的方法

点动断续操作，将操作手柄往返于提升与零位之间，电动机工作在正向起动与抱闸制动的交替工作状态，可低速断续提升负载。

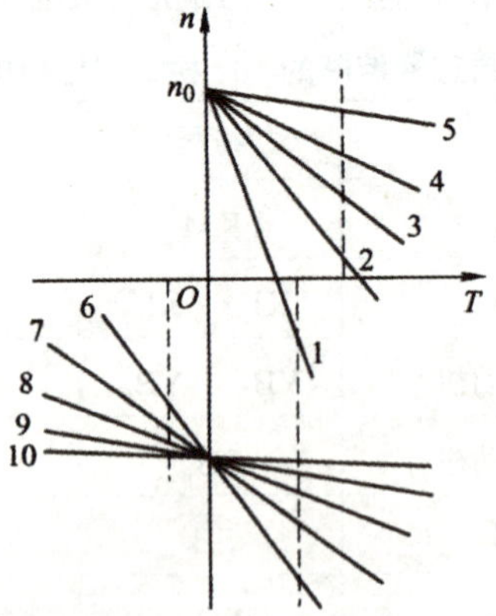

图 6-7　凸轮控制器控制提升电动机机械特性曲线

（3）重物（含空钩）下放的方法。

① 空钩下放（摩擦性恒转矩负载）。Q_1 置于向下位置，Q_1 触点 Q_{10}、Q_{12} 闭合，M_1

接入反相序电源反转。Q_1 在下降位置 1 ～ 5 时电动机工作在第Ⅲ象限的机械特性，Q_1 向下 1 ～ 5 挡调节时，空钩下降速度依次提高。

② 高速下放重物（位能性负载）。将 Q_1 手柄经 1 ～ 4 挡位，迅速板至下降位置 5，电动机转子不串电阻的回馈状态，电动机工作在第Ⅳ象限，转速略高于同步转速运行。Q_1 由下降位置 1 ～ 5 移动时，重物下放速度依次降低。

操作注意：速度过高时，注意操作安全。

③ 低速下放重物。

• 倒拉制动：Q_1 手柄在上升位置 1，由工件拖动电动机反转，在倒拉制动状态下低速、匀速下放重物。

• 断续点动：Q_1 在下降 1 ～ 5 与零位之间往返操作，电动机在下放与抱闸运动之间点动继续工作，重物低速下放。

（3）大、小车驱动

① 小车。控制电路与提升机构相同，但小车电动机的负载为摩擦性恒转矩负载，工作在机械特性的Ⅰ、Ⅲ象限。

② 大车。大车控制电路与小车相似，同为摩擦性恒转矩负载。但大车两侧轮子分别用两组电动机驱动（跨距过大），要求同步转动。所以，凸轮控制器 Q_3 增加了一组转子电阻切除触点，可同时控制两台电动机同步工作。

2. 控制和保护电路分析

如图 6-8 所示，中的自锁电路中串入了很多保护触点，用来控制和保护电路。当各个门在关闭位置时，其常开触点 SQ_1 ～ SQ_5 均闭合；各过电流继电器 KI_1 ～ KI_9 未动作，其常闭触点闭合，各凸轮控制器 Q_1 ～ Q_3 均在零位，即 Q_{1B}、Q_{2B}、Q_{3B} 均闭合。这时按下起动按钮 SB_1，交流接触器 KM 得电并自锁，各电动机主回路得电，起重机开始工作。

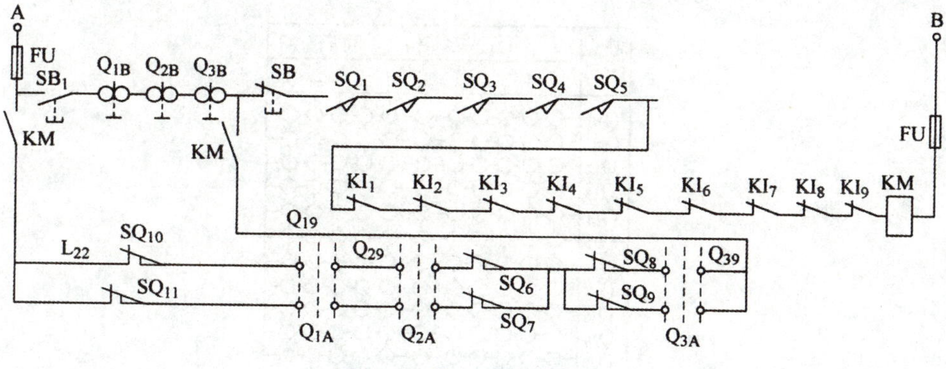

图 6-8　控制和保护电路

为了安全操作，在交流接触器线圈的自锁电路中，串入了大车移动凸轮控制的触点 Q_{3A} 和 Q_{39}、大车左右移动限位开关、吊钩的凸轮控制器 Q_{1A} 和 Q_{19}、吊钩上升和下放钢丝绳、限位开关、小车的凸轮控制器 Q_2 的触点 Q_{2A} 和 Q_{29} 及小车移动的限位开关。它们的保护原理相同，当大车移动到左边行程开关极限位置时，压动行程开关 SQ_1，使常闭触点断开，切断了 KM 的自锁回路，KM 失电，整个起重机失电。这时只有将手柄扳回零位，重新起动，且须向相反方向操纵手柄，使已动作的保护开关恢复原位。该电路设有过电流保护、门栏保护，任何过电流继电器动作、各门未关好或按下紧急停车按钮 SB 时，都会使 KM 线圈断电，切断起重机电源。

本章小结

凸轮控制器是一种大型手动控制电器，是起重机上重要的电气操作设备之一，用以直接操作与控制电动机的正反转、调速、起动与停止。应用凸轮控制器控制电动机控制电路简单，维修方便，广泛用于中小型起重机的平移机构和小型起重机提升机构的控制中。

桥式起重机是横架于车间、仓库和料场上空进行物料吊运的起重设备。它的两端坐落在高大的水泥柱或者金属支架上，形状似桥。桥式起重机的桥架沿铺设在两侧高架上的轨道纵向运行，可以充分利用桥架下面的空间吊运物料，不受地面设备的阻碍。它是使用范围最广、数量最多的一种起重机械。

技能实训

检测确定挡位对应的触点通断情况

（1）在老师带领下认识凸轮控制器，了解凸轮控制器的结构和原理。

（2）通过观察和检测确定挡位对应的触点通断情况，完成图 6-9。

（3）完成表 6-3。

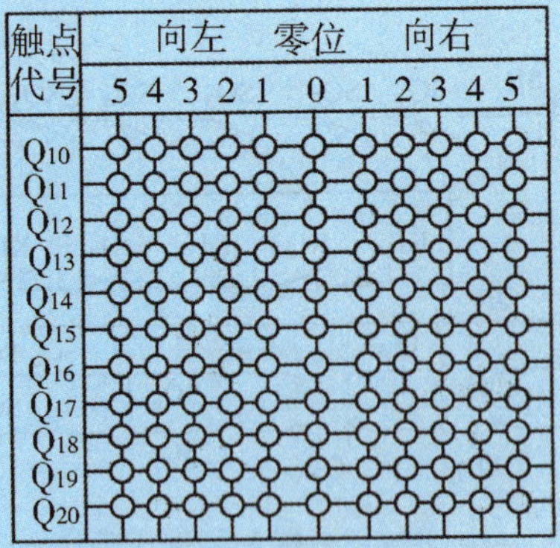

图 6-9 挡位对应的触点通断情况

表 6-3 凸轮控制器结构观察记录表

序号	名称	作用

思考练习

1. 简述凸轮控制器的结构。
2. 起重机分为哪几类?
3. 简述桥式起重机的运动形式。
4. 简述桥式起重机电力拖动系统的构成。
5. 简述起重机的供电特点。

第 7 章　电气控制系统设计

本章概述

电气控制线路的设计应在充分满足生产设备具体要求的前提下，力求工作可靠，动作准确，结构简单，操作、安装、调整及维修方便。不同生产机械的控制要求是不同的，其相应的控制电路也各不相同。但是，这些控制电路都是由一些具有基本功能的基本环节或基本单元，按一定的控制原则和逻辑规律组合而成。所以，深入地分析这些基本单元电路，掌握其逻辑关系是进一步学习和掌握电气控制电路的基础。

学习目标

◎知识目标

1. 熟悉电气控制线路设计的基本原则及主要内容。
2. 掌握电气控制线路设计的步骤。
3. 掌握电器的常见故障及维修。

◎能力目标

1. 能设计电气控制原理图。
2. 能选择电气元件，制订元器件明细表。

◎素质目标

1. 培养学生具有良好的安全生产意识，能够自觉按规程操作。
2. 具有环保意识，能够自觉保持工作场所的整洁。

◎思政目标

培养学生树立服务制造强国理想信念、增强民族自豪感。

7.1　电气控制系统设计的基本知识

7.1.1　电气控制线路设计的基本原则

电气控制线路设计的基本原则

设计电气控制线路时应遵循的基本原则如下。

1. 满足机械设备对加工工艺的要求

一般控制线路只需满足起动、反向和制动要求，有些则还要求在一定的范围内平滑调速和按规定改变转速；当出现事故时需要有必要的保护和报警；各部分运动要求有一定的配合和联锁关系等。

2. 控制线路应能安全、可靠地工作

为了保证控制线路工作可靠，最主要的是选用可靠的元器件。同时，在具体的线路设计中应注意正确连接电器的触头，防止出现电源短路故障。电路设计时要考虑电网的情况，如电网的容量，电压、频率的波动范围，电动机是采用全压起动还是减压起动等。控制大容量接触器线圈时，要加中间继电器，完善保护环节，增设信号指示。

3. 控制线路应简单、经济、合理

在保证控制功能要求的前提下，控制线路应力求简单，造价低。尽量选用标准件及标准的线路和环节；尽量减少连接线的数量，缩短连接线的长度；减少电器的种类和数量；简化电路，减少电器的触头；减少电路的耗电功率。

4. 控制线路应便于操作和维修

控制机构的操作应简单和方便，能迅速、快捷地由一种形式转换到另外一种形式，同时能实现多点控制和自动转换程序，减少人工操作。电控设备应力求维修方便，使用安全，并应有隔离电器，以免带电检修。

7.1.2　电气控制电路设计的主要内容

电气控制的方法有继电接触器控制法、可编程逻辑控制法和计算机（单片机、可编程序控制器等）控制法等，其中继电接触器控制法仍是最基本、应用最广泛的方法，也是其他控制方法的基础。

继电接触器控制法是由各种开关电器经导线的连接来实现各种逻辑控制的方法。其优点是电路图直观形象、控制装置结构简单、价格便宜、抗干扰能力强，广泛应用于各类生产设备的控制中。其缺点是由于采用固定的接线方式，其通用性、灵活性较差，难以实现系列化生产；由于采用的是有触点的开关电器，触点易发生故障，维修量大。尽管如此，

目前继电接触器控制仍是各类机械设备最基本的电气控制形式。

电气控制电路设计包括为满足生产机械及工艺要求，进行的电气控制电路设计和为电气控制装置的制造、使用、运行、维修的需要进行的生产施工设计。

1. 电气原理图设计内容

（1）拟定电气设计任务书。

（2）选择电力拖动方案和控制方式。

（3）确定电动机的类型、型号、容量、转速。

（4）设计电气原理图。

（5）选择电气元件及清单。

（6）编写设计说明书。

2. 电气工艺设计内容

（1）设计电气设备的总体配置，绘制总装配图和总接线图。

（2）绘制各组件电气元件布置图与安装接线图，标明安装方式和接线方式。

（3）编写使用维护说明书。

7.1.3 电气控制线路设计时应注意的问题

1. 控制电器的线圈应接在电源的同一端

接触器、继电器，以及其他执行电器线圈的一端统一接在电源的同一侧，使所有电器的控制触头在电源的另一侧。线圈、触头在电路中的位置如图 7-1 所示。这样当某一电器的触头发生短路故障时，不至于引起电源短路，同时也便于检修和安装接线。

2. 交流电器的线圈不能串联使用

因为交流电器线圈的感抗与它的衔铁吸合间隙有关，所以交流电器的线圈不能串联使用。由于吸合时间不完全同步，只要有一个电器做出吸合动作，它的线圈上的压降就增大，从而使另一电器达不到所需要的动作电压。图 7-2（a）所示接触器 KM 与 KA 串联使用是错误的；而接触器 KM 与 KA 这两个线圈必要时并联使用是可以的，如图 7-2（b）所示。

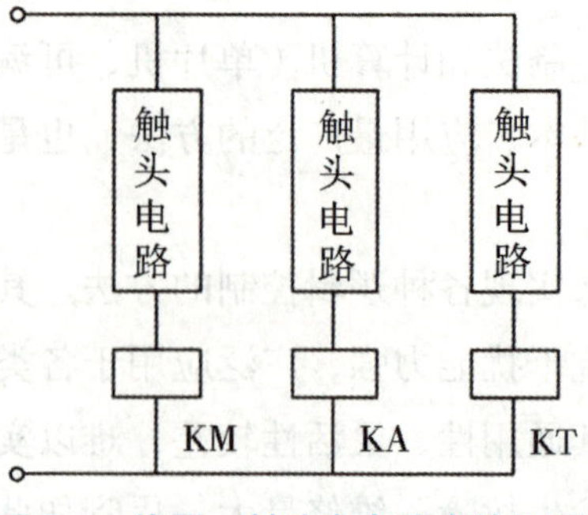

图 7-1 线圈、触头在电路中的位置

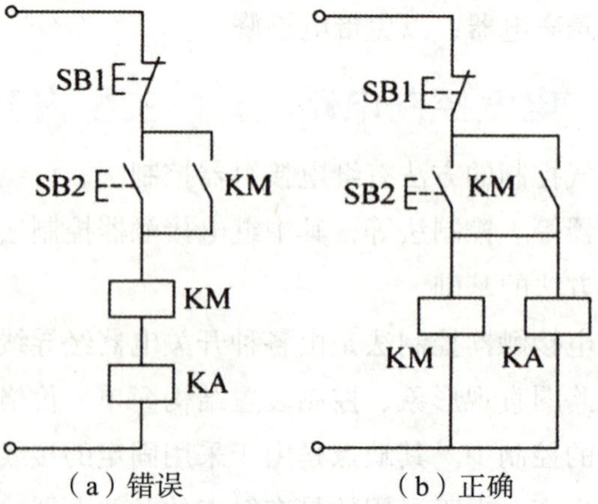

图 7-2 交流接触器 KM 与 KA 的接法

3. 应避免许多电器依次动作才能接通另一个电器的现象

如图 7-3（a）所示，继电器 KA4 在 KA1、KA2 和 KA3 相继动作后才能接通电源，也就是说，KA4 的接通要经过 KA1、KA2、KA3 这三对触头。但图 7-3（b）中继电器 KA4 的动作只需 KA2 动作，而且只需要经过一对触头，工作较为可靠。

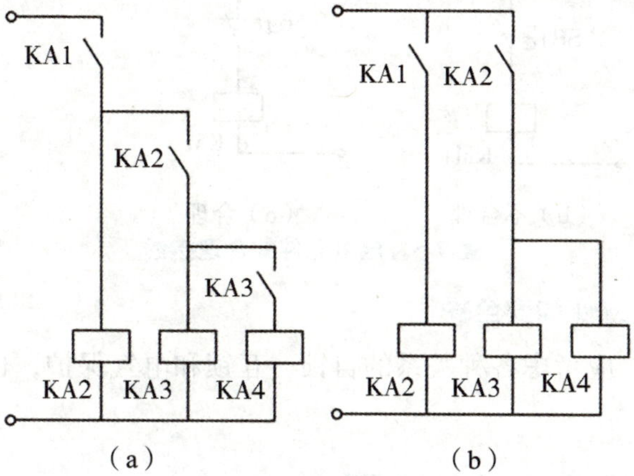

图 7-3　触头的合理使用

4. 应尽量减少控制线路中所用控制电器触头的数量

在控制线路中应尽量减少触头，提高线路工作的可靠性。在简化、合并触头的过程中，应注意同类性质触头的合并，或一个触头能完成的动作不用两个触头。合并时应注意触头的额定电流是否允许。图 7-4 所示列举了一些触头化简与合并的例子。

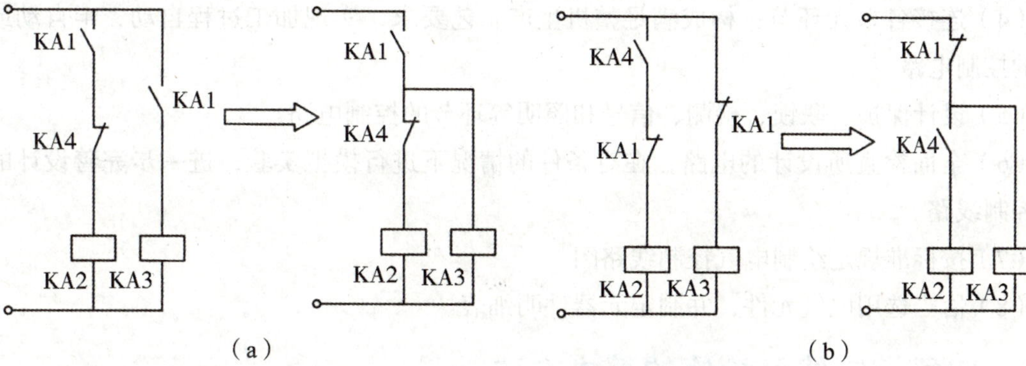

图 7-4　触头的化简与合并的例子

5. 减少连接的导线

设计控制线路时应考虑到各个控制电器的实际接线，尽可能减少连接的导线。图 7-5（b）、（d）所示为不合理的接线方法，而图 7-5（a）、（c）所示为合理的接线方法。因为按钮在按钮站（或操纵台）、电器在电器柜里。从图 7-5（a）看出，向按钮站的实际引线是三条，而图 7-5（b）则是四条。图 7-5（c）、（d）考虑到 SB1 和 SB2、SB3 和 SB4 分别两地操作，则图 7-5（c）就比图 7-5（d）少用了一条连接导线。

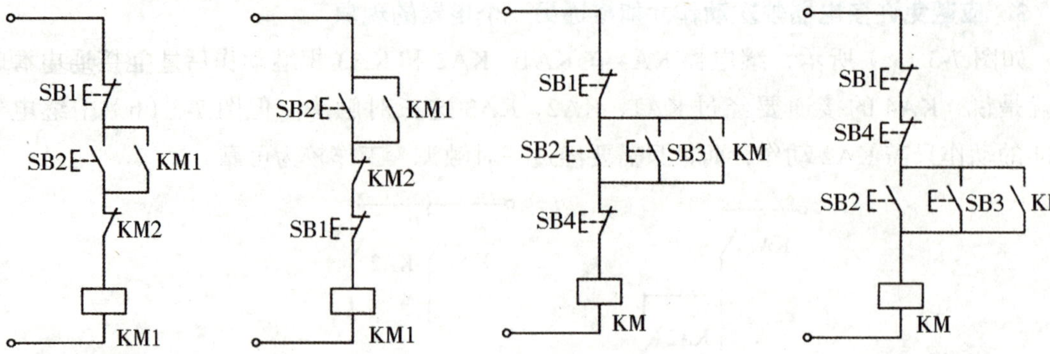

图 7-5　电气元件的合理接线

6. 考虑机床调试方便和安全操作

设计控制线路时，应考虑各种关系的自锁、互锁和电气保护，也应考虑机床调试方便和安全操作。

7.1.4　电气控制线路设计的步骤

（1）根据生产设备的加工工艺设计电气传动的方案和控制方式的整体框图。

（2）设计各控制单元环节中电动机的起动、正反转、制动、调速、停机的主电路和其他执行元件的电路。

（3）设计满足电动机运转功能和与工作状态相对应的控制电路。

（4）连接各单元环节，构成满足整机生产工艺要求，实现加工过程自动、半自动或调整的控制电路。

（5）设计保护、联锁、检测、信号和照明等环节的控制电路。

（6）全面检查所设计的电路，在有条件的情况下进行模拟实验，进一步完善设计的电气控制线路。

（7）按标准规定绘制电气控制线路图。

（8）恰当选用电气元件，并制定元器件明细表。

7.1.5　电气控制线路检修的基本方法

1. 详细了解故障产生的经过

电气控制线路出现了故障，应首先向操作者详细了解故障发生前设备的工作状况和故障现象，然后根据操作者提供的故障现象，结合电气控制原理来判断故障部位。因为生产一线的操作者对设备经常产生故障的部位和应采取的处理方法有许多好的经验可供借鉴，所以必须重视设备操作者的意见。

2. 从原理上进行分析，确定故障的可能范围

某些设备的电气控制线路看起来似乎很复杂，但仔细分析，它们总是由一些基本环节、基本线路所组成的，总是由几种不同作用的几个独立部分组合而成的，例如，摇臂钻床电气控制线路由主轴旋转、立柱夹紧和松开、摇臂升降等几部分组成。在实际工作中，应按照故障现象从原理上进行分析，确定故障发生的可能范围，以便迅速找到故障的确切部位。

3. 进行一般的外表检查

由原理分析确定故障可能的范围后，对有关元器件进行外表检查，常能发现故障的确切部位，例如，触头脱落、触头磨损或烧损、衔铁产生噪声、线圈烧毁、活动部分被卡阻、触头失灵、弹簧断裂或脱落、发生接地等都能明显地找到故障的所在位置。

4. 实验控制回路电器的动作顺序

在外表检查中没有发现问题时，可采用实验电器动作顺序的方法来检查，即操作某一按钮或开关，线路中每个继电器、接触器应按规定动作顺序进行工作。若动作顺序与某一电器应有的动作不符，即说明与此电器有关的电路有问题，再在此回路中进行深入、细致的检查，常可发现故障。当采用此法检查时，必须特别注意设备及人身安全，尽可能切断电动机的主电路电源，只在控制电路带电的情况下进行实验，以避免设备运动部分互相碰撞。要暂时隔离有故障的主电路，以免故障扩大。

5. 用电工仪表测量及寻找故障部位

用电工仪表检查电气元件是否通路，线路是否断路，电压、电流的大小是否正常、平衡，电阻值是否符合要求，这是经常使用的找出故障的方法。

（1）测量电压的方法。如测量电动机、接触器和继电器线圈的电压，有关控制电路两端的电压等。若发现所测点电压与控制线路要求的电压不相符合时，则所测点是故障可疑处。

（2）测量电阻或通路的方法。将控制线路电源切断后，用万用表的电阻挡测量线路的通路、触头的接触情况、元件的电阻值等。

（3）测量电流的方法。用电流表或万用表的电流挡测量电动机的电流、有关控制电路中的工作电流。

（4）测量绝缘电阻的方法。用兆欧表（摇表）测量各元件和线路的对地绝缘电阻以及相互间的绝缘电阻等。

在上述检查和分析过程中，有时还可以采取用完好的电器代替可疑电器的置换方法。在每次排除故障后，要认真总结经验，逐步摸清楚机床电气控制线路的故障规律。因此，应备有机床维修记录本，记录内容包括机床名称、型号和编号，故障发生日期，故障现象，故障部位（或损坏的电器），修复后的运行情况等。

7.2 电器的常见故障及维修

继电器和接触器通常由触头系统、电磁系统（电磁铁）、灭弧系统三个基本部分组成，这些部分经过长期使用或因使用不当可能产生故障，从而影响电器的正常工作。下面分别介绍触头系统和电磁系统的故障原因及维修方法。

7.2.1 触头系统的故障及维修

触头是继电器的执行元件。它担负着接通和断开线路电流的任务，它比较容易损坏，触头常见的故障如下。

1. 触头过热

触头过热主要是由于接触电阻增大和触头容量不够，电流超过了它的额定值引起的。由于触头弹簧长时间使用会产生疲劳变形，以及使用过程中受机械损伤或者高温电弧的影响导致弹簧变形、损伤而造成触头压力不足。此外，触头表面氧化或有油垢、尘埃等杂质也是造成触头过热的原因。若触头接触压力不足，应当更换一个新弹簧，但必须注意新配弹簧压力要与原来的一样。对于氧化比较严重的，要用油光锉或小刀轻轻把触头表面的氧化层去掉，但接触面上如镀有导电金属就不能这样处理。对灰尘可用刷子刷掉。油垢可用四氯化碳或汽油作为溶剂，反复地进行洗刷。触头容量不够时，应选择容量大的触头，以免触头过热。

2. 触头烧毛

触头在高温电弧作用下，表面易形成许多凸出的小点，造成触头接触不良。造成触头烧毛的主要原因是触头分断时，因温度很高的电弧在触头之间燃烧，使触头熔化。其次，在触头闭合过程中，动触头具有一定的动能，当动、静触头相碰时，动触头要发生跳动，若这种跳动刚好发生在电动机起动时，此时流过触头上的电流很大，触头跳开时形成的电弧会将触头烧毛。更换触头弹簧，适当加大压力可减小触头的跳动。另外，继电器容量选择太小也会造成触头烧毛。

触头轻微的烧毛是一种正常现象，但严重烧毛则是一种故障，应检查原因并及时处理。触头烧毛后可用细锉把触头表面锉平，只要把凸出的部分锉平即可，并要保持触头表面的形状与原来的一样，对于镶有银块的触头，应注意银块的厚度。

3. 触头的熔焊

触头在闭合时，若跳动很严重，则可能产生高温电弧使触头熔化，从而导致动、静触头牢牢地熔焊在一起。这是触头故障中最严重的一种。造成这种故障的原因，一方面是触头弹簧损坏或触头压力太小；另一方面是继电器的容量太小，触头闭合时通过的电流太大造成触头熔焊。

触头熔焊后，只能更换触头，如果因触头容量不够而产生熔焊，则应选择容量更大的继电器、接触器。

4. 触头磨损

触头磨损主要是由于电弧的高温作用，使触头金属汽化蒸发，触头变得越来越薄。通俗地说就是触头被电弧烧掉了。触头逐渐磨损是一种正常现象，如果磨损很快，需要经常更换，则属于一种故障现象。

触头磨损和触头烧毛的原因一样，都是由于触头弹簧损坏，触头压力下降，常开触头闭合时衔铁吸力过大造成触头闭合时跳动，或者继电器动作过于频繁，分断电流过大等，使触头过快地烧蚀。

7.2.2　电磁系统的故障及维修

电磁系统包括静铁心、衔铁和吸引线圈等几个部件，可能产生以下故障。

1. 衔铁噪声大

电磁系统在工作时必有一种均匀、调和、轻微的嗡嗡声，这是正常现象。若这种声音大于正常声音，就说明电磁系统发生故障。造成衔铁噪声大的原因主要包括：衔铁与铁心的接触面接触不良，这主要是由于衔铁与铁心经过多次碰撞，接触面变形和磨损，造成相互间接触不良。此外，若接触面上有锈蚀、灰尘、油污等杂质，也会造成接触不良。衔铁的振动导致衔铁和铁心加速损坏，同时会使吸引线圈过热，严重时甚至烧坏吸引线圈。铁心接触面若有油污等杂质，可拆下清洗；若是端面变形、磨损，应设法修平。

短路环损坏是造成衔铁噪声大的另一个原因，只要用原来的材料（一般用黄铜板冲制出来）、尺寸重新做一个换上即可。

电源电压过低也会使衔铁产生较大的噪声。因为电源电压过低，产生的电磁吸力不足，衔铁就会发出强烈的振动和噪声。应检查电源电压是否与吸引线圈的电压相符合。

此外，弹簧压力过大，衔铁运动发生卡阻，也会造成吸力不足而产生振动和噪声，只要更换触头弹簧或排除卡阻原因即可。

2. 吸引线圈过热或烧毁

吸引线圈过热以至于烧坏，主要原因是通过线圈的电流过大。线圈电流过大的原因包括：线圈匝间短路；由于电器频繁操作，线圈经常会受到大电流的冲击，导致吸引线圈过热；衔铁与铁心闭合时受卡阻，造成衔铁与铁心之间的气隙增大，线圈阻抗减小，通过的电流增大，导致线圈过热甚至烧坏。

若线圈匝间已短路或烧坏，一般均要重新绕制，但如果线圈烧毁的匝数不多而且在外层，其余多数部分还完好，则可拆去已损坏的这几圈，这对电器的工作性能影响不是很大；否则就要更换新的电器。

3. 衔铁吸不上

当继电器和接触器的吸引线圈接通电源后，衔铁不能吸合，应立即切断电源，以免线圈被烧坏。

若衔铁吸不上，首先应检查吸引线圈回路中有没有断线，连接处有无脱落；线圈内部有无断线或烧坏；活动部分是否发生卡阻；测量电源电压是否过低。若衔铁发生振动和发出噪声，则属于后两种原因产生的故障；若衔铁没有振动和噪声，则大多属于前两种原因产生的故障，应区别情况及时处理。

本章小结

电气控制线路发生故障后，为了能迅速、准确地判断故障部位并及时地予以排除，就必须对控制线路的工作原理及特点有清楚的认识，熟悉电路中各个电器的动作顺序，了解各种器件的技术性能，并切实弄清楚故障现象。然后根据故障现象对照电气原理图进行分析，再拟定出检查步骤和修复方法。

技能实训

设计一个对两台电动机进行顺序控制的电路

设计一个对两台电动机进行顺序控制的电路，要求第一台电动机起动后第二台电动机才能起动，第一台电动机停止运行则第二台电动机必然停止运行。

（1）拟订电气设计任务书。

（2）设计电气原理图。

（3）选择电气元件，制订元器件明细表，见表 7-1。

（4）设计电器布置图、电气安装接线图。

（5）完成小型电气控制柜的安装，并进行检测。

表 7-1 元器件选用明细表

序号	名称	型号	规格	文字符号	图形符号	作用

思考练习

1. 简述电气控制线路设计的基本原则。
2. 电气控制线路设计时应注意哪些问题?
3. 简述电气控制线路设计的步骤。
4. 简述电气控制线路检修的基本方法和步骤。
5. 简述电磁系统的故障及维修。

参考文献

[1] 李金钟．电机与电气控制 [M]．3 版．北京：中国劳动社会保障出版社，2023.

[2] 许波．电机与电气控制技术 [M]．北京：机械工业出版社，2023.

[3] 刘玉娟．电机与电气控制技术项目教程 [M]．北京：机械工业出版社，2023.

[4] 唐惠龙，牟宏均．电机与电气控制技术项目式教程 [M]．2 版．北京：机械工业出版社，2023.

[5] 冯凯．电机与电气控制技术 [M]．北京：化学工业出版社，2024.

[6] 许翏．电机与电气控制技术 [M]．4 版．北京：机械工业出版社，2023.

[7] 赵红顺，莫莉萍．电机与电气控制技术 [M]．2 版．北京：高等教育出版社，2024.

[8] 邹建华，周帆，谷玉玲．电机与电气控制技术 [M]．2 版．武汉：华中科技大学出版社，2024.

[9] 于红，徐富春．电机与电气控制 [M]．2 版北京：人民交通出版社，2024.